MITOS Y VERDADES SOBRE EL TRATAMIENTO CONDUCTUAL DEL AUTISMO.
Lo que hay que saber.

MITOS Y VERDADES SOBRE EL TRATAMIENTO CONDUCTUAL DEL AUTISMO.
Lo que hay que saber.

Titulo original: *Mitos y verdades sobre el tratamiento conductual del autismo. Lo que hay que saber*
Buenos Aires. Lulu, 2013.
Traducido por: Lic. Julián Matías Gianotti
© 2013 Buenos Aires

Primera edición, 2013
Distribución mundial

Diseño de portada e interior: Guillermina Caruso
Armado: Julián Gianotti

©2013, Alter Ediciones
Lulu Press, Inc.
3101 Hillsborough Street
Raleigh, NC 27607
www.lulu.com

IMPRESO EN LA ARGENTINA / PRINTED IN ARGENTINA
Queda hecho el depósito que dispone la ley 11.723 ISBN: 978-1-291-28836-0

Se prohíbe la reproducción total o parcial de esta obra, -incluido el diseño tipográfico y de portada- sea cual fuere el medio, electrónico o mecánico, sin el consentimiento por escrito del editor.

Sobre los Autores

M.S., Danielle Baker

Daniel Baker cuenta con más de 14 años de experiencia trabajando con niños y adultos con autismo y otras discapacidades. Desde 1993 hasta 1997, la Ms. Baker trabajo junto al Dr. Leaf en Straight talk Developmental Services, un programa de tratamiento conductual global para adultos con dictapacidades del desarrollo que proveía servicios de residencia, tratamiento de día, acompañamiento y apoyo laboral. Desde 1994 a 2007 trabajó con el Dr. Leaf y el Dr. McEachin en el Behavior Therapy and Learning Center and Autism Partnership. M.S, Baker ha brindado asesoramiento en la aplicación de intervención conductual intensiva a familias, agencias y distritos escolares a lo largo de EEUU e Inglaterra. Obtuvo su licenciatura en psicología en la Universidad del Estado de California, Long Beach. Obtuvo su título de Magister en Análisis Conductual Aplicado con la St. Cloud State University.

Ph.D., Andy Bondy

Andy Bondy cuenta con más de 35 años de experiencia en el trabajo con niños y adultos con autismo y discapacidades relacionadas al desarrollo. Por más de una docena de años ha brindado servicio como Director del Statewide Delaware Autistic Program. El y su esposa, Lori Frost, fueron pioneros en el desarrollo del Picture Exchange Communication System (PECS). Basados en los principios descriptos en Conducta Verbal de Skinner, el sistema gradualmente se mueve de mandos relativamente simples y espontáneos a tactos de múltiples atributos. El ha diseñado el Pyramid Approach to Education (Con Beth Sulzer-Azaroff) como una combinación global de análisis conductual y análisis de estrategias de comunicación funcionales. Este abordaje se propone ayudar a padres y profesionales a diseñar ambientes educativos efectivos para niños y adultos con discapacidades del desarrollo en ámbitos escolares, comunitarios y hogareños. Es el co-fundador de Pyramid Educational Consultants, Inc., un equipo de especialistas, formado internacionalmente, de muchos campos, que trabajan juntos para promover la integración de los principios del análisis conductual aplicado con actividades funcionales y un énfasis en el desarrollo de habilidades de comunicación funcional independientemente de la modalidad.

M.A., LMFT Marlene Driscoll

Marlene Driscoll es una Terapeuta de matrimonio y Familia especializada en el trabajo con familias de niños con autismo. Actualmente es Directora de sitio de Autism PartnershipSeal Beach office, y sus tareas incluyen supervisión clínica, asesoramiento, desarrollo de programas e intervenir en entrenamientos y desarrollo. M.S Driscoll comenzó trabajando junto a los Drs Leaf y McEachin en 1992 como consultora el Behavior Therapy and Learning Center, un centro enfocado en el entrenamiento parental para familias con niños con discapacidades del desarrollo. Obtuvo su título de magister en consultoría de parte de Loyola Marymount University en 1996. Cuenta con amplia experiencia en el uso de Análisis Conductual Aplicado e intervención temprana con niños con autismo. Ella ha asesorado a familias y distritos escolares a lo largo de EEUUal igual que en el exterior.

Ph.D., B.J Freeman

B.J Freeman es Profesor Emérito de Psicología Médica en la escuela de medicina de UCLA. Es la fundadora, y en el pasado directora de la UCLA Autism Evaluation Clinic, y co-fundadora del UCLA's Early Childhood Partial Hospitalization Program. La Dra. Freeman es considerada una autoridad internacional en diagnóstico, evaluación psicológica, y tratamiento de niños y adultos con autismo y discapacidades del desarrollo relacionadas, y ha publicado más de 100 artículos en revistas científicas y libros en el área del autismo. Dedica mucha de su tarea profesional trabajando con familias y organizaciones de servicio, realizando presentaciones en conferencias parentales y profesionales y asesorando distritos escolares para el desarrollo de programas apropiados. Habiéndose retirado recientemente, luego de 30 años en UCLA, la Dra. Freeman continúa ejerciendo en el área de Los Ángeles.

Ph. D., Ron Leaf

Ron Leaf es un psicólogo matriculado que cuenta con más de 35 años de experiencia en el campo del Trastorno del Espectro Autista. El Dr. Leaf comenzó su carrera trabajando junto a Ivar Lovaas mientras recibía su título de grado en UCLA. Subsecuentemente recibió su doctorado bajo la dirección del Dr. Lovaas. Durante sus años en UCLA, ejerció como Supervisor Clínico, Psicólogo Investigador, Director Interino del Autism Project and Lecturer. Se ha involucrado extensamente en muchas investigaciones, contribuyo con el Me Book y es co-autor del Me Book Videotapes, una serie de videos instruccionales para enseñar a niños autistas. El Dr. Leaf ha brindado consultorías a familias, escuelas, programas de día e instituciones residenciales nacional e internacionalmente. Ron es el Director Ejecutivo de Behavior Therapy and Learning Center, una agencia de salud mental que asesora a padres, cuidadores y personal escolar. El Dr. Leaf es Co-Director de Autism Partnership. Ron es el co-autor de «A work in progress», un libro publicado sobre Tratamiento Conductual.

Ph. D., John McEachin

John McEachin es un psicólogo clínico que ha brindado intervención conductual a niños con autismo, al igual que a adolescentes y adultos con una amplio rango de discapacidades del desarrollo por más de 30 años. Ha recibido su formación de grado bajo la supervisión del Profesor Ivar Lovaas en UCLA en el Proyecto Autismo Joven. Durante sus 11 años en UCLA, el Dr. McEachin ejecutó distintos roles incluyendo Supervisión Clínica, Asistente de Investigación y Enseñanza, Profesor ambulatorio y Director. Su investigación ha incluido el estudio a largo plazo de seguimiento de niños autistas que recibieron tratamiento conductual intensivo, el cual fue publicado en 1993. En 1994 se unió con Ron Leaf para formar Autism Partnership, el cual co-dirigen y han co-escrito un manual de tratamiento ampliamente consultado, «Un Trabajo En Progreso». El Dr. McEachin ha brindado conferencias a lo largo del mundo y ha ayudado a establecer centros de tratamiento y clases para niños con autismo en Norteamérica, Australia, Asia y Europa.

Toby Mountjoy

Toby Mountjoy es el director asociado de Autism Partnership. El Sr. Mountjoy es responsable de la supervisión de un personal de 100 personas en las oficinas de Hong Kong, Singapure y Tokio. El Sr. Mountjoy ha trabajado con sujetos con autismo por 12 años de varias maneras. Ha brindado terapia directa, entrenamiento parental, y ha supervisado programas hogareños y clínicos basados en ABA en las oficinas asiáticas. El Sr. Mountjoy también ha inaugurado y supervisado programas de jardín de infantes en Singapur y Hong Kong. En Enero de 2007, el Sr. Mountjoy estableció la primer escuela primaria totalmente registrada para niños con autismo en Hong Kong, la cual cuenta con una capacidad de hasta 64 niños. Además, el Sr. Mountjoy también ha asesorado agencias, distritos escolares y familias en otros países incluyendo, Filipinas, Columbia, Indonesia, Malasia, EUA, China y Vietnam.

M.A. Doris Soulanga Murtha

Doris Soulanga Murta ha sido miembro del personal de Autism Partnership desde 1996. Su experiencia en la aplicación de programas de Análisis Conductual Aplicado intensivos para niños con autismo se extiende a diez años. Obtuvo su título de Licenciado en Psicología de parte de Loyola Marymount University, Los Ángeles en1995. Obtuvo su título de Magíster en Análisis Conductual Aplicado de parte de St. Cloud University, Minnesota en 2005. Actualmente, Ms. Murtha es Mentora en Autism Partnership brindando entrenamiento avanzado y supervisión a los coordinadores de programa. Ha presentado conferencias nacional e internacionalmente sobre Análisis Conductual Aplicado. Además, provee consultas y entrenamiento a familias y distritos escolares a lo largo de EEUU, Inglaterra, Asia y Sudamérica.

Ph. D., Tracee Parker

Tracee Parker cuenta con 25 años de experiencia de tratamiento e investigación en el campo de Autismo y discapacidades del Desarrollo y obtuvo un título Doctoral en Psicología de parte de UCLA en 1990. Su formación incluye cinco años trabajando en Proyecto Autismo Joven dirigido por el Dr. Ivar Lovaas. Durante este tiempo, brindó servicio como asistente de enseñanza e investigación, al igual que Supervisora Clínica. Como asistente de investigación, la Dra. Parker se involucró estrechamente con una cantidad de estudios, incluyendo el tratamiento a largo plazo de seguimiento de niños autistas y cambios en la conducta auto-estimulatoria durante el tratamiento. La Dra. Parjer trabajó 12 años en Straight Talk Clinic, Inc., un programa de tratamiento residencial y conductual, atendiendo adultos con discapacidades del desarrollo. Ejerció como Directora Asociada, hasta 1997. La Dra. Parker actualmente es una Asociada Clínica con Autism Partnership, y Directora Asociada para el Behavior Therapy and Learning Center. La Dra. Parker ha presentado conferencias nacional e internacionalmente respecto a áreas de tratamiento conductual, autismo, asuntos sociales/sexuales e intervención. Durante los últimos 20 años, ha brindado consultas a programas residenciales y de día, distritos escolares, familias y otras agencias relacionadas.

Ph. D., David Rosteter

Dave Rosteter ejerció como consultor para instituciones educativas locales, estatales, el Departamento de Justicia de EU, Educación, y salud y Servicios Humanos desde que abandono el Departamento de Educación de EU en 1986. Mientras que en el Departamento ejerció como Director de la División de Asistencia a los Estados con responsabilidad por la administración de IDEA-B y requerimientos relevantes de EDGAR mediante la revisión de los planes de educación estatales, adjudicación de fondos, monitorear y la provisión de asistencia técnica a los estados. Desde su retiro del Departamento en 1986 ha trabajado en una variedad de roles de experto y consultor. Experiencia reciente seleccionada incluye consultoría al Departamentos de Educación de Estados, ejercer como testigo experto, y ser señalado como Monitor y Maestro Especial para asistir distritos escolares a cumplir con las leyes y regulaciones Estatales y Federales.

Ph. D., Sanford Slater

Sandy Slater es psicóloga matriculada que ha trabajado con niños y adultos que han sido diagnosticados con autismo y otras discapacidades del desarrollo desde 1981. Como estudiante de grado en UCLA, comenzó trabajando junto a Ronald Leaf, John McEachin e Ivar Lovaas en el Proyecto Autismo Joven. Por más de dos años el cumplió la función de Terapeuta principal, Terapeuta, Asistente de Investigación y Asistente de Enseñanza en el Proyecto Autismo Joven. Previo a alcanzar su Licenciatura en Psicología, el Dr. Slater trabajó junto al Dr. Leaf en Straight Talk Developmental Services, un programa de tratamiento conductual global para adultos con dicapacidades del desarrollo. Luego de obtener su Doctorado en Psicología Clínica, trabajó como Director Clínico de Straight Talk, Inc., hasta 1996. El Dr. Slater ha trabajado junto al Dr. Leaf y el Dr. McEachin en Behavior Therapy and Learning Center and Autism Partnership desde 1990. Ha sido conductor de familias y distritos escolares a lo largo de EEUU, Canadá e Inglaterra, y supervisa casos de tratamiento en el área de Los Ángeles. Obtuvo su título de Magister en Psicología General de parte de Eastern Michigan University y un doctorado en Psicología Clínica y Salud de parte de University of Florida.

M.S., Jennifer Styzens

Jennifer Styzens cuenta con 20 años de experiencia en el campo de discapacidades del desarrollo y autismo y recibió su titulo de Master en St. Cloud State Univerisity. Previamente, ejerció como Directora de Servicios para el Cliente en Straight Talk Clinic, el cual brindaba servicios de tratamiento residencial y de día para adultos con dicapacidades del desarrollo, y trabajó como entrenadora de padres para el Behavior Therapy and Learning Center, el cual provee entrenamiento a padres con niños con dicapacidades. Ha sido miembro del staff de Autism Partnership desde 1997 y ha dictado conferencias nacional e internacionalmente respecto a áreas como tratamiento conductual, autismo, asuntos sexuales/sociales e intervención. Durante los últimos 20 años, ha brindado consultorías a programas de día y residenciales, distritos escolares, familias y otros institutos relacionados, y es una maestra de educación especial para escuelas medias.

Ph. D., Mitchell Taubman

Mitch Taubman trabajó con el Dr. Ivar Lovaas como estudiante de grado en UCLA en principios de los 70's, brindando tratamiento a niños con autismo, TDAH, y otros trastornos. Más tarde, asistió a la University of Kansas y estudió con los fundadores del Análisis Conductual Aplicado como el Dr. Donald Baer, Dr. Todd Risely, Dr. James Sherman, y su consejero doctoral Montrose Wolf. Previo ha alcanzar su Doctorado en la University of Kansas, retornó a UCLA post-doctoralmente, donde sumó Interacciones de Enseñanza del modelo de Kansas al tratamiento del autismo. En UCLA ejerció como Profesor Asistente Adjunto de Psicología, y como Investigador Co-Principal con el Dr. Lovaas con subsidios Federales enfocados en el tratamiento del autismo. Luego de su trabajo post-doctoral, el obtuvo su Licenciatura como Psicólogo Clínico y también ejerció Director Clínico en Straight Talk, un programa que brinda servicios de tratamiento residenciales y de día a adultos con autismo y otras discapacidades del desarrollo. El Dr. Taubman es actualmente el Director Asociado de Autism Partnership, donde brinda tratamiento, supervisión, entrenamiento y consultorías nacional e internacionalmente.

J.D Andrea Waks

Andrea Waks es la Directora de Servicios para el Cliente en Autism Partnership. Comenzó trabajando con niños con autismo a finales de los 70's en UCLA en el Proyecto Autismo Joven, donde ejerció como Terapeuta Principal, Asistente de Investigación, y Asistente Educativa. Andi ha trabajado con el Dr. Leaf y el Dr. McEachin en el Proyecto Autismo Joven, el Behavior Therapy and Learning Center, Straight Talk, y Autism Partnership. Ella obtuvo su título de Magister en Psicología General en Pepperdine University en 1983 y retorno a la universidad en 1993 en busca de un título en leyes. Ejerció Ley de educación especial, representando familias de niños con autismo, previo a retornar a Autism Partnership por tiempo completo. Sus responsabilidades actuales incluyen llevar a cabo evaluaciones conductuales, preparación de PEI, revisión de políticas, y consultorías educativas. Realiza consultas con familias y distritos escolares local y nacionalmente.

Prólogo a la edición en español

Corría el año 2008 y el Grupo Alter, que en ese entonces solo contaba con sedes en la República Argentina, organiza junto con la escuela especial San Martín de Porres un congreso internacional en la ciudad de Buenos Aires, el III Congreso Internacional de Autismo y Síndrome de Asperger del cono Sur. Evento que emulando los congresos anteriores, en 2006 organizado por Porres y 2007 en Santa Fe ciudad organizado por Alter, conto con numerosos invitados extranjeros, dentro de los cuales se destaco la visita de Ron Leaf y John McEachin.

Fue en la cena de camaradería en el transcurso del evento que los autores de la presente obra tuvieron la generosidad de ceder a Grupo "Alter" los derechos para la versión en español, lo que posibilita que hoy día tengamos esta magnífica obra en la lengua de Cervantes.

Un agradecimiento especial al Lic. Julián Gianotti que fue el encargado dentro de Alter de llevar a cabo la traducción de la obra, con la mayor de las excelencias.

Claudio M. Trivisonno
Buenos Aires, 30 de enero de 2013

Prefacio

«Estoy tan loco como el demonio y no lo tolerare más»
                                                Chayefski, 1976

El personaje Peter Finch realizo esta exclamación en el film Network. El no podía tolerar más la insensatez la demencia. Quizás nuestra crisis de los cuarenta sea ¡Nosotros también estamos locos como el demonio! Quizás está siendo testigo de profesionales excepcionales que están abandonando el campo del autismo debido a toda esta locura. Quizás se deba a que comenzamos en la Torre Ivory en UCLA y conocimos lo que niños podrían lograr bajo condiciones optimas, y últimamente no podemos reconciliar nada salvo lo mejor. Quizás sea solo la locura de este campo.

Parece que cada día hay mayor locura. Sea la última supuesta cura, o especulaciones en cuanto a la causa del Trastorno del Espectro Autista (TEA) sin una pizca de evidencia, o una nueva regulación o requisito sin sentido alguno. Es el embate en todos los talleres con los disertantes que utilizan solo su carisma para vender su mercancía. Son proveedores de servicios que aparecen de la noche a la mañana, cuyo mayor objetivo es proveer un tratamiento que conforme los dictámenes financieros de alguna burocracia. Incluye filosofías y abordajes que se han convertido en «lo» nuevo. Incluye grupos que son fanáticos adherentes a un dogma, que ejercen el poder sobre cómo se debe proveer tratamiento a un niño, sin ninguna consideración por el niño. Y es sobre la victimización de los padres, quienes ya cuentan con mucho más para lidiar de lo que merecen. Los profesionales también son atormentados. Pero claramente, ¡los niños y sus futuros son las últimas victimas! ¡Sus vidas se ven increíblemente comprometidas por la locura!

Con suerte este libro podría traer una pizca de cordura a este loco campo. Quizás este libro es nuestra catarsis, de manera que podamos continuar luchando la buena lucha. Amamos este campo. Son los profesionales, padres y, por supuesto, los niños, adolescentes y adultos que han sido nuestra fuente continua de inspiración. Somos apasionados en cuanto a nuestro trabajo y simplemente nos sentimos protectores de ABA, autismo y los niños. Por favor acepte nuestra disculpa por despotricar, pero ¡Debe Ser Dicho!
Ron Leaf, John McEachin & Mitch Taubman

INDICE

Tabla de contenido

Capítulo 1

¿QUÉ ES ABA?
i) Introducción
ii) ABA como una consecuencia natural de la psicología del comportamiento
    . ABA como un método científico
    . Que no es ABA
    . Enseñanza mediante Ensayo Discreto (EED)
    . Evitando los efectos secundarios negativos de ABA
    . ¿Qué es el método Lovaas?
iii) Resumen

Capítulo 2

EL PROYECTO AUTISMO JOVEN (PAJ) DE LA UCLA
i) Las bases históricas del PAJ
ii) Descripción del PAJ
    . Factores que afectan la generalización de los resultados
    . Consideraciones de edad
    . El rol de la intensidad del tratamiento
    . Calidad del tratamiento
    . Diferencias en los modelos de servicio: Talleres VS. Gestión Clinica
    . Fuertes contingencias conductuales
iii) Pericia Parental
iv) Manteniendo el Balance del Tratamiento
    . Terapia Doble
    . Terapia de Calidad
    . POS-PAJ
v) El folklore común respecto al PAJ
vi) La gran pregunta: ¿Qué tan realista es el propósito de «recuperación»?
vii) Referencia Bibliográfica

Capítulo 3

ESTÍLO, TÉCNICA Y TEORÍA
i) Convergencia: Es tiempo de Evolucionar
ii) Resolución significa Individualización
iii) La evolución de AUTISM PARTNERSHIP
iv) Referencia Bibliográfica

Capítulo 4

SER O NO SER BCBA
i) ¿Quien está calificado?
ii) Anuncios de la BCBA
iii) ¿Acaso seriamos mejores sin la credencial BCBA?
iv) Referencia Bibliográfica

Capítulo 5

ECLECTISISMO
i) La búsqueda de la mejor intervención
ii) ¿Existe realmente un punto para el eclecticismo?
iii) La desventaja del tratamiento ecléctico
iv) Referencia Bibliográfica

Capítulo 6

TRATAMIENTOS ALTERNATIVOS PARA TRASTORNOS DEL ESPECTRO AUTISTA
i) ¿ Cuál es la novedad?
ii) ¿ Qué es el Trastorno del Espectro Autista (TEA)?
iii) ¿ Qué son las MCA?
iv) ¿Qué es el Método Científico?
v) Tratamiento biológicos MCA
vi) Terapias nutricionales
vii) Secretina
viii) MCA biológicos adicionales
ix) Tratamiento MCA no - biológicos
x) Tratamientos Sensoriales
xi) Terapias basadas en relaciones
xii) Motor Therapies
xiii) Terapias asistidas por animales
xiv) Tecnologías asistidas por Computadoras
xv) Miceláneos
xvi) Evaluando tratamientos
xvii) Preguntas a realizar en cuánto a tratamientos específicos
xviii) Conclusiones
xix) Referencia Bibliográfica

Capítulo 7

PENSAMIENTO CRÍTICO
i) Es hora de decirlo

ii) Pensando criticamente el Autismo
iii) ¡Sea cuidadoso!
iv) Diseño de Investigación
v) Multiples interpretaciones
vi) La correlación no implica causación
vii) El ojo crítico y el proceso analítico
viii) Referencia Bibliográfica

Capítulo 8

COMPARANDO ABORDAJES DE TRATAMIENTO
i) Análisis comparativo
ii) ABA
iii) Floor Time
iv) Integración Sensorial
v) TEACCH
vi) Intervención para el desarrollo de relaciones (RDI)
vii) ¿Qué sigue?
viii) Referencia Bibliográfica

Capítulo 9

HOGAR VS ESCUELA:¿DE QUE LADO ESTÁ?
          Por Ron Leaf

i) Folklore
ii) La posición de AUTISM PARTNERSHIP
iii) Referencia Bibliográfica

Capítulo 10

RESISTENCIA PARENTAL
i) Prioridad
ii) Creencia de que el personal escolar es incapaz de brindar una Educación efectiva
iii) Creencia de que los niños no pueden aprender en grupo
iv) Comprendiendo la perspectiva del maestro
v) Referencia Bibliográfica

Capítulo 11

RESISTENCIA ESCOLAR
i) ¡Estamos preparados!
ii) ¡Nosotros tomamos el paquete de un día!
iii) «ABA no es efectivo»

iv) «Los resultados de ABA no se mantienen en el tiempo«
v) «ABA es desactualizado»
vi) «ABA es irrespetuoso para los Estudiantes«
vii) «ABA es experimental»
viii) «ABA es punitivo»
ix) «ABA posee una edad límite»
x) Sin rechazo, simplemente resistencia
xi) Un cadillac o un Chevy
xii) ¿Resolución?
xiii) Referencia Bibliográfica

Capítulo 12

¿DE TODOS MODOS DE QUIÉN ES EL PEI?
i) Cómo estaba destinado a ser
ii) De alguna manera terminó así
iii) El proceso PEI
iv) Una perspectiva única: un clínico que también es abogado
v) ¿Qué es el IDEA?
vi) TEA y el PEI
vii) Referencia Bibliográfica

Capítulo 13

METAS, METAS, METAS
i) Reduciendo el alcance
ii) Usando objetivos para enseñar múltiples habilidades
iii) El impactos de las conductas en la selección del Plan de Estudios
iv) Secuencia
v) Habilidades fundamentales
vi) Referencia Bibliográfica

Capítulo 14

¿PROGRESO SIGNIFICATIVO?
i) Expectativas de progreso
ii) Lo que la Ley provee
iii) Trayectorias de progresos
iv) ¿Recuperación?
v) ¿Qué es «Recuperación»?
vi) Indicadores de pronósticos
vii) Factores pre-tratamientos asociados con un mejor resultado
viii) Factores positivos luego del inicio del tratamiento
ix) ¿Qué es realista?

x? Construcción de progreso significativo
- . año escolar extendido (AEE)
- . puntos de referencias arbitrarios
- . el proceso de individualizado de toma de decisiones

xi) Referencia Bibliográfica

Capítulo 15

INCLUSION - MITOS Y VERDADES
i) Introducción
ii) Inclusión como reacción ante la segregación
iii) El péndulo se va demasiado lejos: insistiendo en la integración total para todos
iv) Hallando el punto medio
v) Ambientes menos especializados
vi) Delirios sobre la inclusión
vii) El «mapa de ruta« para una integración éxitosa
viii) Movimiento filosófico y emocional
ix) Investigación
x) Un asunto altamente emocional
xi) Referencia Bibliográfica

CAPITULO 1
¿QUÉ ES ABA?

INTRODUCCIÓN

Durante el presente libro nos referiremos a varios modelos de tratamiento dirigidos a niños con Trastorno del Espectro Autista (TEA). Hemos decidido comenzar con el Análisis Conductual Aplicado (ABA), dado que lo consideramos uno de los más importantes, siendo a la vez poco familiar o malinterpretado por muchos lectores. En este capitulo explicaremos este modelo en términos generales y en el siguiente presentaremos un estudio que representó un hito, utilizando esta intervención en el tratamiento de niños con autismo. Cualquiera que se encuentre familiarizado con nuestro trabajo en Autism Partnership sabe que somos estrictos respecto a cómo evaluar qué es lo que funciona y lo que no funciona al momento de tratar este misterioso trastorno. Esto nos ha llevado a la convicción de que ABA tiene mucho para ofrecer en este campo y nuestra determinación es ayudar a profesionales y padres a entender como puede contribuir para ayudar a sus niños con TEA.

Enseñar a la gente sobre ABA frecuentemente no es una tarea fácil. Para algunos implica ir en contraposición con sus creencias filosóficas en cuanto a la naturaleza de la crianza de un niño o a la naturaleza de los seres humanos y la manera en que deberían tratarse unos a otros. Quizás su formación ha sido enmarcada de manera antagónica respecto a ABA. O quizás se debe a un malentendido de ABA en sí mismo. Y, desafortunadamente, ha habido una abundancia de práctica pobre, al igual que una desinformación producto no solo de quienes rechazan, sino también del campo mismo de ABA. Por lo tanto, nuestro propósito es ayudar a los lectores a comprender mejor qué es ABA y qué no es, para que puedan tomar decisiones de manera informada sobre cómo podría ayudarlos en su interacción diaria con niños con TEA.

ABA COMO UNA CONSECUENCIA NATURAL DE LA PSICOLOGÍA DEL COMPORTAMIENTO

El Análisis Conductual Aplicado (ABA) es una rama de la psicología que utiliza principios del aprendizaje para resolver problemas de salud mental, al igual que para mejorar la manera en que la gente se desarrolla en la vida diaria.

ABA se focaliza en la conducta observable en lugar de hipotéticos estados mentales y busca identificar las características del ambiente que influencian el modo en que la gente se comporta. La relación funcional entre eventos específicos que preceden y siguen a la conducta es analizada de manera tal que se logren desarrollar procedimientos para incrementar las conductas deseadas y disminuir las conductas indeseadas. ABA se practica en todo tipo de ámbitos
con todo tipo de población, edad y ha sido utilizada para mejorar muchos comportamientos, como conductas sociales, desempeño laboral, adquisición de lenguaje, autoayuda y habilidades de ocio.

ABA emplea estrategias que están basadas en la teoría del aprendizaje, la cual sostiene que el aprendizaje es afectado por los eventos que preceden y siguen al comportamiento.

El **Condicionamiento Operante**, una forma de aprendizaje muy comúnmente asociada con B.F. Skinner, se apoya en la manipulación sistemática de las consecuencias de la conducta para modificar su futura tasa de respuesta. La conducta que es seguida por una consecuencia positiva (Ej. Golosinas, premios, privilegios o dinero) es más probable que vuelva a ocurrir en el futuro. El término técnico para esto es llamado «Reforzamiento», pero en lenguaje de la vida cotidiana significa usar recompensas para proveer motivación.
La conducta que es seguida por una consecuencia negativa (Ej. Reprimendas, dolor, ser ignorado) es probable que disminuya en el futuro.

El **Condicionamiento Respondiente**, primeramente investigado por Ivan Pavlov, es otro tipo de aprendizaje en el cual la conducta es manipulada alterando el estímulo antecedente que posee propiedades de elicitación (Ej. Indicios o eventos que preceden a la conducta y producen respuestas involuntarias).
El aprendizaje ocurre cuando estímulos que previamente eran neutrales adquieren propiedades de elicitación como resultado de emparejarlos con otro estimulo fuerte. Los perros de Pavlov comenzaban a salivar al notar la presencia de los asistentes de laboratorio porque su llegada había sido asociada con la entrega de comida. Intervenciones que se basan en la naturaleza Respondiente incluyen a la Desensibilización Sistemática (Ej., exposición gradual a una situación temerosa cuando se está relajado), Inundación (exposición a una situación temerosa sin implementar un procedimiento de relajación), y enseñar procedimientos de relajación como lo son la relajación muscular, respiración profunda, o imaginería guiada (Imaginar un evento relajante).

ABA también utiliza una variedad de procedimientos de enseñanza tales como Enseñanza de Ensayo Discreto (EED), role playing, modelado, y enseñanza de interacciones, junto con técnicas de manejo conductual como evaluación de conducta funcional, reforzamiento diferencial de otras conductas (RDOC), extinción, tiempo fuera, moldeamiento, control de estímulos y desvanecimiento de estímulo.

Aquellos individuos que estudian e implementan estrategias basadas en la teoría del aprendizaje se dice que practican «Conductismo». John B. Watson frecuentemente es citado como el «padre» del conductismo. El Dr. Watson creía firmemente que el ambiente era el único determinante de la conducta. El creía que todos eran una tabula rasa o una pizarra en blanco. Aquí hay una de sus más famosas citas:

«Denme una docena de infantes sanos, bien formados, y mi propio mundo para criarlos y yo garantizo elegir a cualquiera de ellos al azar y entrenarlo para convertirse en cualquier tipo de especialista que yo elija, doctor, abogado, comerciante, y si, incluso un mendigo y un ladrón, sin importar su talento, tendencias, habilidades, vocación y raza de sus antecesores» (Watson, 1930)

Aunque los conductistas no reniegan de la genética como factor importante, nosotros estamos principalmente preocupados por lo que sucede a nivel ambiental. El conductismo enfatiza el rol de la experiencia con el ambiente y cómo esto influye en nuestra conducta. Dado que los conductistas creen que las conductas pueden ser aprendidas, también creen que las conductas pueden ser desaprendidas a través de los cambios ambientales. Entonces, los conductistas son bastante optimistas respecto a que pueden ser efectivos mientras que se empleen evaluaciones e intervenciones sistemáticas.

ABA COMO UN MÉTODO CIENTÍFICO

El conductismo difiere sustancialmente de otras teorías del comportamiento humano (Ej. Psicoanaliticas, rogerianas, o gestalticas). El conductismo utliza un abordaje basado en el método científico. Los conductistas se apoyan en conductas observables e intentan mantenerse objetivos, apoyándose en información para tomar decisiones relacionadas con el tratamiento en vez de en interpreta-ciones subjetivas. También buscan demostrar relaciones causales a través del uso de diseños experimentales que reducen la participación del azar o sesgos, que afecten sus conclusiones.

Es debido a su fundamentación científica y su insistencia por la objetividad que ABA puede parecer tanto a padres como a profesionales algo frío y mecanicista. Los profesionales son cuidadosos, evitan palabras que se refieran a sentimientos por su influencia subjetiva, eligiendo en su lugar términos que son específicos y claros. No se trata de que los conductistas se despreocupen por los sentimientos; es que ellos describen estas experiencias de manera específica y mensurable de manera que se las pueda evaluar de la forma más honesta y acertada posible. El lenguaje conductista, o las palabras únicas de una profesión, suelen colocar a las personas fuera de lugar, sintiéndose incómodos aquellos que no se encuentran familiarizados con estos términos.

Los conductistas también son bastante conservadores en cuanto a realizar anuncios de éxito terapéutico salvo que se haya realizado una investigación rigurosa. Esto coloca a los conductistas en desventaja cuando otros tratamientos son promocionados en base a resultados de caso único y testimonios personales, o aquel que alega producir sentimientos cálidos y poco claros. Esto también coloca a los padres en desventaja cuando se enfrentan con la necesidad de tomar decisiones respecto al tratamiento de su hijo. Puede ser muy difícil ser inspirado por un científico conservador en comparación con un aficionado apasionado y carismático con menor abordaje científico.

Que no es ABA

No es abusivo, frío, punitivo o manipulativo. No deshumaniza ni produce niños robot. No es una intervención simplista como tampoco tiene efectos limitados. No es solo para niños severamente deteriorados, o niños pequeños con TEA. Cuando es implementado de manera correcta, es una intervención que se generaliza y extiende más allá del formato uno a uno.

Desafortunadamente estas creencias distorsionadas reflejan la visión que mu-chos tienen sobre ABA. El estereotipo negativo es frecuentemente un resultado de información desactualizada o experiencias con intervenciones no calificadas de ABA. Aunque muchas intervenciones psicológicas, procedimientos de enseñanza y tratamientos médicos han encontrado resistencia en sus primeros días, ABA ha tenido una gran dificultad para ganar aceptación. Pero recordaremos que no debemos juzgar una intervención entera basada en experiencia limitada que ha sido trivial. La atención odontológica, por ejemplo, tiene mucho para ofrecer a pesar del hecho de que uno puede haberse topado con intervenciones odontológicas pobres en el pasado. Similarmente, Catherine Maurice (1999) ha señalado que no debemos rechazar a ABA basados en experiencia inicial desfavorable:

«Si nosotros dejamos que la intervención conductual sea detenida porque algunos terapeutas son incompetentes, es lo mismo que abolir la medicina porque algunos médicos no saben lo que hacen»

Enseñanza mediante Ensayo Discreto (EED)

Una de las técnicas de enseñanza más empleadas por quienes practican ABA es la Enseñanza mediante Ensayo Discreto (EED).

La EED es una metodología instruccional basada en los principios de ABA. Es un proceso de enseñanza que puede ser usado para desarrollar una gran variedad de habilidades, incluyendo las cognitivas, comunicacionales, de juego, sociales, imitativas y de auto-ayuda. Adicionalmente, es una estrategia que puede ser usada para maximizar el aprendizaje en todas las edades y poblaciones.

La **EED** implica:

1• Identificar habilidades a desarrollar.
2• Subdividir habilidades complejas en partes más pequeñas.
3• Enseñar un componente de la habilidad a la vez hasta que se la haya dominado.

4• Dar lugar a la práctica repetida en un periodo de tiempo delimitado.
5• Proveer instigación y desvanecimiento de la instigación cuando sea necesario.
6• Usar procedimientos de reforzamiento.
7• Facilitar la generalización de las habilidades hacia ambientes naturales.
Aunque no todos los profesionales han explícitamente incorporado pasos de generalización, la investigación muestra que es un componente importante del tratamiento.

La unidad básica de enseñanza, llamada ***Ensayo***, tiene un principio y un fin claramente definidos, de allí el nombre «Discreto». El ensayo comienza con un indicio claramente definido, el cual permite al estudiante saber qué es lo que se espera de él. En términos técnicos diríamos que señala la disponibilidad de reforzamiento si un comportamiento específico es ejecutado. Este principio puede consistir en una pregunta («¿Cómo hace una vaca?»), una instrucción («cuenta hasta 10») o un evento (otro niño se acerca, lo cual puede ser un indicador de iniciar una respuesta social).

Lo siguiente es un tiempo limitado para responder, típicamente de sólo unos segundos. En EED se requiere una respuesta activa, no sólo una actividad pasiva como puede ser escuchar una clase. Consecuencias tales como reforzamiento social o recompensas son suministradas inmediatamente luego de que el niño intentó ejecutar la conducta o haya brindado una respuesta a la pregunta o en el punto en el que el tiempo fue excedido. Reforzamiento en forma de halago o en acceso a un ítem o actividad preferida son suministrados cuando la conducta se ha llevado a cabo de manera correcta. Mientras que la retroalimentación correctiva es suministrada si el comportamiento es efectuado de manera incorrecta, en este caso la respuesta puede ser simplemente no reforzada.

La enseñanza a menudo involucra numerosos ensayos, de manera que el aprendizaje se asiente. El estudiante y el maestro deben ser activos y estar acoplados durante el proceso de aprendizaje. Por ejemplo, si UD está enseñando a un estudiante a decir el nombre de los compañeros de clase, debería haber múltiples ocasiones en las cuales él necesite recordar el nombre durante un periodo corto de tiempo, lo suficientemente corto como para que pueda ser exitoso. Practicar decir el nombre de cada niño sólo una vez al día puede llevar a que se tarde meses en dominar la habilidad. Si UD quiere enseñar a un niño a atar los cordones de sus zapatos, UD primeramente dividiría la habilidad o conducta en muchas partes (Ej. Poner el pie en el zapato, tomar el cordón, tirar con fuerza de ellos, poner un cordón encima del otro, etc.). Esto es llamado análisis de tarea. La enseñanza comienza con una sola parte de la habilidad. Para atar los cordones de los zapatos UD podría comenzar con el ultimo paso que es tirar de los cordones firmemente, porque ese es el paso más reforzante para aprender. Comenzar con el último paso se lo llama encadenamiento hacia atrás. El estudiante podría necesitar practicar este paso muchas veces al día para maximizar la tasa de adquisición de la habilidad. Luego de que un paso de la habilidad es dominado, se presentan los siguientes.

Durante las sesiones de enseñanza el estudiante recibirá instigaciones o guías de manera que pueda desempeñar correctamente el paso. Esto asegura una alta tasa de éxito, lo cual hace el proceso de aprendizaje más tolerable para el estudiante. Durante la sesión el niño recibe retroalimentación tanto positiva como correctiva de acuerdo a la calidad de su desempeño de forma tal que el estudiante aprenda a refinar sus respuestas o discriminar que respuesta corresponde a una situación determinada. Por ejemplo, «muu» va con vaca y «quack» va con pato. A medida que el estudiante demuestre un alto nivel de éxito, las instigaciones se desvanecens o quitan, y un alto nivel de reforzamiento es brindado en los ensayos en los cuales el estudiante tuvo éxito sin la necesidad de instigación, o por haber alcanzado un nivel más alto de independencia. El objetivo es eliminar las instigaciones lo más rápido posible. Finalmente, una vez que el paso ha sido aprendido en la sesión, la habilidad debería ser practicada en un ambiente menos estructurado y bajo condiciones más naturales.

Los instructores o entrenadores comúnmente usan EED sin conocer la terminología o sin que se les haya enseñado. Por ejemplo, cuando se aprende a nadar el primer objetivo del niño puede ser sólo jugar en los escalones hasta que él/ella se sienta cómodo en aguas poco profundas. Luego pueden practicar repetidamente colocar su cara en el agua. Luego de muchas oportunidades (ensayos) y maestría, el niño procederá a los próximos pasos, quizás pataleando tomado del filo de la pileta. Gradual y sistemáticamente el niño aprende más pasos y no pasa a los siguientes hasta que los anteriores sean dominados. Naturalmente, la lección provee muchas oportunidades para practicar y los buenos instructores de natación saben cómo hacer del aprendizaje una diversión. También proveen asistencia (instigación) cuando es necesario y desvanecen estas instigaciones lo más rápido posible. A través de un buen EED, mediante la subdivisión de habilidades, la enseñanza de pasos individuales hasta que se logre el dominio, la utilización de instigación, brindando retroalimentación, reforzamiento, asegurándose que el aprendizaje sea divertido y el niño se encuentre cómodo con el ambiente de aprendizaje, la conducta compleja de nadar podrá ser dominada y resultar en una parte importante de la vida diaria.

La enseñanza por ensayo discreto puede ser contrastada con un ensayo continuo o métodos de enseñanza más tradicionales que presentan un gran cúmulo de información a los niños sin tener claramente identificado o definido los objetivos de respuesta. La enseñanza tradicional frecuentemente implica un feedback demorado o mínimo, una limitada oportunidad para que el estudiante practique la habilidad, y ocasiones poco frecuentes para que el maestro evalúe cuanto aprendizaje se ha logrado. En suma, la enseñanza tradicional no permite la generalización de habilidades, o la medición del uso de información recientemente adquirida dentro de ambientes naturales. Mientras este tipo de intervención funciona para la mayoría de los estudiantes, típicamente no es efectiva para niños con TEA. Aunque es una intervención intensiva, la EED involucra abundante reforzamiento y los niños rápidamente comienzan a disfrutar del proceso de enseñanza. Hemos hallado que los estudiantes pueden no sólo tolerar sorpresivamente una gran cantidad de horas de EED a lo largo del día, sino que se desarrollan con él y disfrutan con el proceso de aprendizaje, siempre que el personal sea divertido, respetuoso, energético y disfrute estar con los niños.

Evitando los efectos secundarios negativos de ABA

Aunque ABA es una intervención extremadamente efectiva, pueden aparecer efectos secundarios negativos. Afortunadamente se pueden superar realizando ajustes al plan de intervención. Aquí hay una lista de algunos efectos indeseables sobre los cuales practicantes y padres deberían estar informados. Pueden ser evitados diseñando el programa de tratamiento de una manera más balanceada.

- El **Egocentrismo** puede resultar en los niños que tienen intereses y preferencias sostenidas al exceso, y un déficit en la capacidad de hacer a un lado sus propias preferencias en lugar de los deseos de otra persona.

- La **Búsqueda de atención** puede suceder por estar rodeado, con una frecuencia continua, por personas que están allí para dar su atención exclusivamente al niño. Esto lleva a expectativas exageradas sobre cuanta atención deberían recibir. Si la atención no aparece próxima a la conducta apropiada, entonces los niños pueden desencadenar maneras inapropiadas para ganar atención. La atención debería ser contingente a conductas apropiadas, y debería ser dada en montos no excesivos y el niño debería ser expuesto sistemáticamente a ocasiones en las cuales hay una demora hasta que la atención es brindada. (EJ. Tendrían que trabajar mas duro y más largo antes de recibir atención)

- La **Dependencia** se puede desarrollar porque los adultos proveen asistencia rápidamente y los niños no tienen la oportunidad de descubrir que ellos mismos son capaces de realizar muchas cosas.

- La **Necesidad** de ser correcto puede resultar de colocar demasiado énfasis en las respuestas correctas y no suficiente énfasis en el esfuerzo, o recompensa insuficiente por intentar lograr cosas que son difíciles o poco probables que se logren de manera correcta.

- La **Inflexibilidad** puede hacerse lugar por sobreenfatizar la rutina y una exposición a la variación insuficiente.

- **Responder sólo a ciertos indicios** sobreviene cuando los instructores son siempre rutinarios con cierta inflexión y con un uso innecesario de lenguaje simplificado. Nos referimos a esto como «Terapia de habla» y debería ser evitada para promover la generalización.

Que los efectos secundarios negativos pueden ocurrir no es sorprendente dada la complejidad de la naturaleza del autismo y la intensidad de la terapia que es requerida. Una intervención demasiado simplista y con procedimientos que no son llevados a cabo hasta la fase final es más probable que cause efectos negativos. Debido a ello enfatizamos enseñar en una diversidad de ámbitos, para incluir no sólo 1:1, sino también grupos pequeños y grandes de instrucción. Es importante enseñar cómo compartir la atención con otros niños, por ejemplo tener turnos para acceder a un juguete, esperar para la asistencia mientras que el instructor se encuentra interactuando con otro estudiante, o felicitando a otro compañero de clase que ha alcanzado un logro. Brindar instrucciones usando un lenguaje natural y variado cuando es posible ayuda a asegurarse que cuando los psicólogos, que no usan el «lenguaje ABA», examinan las habilidades obtengan la respuesta deseada, sin mencionar cuando el abuelo y la abuela vienen a jugar, ellos también podrán interactuar exitosamente con el niño sin tener que convertirse en especialistas ABA.

¿Qué es el método Lovaas?

El Dr. Ivar Lovaas es un psicólogo que es reconocido como uno de los pioneros en el tratamiento y educación de niños con TEA. A principio de los 60's el Dr. Lovaas comenzó investigando procedimientos conductuales para reducir las auto-lesiones. Los niños derivados a tratamiento exhibían conductas extremadamente peligrosas tales como golpearse la cabeza, meterse los dedos en los ojos, comer pedazos de su piel, e incluso arrancarse dedos de un mordisco. El Dr. Lovaas demostró que ABA era efectivo en la reducción e incluso en la eliminación de las auto-lesiones (e.g., Lovaas, Freitag, Gold & Kassorla, 1965; Lovaas & Simmons, 1969). Ignorar las conductas nocivas y brindar altas tasas de reforzamiento positivo por una conducta alternativa probó ser efectivo en la extinción de conductas mantenidas por atención que exhibían los niños. Sin embargo, fue un proceso lento y resultó que los niños continuaron haciéndose daño a ellos mismos antes que la conducta fuera completamente eliminada. Por lo tanto, el Dr. Lovaas investigó procedimientos de castigo como un componente adicional del tratamiento en un esfuerzo por producir una supresión más rápida de las auto-lesiones. Su investigación demostró claramente que el castigo combinado con procedimientos de refuerzo positivo no sólo resultaba en una supresión más rápida sino que también los efectos eran transferidos a otras situaciones y personas (generalización de estímulo), y consecuentemente en la reducción de otras conductas disruptivas (generalización de respuesta) tales como rabietas y autoestimulación, y los resultados terapéuticos fueron mantenidos en el tiempo.

El Dr. Lovaas se percató de que enfocarse exclusivamente en conductas disruptivas sería tan efectivo como la duración del tratamiento lo fuera. Un tratamiento permanente requería simultáneamente el desarrollo de una conducta apropiada de reemplazo la cual podría ser mantenida por medio de reforzadores naturales. Además de ello se percató que las conductas disruptivas no eran azarosas, más bien eran bastante entendibles y generalmente servían para un propósito o un conjunto de propósitos específicos para el individuo. Especuló que las conductas disruptivas eran, quizás, una manera para que el niño obtuviera atención, comunicara un deseo, o evitara situaciones desagradables. Por lo tanto, de manera de evitar recaídas, o la aparición de nuevas conductas disruptivas, seria esencial enseñar al niño nuevas formas de lograr el mismo resultado, pero que no tuviera efectos nocivos.

Así, comenzando en 1964, el Dr. Lovaas dirigió numerosos estudios sobre la enseñanza de lenguaje y otras conductas adaptativas (e.g., Lovaas, Berberich, Perloff & Schaeffer, 1966; Lovaas, Freitag, Kinder, Rubenstein, Schaeffer & Simmons, 1966; Lovaas, Freitas, Nelson & Whalen, 1967). El mostró que mediante procedimientos de enseñanza sistemática (principalmente EED), los niños podrían aprender no solo lenguaje, sino también otras habilidades importantes como jugar, socializar y de auto-ayuda. Las investigaciones de Dr. Lovaas sobre ABA lograron una importante contribución al mejoramiento de la calidad de vida del niños con TEA. Previo a esto, la mayoría de las personas consideraban al autismo como una sentencia perpetua de funcionamiento restringido. El Dr. Lovaas demostró que los niños con trastornos autistas tenían aún más potencial del que previamente se creía. ***Él merece ser reconocido.***

El uso de EED en niños con TEA es a veces llamado el «Método Lovaas» o «Terapia Lovaas» (no por Lovaas mismo, sino por otros). Pero nuestra creencia es que sería más apropiado usar un término que sea descriptivo de la intervención y su naturaleza continuamente evolutiva, en vez de relacionarlo con una persona en particular. Aunque el Dr. Lovaas ciertamente fue uno de los primeros en emplear los principios y procedimientos del ABA con niños con TEA a gran escala, las bases de ABA y los procedimientos de tratamiento fueron desarrollados previo al surgimiento del Dr. Lovaas. El uso de reforzamiento, extinción y castigo para reducir las conductas, al igual que el empleo de procedimientos de enseñanza sistemática se ha dado desde principios de 1920. Previo a la investigación del Dr. Lovaas, ABA también había demostrado ser efectiva en el tratamiento de otras poblaciones.

El término «Tratamiento Lovaas» implica un método de tratamiento que es definido por un solo individuo y que se trata de un procedimiento estático y distinto. Los aportes de Lovaas nunca fueron la raíz fundante del campo en cuestión, su trabajo fue construido sobre los hallazgos de aquellos que lo precedieron en el campo y que ha servido como una base para el trabajo de otros a partir de él. Para crédito suyo, Lovaas nunca reclamó que la intervención perteneciera a su persona y siempre motivo a sus discípulos a refinar los métodos que él utilizó para desarrollar las habilidades de niños con TEA. De hecho, los procedimientos que Lovaas usaba en los 80's evolucionaron y difirieron de aquellos usados en los 60's. La investigación y la experiencia clínica produjeron una evolución constante en los métodos de tratamiento. Por ejemplo, con los años el castigo fue eliminado a medida que los programas de conductas sofisticadas fueron desarrollándose. Las técnicas de aprendizaje se hicieron menos artificiales y más naturales. Los planes de tratamiento se hicieron más abarcativos. El termino «Terapia Lovaas» no reconoce la evolución del tratamiento. Por lo tanto nosotros consideramos más apropiado utilizar el termino «Tratamiento Conductual Intensivo» para describir los métodos desarrollados por Lovaas y otros para el tratamiento de niños con TEA.

Resumen

Nosotros, los autores de este libro, hemos dedicado nuestras carreras profesionales a ayudar a niños con autismo y a ayudar a aquellos que ayudan a niños con autismo. Nosotros creemos firmemente que ABA provee un claro camino a seguir. Usar los principios de ABA es más que una profesión para nosotros, es la esencia de nuestras creencias. ABA ha estado allí, en el núcleo de la crianza de nuestros niños y la usamos incluso cuando entrenamos baseball, soccer o baile (Osborne, Rudrud, & Zezoney, 1990; Luyben, Funk, Morgan, & Clark, 1986). Ha sido incluso la base para nuestras relaciones con amigos y otros significativos. Nosotros nos adherimos a una perspectiva de intervención, educación y desarrollo guiado por ABA. Nuestras creencias están formadas por experiencia personal y clínica al igual que por los tomos de investigación que hemos compilado durante décadas, incluyendo nuestra pequeña contribución. Hemos formado a numerosos padres y profesionales y brindado testimonio experto sobre ABA. Nosotros admitimos que tenemos opiniones fuertes sobre el tema. Y nosotros creemos que cuando otros realmente comprenden los principios de ABA, ellos también se convertirán en fuertes partidarios. Sobre todo esto trata este libro.

REFERENCIAS BIBLIOGRÁFICAS

Baer, D. M., Wolf, M. M., & Risley, T. R. (1968). *Some current dimensions of applied behavior analysis.* - Journalof Applied Behavior Analysis, 1(1), 91-97

Baer, D. M., Wolf, M. M., & Risley, T. R. (1987). *Some still-current dimensions of applied behavior analysis.* - Journal of Applied Behavior Analysis, 20(4), 313-327

Fawcett, S. B. (1991). *Some values guiding community research and action.* - Journal of Applied Behavior Analysis, 24(4), 621-636

Foxx, R. M., McMorrow, M. J., & Mennemeier, M. *(1984). Teaching social/vocational skills to retarded adults with a modified table game: An analysis of generalization.* - Journal of Applied Behavior Analysis, 17(3), 343-352

Lovaas, O. I. & Simmons, J. Q. (1969). *Manipulation of self-destruction in three retarded children.* - Journal ofApplied Behavior Analysis, 2(3), 143-157

Lovaas, O. I., Berberich, J. P., Perloff, B. F., & Schaeffer, B. (1966). *Acquisition of imitative speech by schizophrenic children.* - Science, 151 701-705

Lovaas, O. I., Freitag, G., Gold, V. J., & Kassorla, I. C. (1965). *Experimental studies in childhood schizophrenia: Analysis of self-destructive behavior.* - Journal of Experimental Child Psychology, 2(1), 67-84

Lovaas O. I., Freitag G., Kinder M. I., Rubenstein B. D., Schaeffer B., & Simmons J. Q. (1966). *Establishment of social reinforcers in two schizophrenic children on the basis of food.* - Journal of Experimental Child Psychology, 4(2), 109–125

Lovaas O. I., Freitas L., Nelson K., & Whalen C. (1967). *The establishment of imitation and its use for the development of complex behavior in schizophrenic children.* - Behavior Research and Therapy, 5(3), 171–181.

Luyben, P. D., Funk, D. M., Morgan, J. K., Clark, K. A., & Delulio, D. W. (1986). *Team sports for the severely retarded: Training a side-of-the-foot soccer pass using a maximum-to-minimum prompt reduction strategy.* - Journal of Applied Behavior Analysis, 19(4), 431–436.

Maurice, Catherine (1999). *"ABA and us: One parent's reflections on partnership and persuasion."* - Address to Cambridge Center for Behavioral Studies Annual Board Meeting, Palm Beach, Florida, November, 1999. Maurice (1999).

Osborne, K., Rudrud, E. & Zezoney, F. (1990). *Improved curveball hitting through the enhancement of visual cues.* - Journal of Applied Behavior Analysis, 23(3), 371–377.

Watson, J. B. (1930). *Behaviorism (revised edition).* - *University of Chicago Press.*

CAPITULO 2
EL PROYECTO AUTISMO JOVEN (PAJ) DE LA UCLA

Ron Leaf & John McEachin

El Proyecto Autismo Joven (PAJ) como fue descrito en Lovaas (1987) y McEachin, Smith y Lovaas (1993) estableció un nuevo marco de referencia para el éxito en el tratamiento de los TEA. Esta intervención conductual obtuvo reconocimiento en la comunidad profesional muy lentamente, pero los padres lo adoptaron rápidamente como el tratamiento de primera elección. El libro, *Déjame oír tu voz* de Catherine Maurice (1993), fue significativo al brindar información al alcance de la mano a los padres, sobre intervención conductual temprana e intensiva, al igual que ha inspirando a estos a tomar decisiones en nombre de sus hijos. En 1996 el Departamento de Salud De Nueva York concluyó una revisión de las metodologías de tratamiento para niños con TEA y citó los logros de los estudios de Lovaas como alcanzando las normas más exigentes para la investigación. Concluyeron que este Tratamiento Conductual Intensivo era único en cuanto al nivel de evidencia que demostraba su eficacia (Departamento de Salud de Nueva York, 1999). También en 1999, un reporte de The American Surgeon General afirmó que el tratamiento conductual implementado por el PAJ es el tratamiento de elección (Departamento de Salud y Servicios Humanos 1999).

Ahora la mayoría de la comunidad profesional que provee tratamientos ABA utiliza muchos de los principios y técnicas que fueron usados en el estudio de la UCLA. A pesar del creciente reconocimiento, aún hay una tremenda cantidad de escepticismo y desinformación que existe en cuanto a PAJ. De manera tal que los padres y profesionales puedan comprender mejor cómo ABA puede ayudar a niños con TEA, nosotros creemos que es necesario revisar cuidadosamente esta importante investigación.

Las bases históricas del PAJ

ABA no es un método terapéutico «nuevo» o sin fundamentos. El Dr. Lovaas y sus asociados en UCLA han utilizado ABA para el tratamiento del TEA por más de cuatro décadas. Sus investigaciones han demostrado convincentemente que la intervención temprana e intensiva puede mejorar significativamente el funcionamiento de niños con autismo. Uno de los primeros estudios más abarcativos de ABA, publicado en 1973 por el Dr. Lovaas y sus colegas, documenta los resultados de la intervención intensiva para un grupo de niños con autismo de entre los 3 y 10 años de edad con el mismo diagnósitco (Lovaas, Koegel, Simmons and Long, 1973). En este estudio, todos los niños con autismo recibieron 40 horas de intervención ABA por entre 12 y 14 meses. La intervención se enfocó en la reducción de conductas disruptivas mientras se buscaba incrementar las habilidades de lenguaje, socialización y juego. Los resultados mostraron reducciones significativas en cuanto a auto-estimulación, ecolalia e incrementos en cuanto a habilidades verbales, sociales y de juego. Al final de la investigación, los niños retornaron con sus padres o a un hospital del estado.

Las medidas de seguimiento que se llevaron de uno a cuatro años luego del tratamiento mostraron diferencias significativas entre los grupos. Aquellos niños que fueron derivados a instituciones estatales mostraron recaídas severas. Las conductas disruptivas retornaron a niveles previos y las habilidades apropiadas fueron deterioradas. En contraposición, aquellos niños que fueron a vivir con padres que recibieron formación en ABA luego del tratamiento, continuaron mejorando. La información también muestra que los niños que comenzaron tratamiento a una edad más temprana tuvieron mejores resultados.

Descripción del PAJ

Basados en el estudio de 1973, un nuevo estudio de largo plazo se inició en UCLA por parte del Dr. Lovaas y sus colegas en UCLA. Este estudio se llamó Proyecto Autismo Joven (PAJ). Al igual que en la investigación previa, los niños del PAJ recibieron intervenciones intensivas por un promedio de 40 horas semanales.

Sin embargo, de manera que se pueda maximizar el aprendizaje, se realizaron los siguientes cambios:

- Los niños comenzaron el tratamiento antes de los 4 años de edad.
- Todos los niños vivían con sus padres.
- Los padres fueron formados intensamente en ABA y fueron un pieza importante del tratamiento.

Treinta y ocho niños que recibieron un diagnostico de autismo por jueces independientes fueron sujetos del PAJ. Previo al comienzo del tratamiento, se recolectó extensa información pretratamiento a través de una entrevista a los padres, tests de desarrollo, y medidas de observación conductual.

Los niños fueron derivados al grupo de *Tratamiento Intensivo* o al grupo control, que no recibió tratamiento intensivo. Debido a cuestiones éticas relacionadas con que ciertos niños recibían un tratamiento inferior, la selección no se baso en una asignación al azar. En cambio la asignación fue basada en la disponibilidad del personal y fue decidido previo a la remisión. Un análisis detallado reveló que no existían diferencias significativas entre los dos grupos al comienzo del tratamiento.

Los diecinueve niños en el grupo de *Tratamiento Intensivo* recibieron una intervención promedio de 40 horas de trabajo por semana. Hubo sesiones con dos terapeutas, debido a cuestiones de formación y para maximizar el tiempo instruccional, al igual que permitir la enseñanza de aprendizaje observacional u otras habilidades que requerían una segunda persona. Los diecinueve niños en el grupo control, sin embargo, recibieron un promedio de 10 horas semanales de intervención ABA al igual que otras estrategias de intervención (EJ terapia del lenguaje, terapia ocupacional, estrategias tradicionales de educación, etc.) al final del estudio un segundo grupo control también fue evaluado para comparación. Los niños del segundo grupo control no recibieron intervención durante el PAJ, pero recibieron un servicio ecléctico suministrado por varias agencias y escuelas.

La intervención para los niños del grupo de Tratamiento Intensivo fue suministrada por estudiantes de la UCLA. Para poder lograr esto, los estudiantes debían ser calificados con un «A» o un «B» en un curso de grado de psicología: «Bases de la modificación de conducta», dictada por el Dr. Lovaas. Cada equipo terapéutico fue supervisado por un graduado en psicología o un estudiante avanzado no graduado. El Dr. Lovaas y el supervisor clínico coordinaban los distintos equipos.

El personal recibió una variedad de experiencias de formación. Luego de demostrar una comprensión general de los principios de ABA, el personal asistía a una serie de talleres. Los talleres se enfocaban en cómo aplicar ABA de manera efectiva con niños jóvenes con TEA. Los tópicos incluían reforzamiento, procedimientos de Enseñanza mediante Ensayo Discreto (EED), técnicas de reducción, instigación y desvanecimiento. Más adelante el personal obtuvo formación cuando trabajaban con los niños. Típicamente, el personal nuevo trabajaba junto a aquellos más experimentados por varias semanas. Adicionalmente, el supervisor acompañaba frecuentemente al personal para brindar entrenamiento adicional.

Una vez realizadas las medidas pre-tratamiento (EJ, medidas observacionales, entrevistas parentales y evaluaciones psicométricas) se dio inició al tratamiento. Dicho tratamiento se enfocó inicialmente en la reducción o eliminación de conductas disruptivas, tales como la agresión, rabietas, auto-estimulación y desobediencia. Las conductas disruptivas fueron reducidas proporcionando reforzamiento positivo contingente a las conductas apropiadas, combinado con procedimientos de reducción tales como la extinción, tiempo fuera y abordajes de reducción de conductas. Por ejemplo, si un niño era agresivo contra si mismo u otros, el terapeuta ignoraba la conducta (extinción) o brindaba reprimendas verbales (*EJ, no!, Detente, No hagas eso!*). Sí la conducta era considerada seria, entonces se suministraba una punición combinado con una reprimenda verbal. Cuando el niño no exhibía agresión o se encontraba realizando una conducta apropiada ellos recibían reforzamiento en la forma de comida, confort físico o un juguete junto con un elogio.

Conjuntamente con la reducción de conductas disruptivas, a los niños se les enseñaban maneras más apropiadas de responder. Típicamente, al niño se le enseñaba a prestar atención visualmente al terapeuta y luego a sentarse de manera adecuada en la silla (con las manos y los pies quietos).

Una vez que exhibía una conducta apropiada, el niño recibía determinados reforzadores de forma individual, los cuales incluían tanto recompensas comestibles como tangibles junto con elogios y otros tipos de reforzadores sociales.

Aunque nos estábamos orientando hacia habilidades pre-requisitas, el enfoque inicial de la terapia era enseñar al niño el proceso de la terapia, frecuentemente conceptualizado como «aprendiendo a aprender». Prestar atención, responder a instrucciones, cambiar conductas de acuerdo al feedback y la respuesta a instigadores son todos aspectos de aprendiendo a aprender. Estas habilidades fueron enseñadas a través de la práctica sistemática junto con instigación y feedback.

Cuando la conducta disruptiva del niño fuera reducida y se lograra el dominio de sentarse y prestar atención, el programa era expandido a desarrollar habilidades elementales de lenguaje. EED fue utilizada para enseñar a los niños imitación no-verbal, correspondencia, órdenes receptivas e imitación verbal. Los programas de lenguaje intermedio involucraban la enseñanza de habilidades como Nominación Receptiva, Nominación Expresiva, Pronombres y Preposiciones. Programas más avanzados implicaban habilidades conversacionales, académicas y de juego. Sumado al plan más formal y estructurado, los niños obtenían tiempos de reforzamiento al igual que oportunidades de jugar.

Para mantener los efectos del tratamiento, los padres fueron entrenados en habilidades de manejo de conductas.

Los padres fueron entrenados con un modelo de aprendiz, por medio del modelado, juego de roles, y practica con su propio niño, acompañado por feedback. La generalización de la terapia fue lograda, más adelante, por llevar a cabo el tratamiento en una variedad de ambientes a los cuales el niño era expuesto: la casa, escuela y la clínica.

Inicialmente, sin embargo, el tratamiento fue llevado a cabo exclusivamente en la casa del niño. Las sesiones de terapia fueron típicamente de una duración de tres horas. Los terapeutas generalmente trabajaban en un equipo de dos. Esto permitía a los terapeutas alternar la enseñanza, recoger información, y suministrar modelado e instigación. Contar con dos personas también brindaba la oportunidad de trabajar en aprendizaje observacional al igual que en habilidades de preparación para la escuela. Además, la coincidencia de dos personas permitía a los nuevos terapeutas contar con la oportunidad de aprender como implementar la EED mediante la observación de terapeutas más experimentados.

Los niños fueron inscriptos en la escuela tan pronto como su conducta disruptiva se mantuviera a niveles mínimos y contaran con la capacidad de prestar atención. Esto ocurría en distintos momentos del tratamiento, dependiendo de la tasa de progreso del niño. Las escuelas eran seleccionadas de acuerdo a la voluntad de contar con un personal que acompañe al niño en el aula.

El programa de cada niño era altamente individualizado para reflejar sus necesidades únicas. La tasa de progreso determinaba no solo cuando un niño podía ser inscripto en una escuela, sino también cuando y qué programa específicos debían ser introducidos. Es mas, distintos programas fueron implementados, basados en las necesidades diferenciales de cada niño. En otras palabras, no todos los niños eran expuestos al mismo material.

La cantidad de horas de intervención que ellos recibían también difería. Aunque la cantidad de horas promedio que los niños recibieron fue de 40 horas semanales, había un amplio margen. El margen era de un mínimo de 20 horas semanales a un máximo de 50 horas o más por semana. La gente frecuentemente se sorprende al saber que los niños que recibieron menos horas de tratamiento progresaban más rápido. Sin embargo, la dosis era determinada por la necesidad, y frecuentemente los niños que lograban los progresos más rápidos no necesitaban de las horas más intensivas.

Cuando un niño estaba progresando lentamente, se incrementaban las horas de terapia para facilitar el progreso. También había variación en el número de años de tratamiento. Mientras que todos los niños recibieron al menos dos años de tratamiento, algunos pocos recibieron hasta 10 años de tratamiento.
Finalmente, la intensidad de tratamiento fue reducida gradualmente a medida que los niños comenzaron a acercarse al beneficio máximo del tratamiento.

Dos estudios de seguimiento, publicados en 1987 y 1993, mostraron que 9 de los 19 niños que recibieron tratamiento conductual intensivo fueron capaces de completar exitosamente las clases de educación regular y fueron indistinguibles de sus pares en mediciones del CI, habilidades adaptativas y funcionamiento emocional (Lovaas, 1987; McEachin, Smith and Lovaas, 1993). Los 9 mejores niños no fueron identificados por sus maestros como con necesidad de educación especial y no tuvieron apoyo extra durante las clases.

En contraste, en el seguimiento solo un paciente de los 40 niños en los dos grupos control alcanzó un resultado similar. Aquellos niños que recibieron tratamiento intensivo pero que no lograron el «mejor resultado» igualmente lograron progresos significativos en habilidades de lenguaje, sociales, autoayuda y juego. Todos menos dos de ellos lograron desarrollar lenguaje funcional.

Factores que afectan la generalización de los resultados

La investigación llevada a cabo en UCLA ha sido muy útil como guía para los profesionales clínicos sobre cómo obtener los mejores resultados de tratamiento y educación para niños con TEA. En cuanto a las conclusiones inferidas del PAJ, es importante tener en mente las características sobre los niños incluidos en la investigación, detalles sobre la intervención suministrada y cómo los hallazgos del estudio son comparados con otra evidencia existente en la literatura científica en cuanto a ABA y su aplicación al TEA.

La aplicación de los hallazgos de investigación al mundo real de la práctica clínica conlleva frecuentemente realizar algunas adaptaciones de procedimientos. Esto puede ser necesario por una cantidad de razones, incluyendo la reducida disponibilidad de recursos fuera del dispositivo de la investigación. En el estudio de Lovaas, el uso de aversivos, como nosotros discutiremos más abajo, es un aspecto del tratamiento que la mayoría de los profesionales no consideraría actualmente como una opción de tratamiento. Cuando se llevan a cabo adaptaciones en la práctica clínica, esto representa cruzar los límites de la metodología de la investigación, lo cual puede poner en juego los hallazgos de la investigación. Sin embargo, comprendiendo cuales son las variables de tratamiento importantes e incorporando resultados de otras investigaciones, uno puede realizar los ajustes necesarios e igualmente contar con un nivel de confiabilidad razonable en cuanto a los resultados futuros.

También hay desviaciones de la metodología de tratamiento que han ocurrido porque los clínicos no han comprendido los procedimientos en el estudio y han adoptado prácticas que erróneamente creen que son dictadas por la investigación. Tales errores también pueden poner en juego los resultados del tratamiento o, como último resultado, en una complicación innecesaria para el proceso terapéutico. Por lo tanto es esencial interpretar correctamente lo que el estudio indica –y no indica-. Nosotros querríamos resaltar algunas variables de tratamiento importantes que creemos necesitan ser totalmente comprendidas de manera que se llegue lo más cerca posible a replicar los resultados alcanzados en el PAJ.

Consideraciones de edad

En el PAJ no había niños con más de cuatro años de edad, entonces el estudio de 1987 de Lovaas no nos permite hacer comparaciones entre niños jóvenes y mayores. Sin embargo, esto no debería ser usado para sostener que los niños que son mayores de cuatro años no pueden recibir beneficios sustanciales de la intervención. De hecho existe una extensa literatura que demuestra la efectividad de ABA para niños mayores, adolescentes y adultos (Lovaas, Koegel, Simmons & Long, 1973; Eikeseth, Smith & Eldevik, 2002; Fenske, et al., 1985; Matson, Benavidez, Compton, Paclawskyj & Baglio, 1996).

En nuestra opinión seria un error denegar tratamiento a un niño mayor. Aunque se ha encontrado en niños más jóvenes resultados más llamativos que con los niños mayores, y que la probabilidad de recuperación decrezca con un comienzo de tratamiento más tardío, comenzar más tarde es claramente mejor que no comenzar para nada (Lovaas et al., 1973; Fenske, Zalenski, Krantz, & McClannahan, 1985). Los beneficios para niños mayores al comienzo del tratamiento seguirán siendo sustanciales. La recuperación no es el único resultado que merece reconocimiento.

El rol de la intensidad del tratamiento

Si uno está intentando replicar los resultados positivos obtenidos en el PAJ, será esencial adherir al nivel de intensidad que fue usado en el estudio de Lovaas. La investigación dirigida por Lovaas y sus colegas, demostró convincentemente que la intensidad de la intervención es un aspecto crítico del resultado. No solo los niños que recibieron un promedio de 40 horas semanales de intervención han obtenido mejores resultados, sino también que el niño que recibió un promedio de 10 horas semanales no fue mucho mejor que el niño que recibió cero horas. Una intensidad inadecuada de intervención comprometerá el resultado del tratamiento. El Consejo Nacional de Investigación (2001) recomendó un mínimo de 25 horas semanales. La vasta mayoría de profesionales en el campo recomiendan entre 30 y 40 horas semanales (Green, 1996).

Calidad del tratamiento

En el PAJ, el tratamiento se brindó bajo condiciones óptimas. La generalización de los hallazgos del estudio de la UCLA solo puede ser asegurada si uno se encuentra en condiciones de aproximarse lo más posible al nivel de control de calidad que hubo durante el PAJ. Mientras más se alejen los tratamientos del ideal, será menos probable producir resultados similares. En el ámbito de la investigación, es posible controlar más variables y asegurarse que la intervención sea administrada de una manera ideal. Algunos de los factores que llevaron a los niños a lograr el máximo progreso incluyeron contar con padres altamente entrenados en intervención conductual, al igual que contar con personal con un alto nivel de pericia. Los terapeutas recibieron entrenamiento en los principios y la aplicación de ABA previo al trabajo con los niños. Porque había una disponibilidad consistente y suficiente de personal entrenado, financiamiento y otros recursos necesarios, los esfuerzos prácticos asociados con la mayoría de los tratamientos no fueron un asunto importante.

Diferencias en los modelos de servicio: Talleres VS. Gestión Clinica

El PAJ de la UCLA utilizó una prestación servicios en base al modelo de gestión clínica. El personal de PAJ brindó servicios de intervención directa, al igual que supervisión y desarrollo de programas. El personal que trabajaba en forma directa fue seleccionado cuidadosamente y entrenado por el personal de supervisión del proyecto. Las supervisiones se realizaron frecuente y continuamente (EJ, un mínimo de una vez por semana y a veces de manera diaria). Se realizaron muchos tipos de supervisión. Sumado a la supervisión directa, un supervisor clínico y un psicólogo brindaban la revisión de cada caso.

En contraste al PAJ, la vasta mayoría de los servicios ABA suministrados por todo el mundo y que están basados en la investigación de Lovaas utilizan modelos de «taller». Este modelo es extremadamente diferente en muchos aspectos del modelo clínico domiciliario. Primero, en el modelo de taller, el equipo terapéutico ABA no provee el personal que va a trabajar con el niño. Los padres son típicamente los responsables de reclutar y contratar al personal. El entrenamiento del personal es frecuentemente previsto por un asesor de algún equipo ABA. Sin embargo, a veces, debido a la necesidad, los padres ,u otro tipo de personal, proporcionan el entrenamiento.

Mientras que en el modelo de gestión clínica las supervisiones se realizan de una manera frecuente, en el modelo de taller la consulta se realiza en una frecuencia mucho más baja (trimestralmente). Aunque los equipos de asesoramiento suelen revisar videos o comunicarse vía telefónica o por mail, estos métodos no se pueden comparar con el entrenamiento y la supervisión brindada a través del modelo clínico.

Aunque tanto el modelo clínico como el de taller utilizan ABA, hay diferencias de base que pueden impactar de manera importante la efectividad. La figura a continuación ilustra algunas diferencias fundamentales entre los modelos:

MODELO DE GESTIÓN CLÍNICA	MODELO DE TALLER
Personal contratado por el equipo.	Personal contratado por los padres.
Personal entrenado por el equipo.	Personal entrenado por los padres y/o consultores.
Uno a dos meses de entrenamiento del personal.	Tres días de entrenamiento del personal
Supervisión semanal y a veces diaria.	Supervisión mensual o cuatrimestral.
Reuniones semanales.	Reuniones mensuales o cuatrimestrales.

El modelo de taller ha sido desarrollado por una serie de razones. Primero, los niños frecuentemente no viven en áreas donde los servicios globales de ABA se encuentran disponibles. Segundo, los equipos simplemente no pueden contratar y entrenar a la cantidad de personal necesario para brindar servicio a las familias. Tercero, los equipos no tienen la disponibilidad de proveer supervisión más frecuente. Aunque este modelo puede no ser tan efectivo como el modelo clínico, *¡En nuestra opinión es superior a la vasta mayoría de servicios que los niños reciben!*

El Dr. Lovaas ha sido bastante franco en cuanto a sus preocupaciones sobre el modelo de intervención de taller (Lovaas, 2003). Como él señala, el modelo de la UCLA ha utilizado una intervención de modelo clínico; consecuentemente, uno no puede necesariamente generalizar los resultados del PAJ al modelo de taller. El Dr. Lovaas cree que una proporción más baja de niños alcanzaran los mejores resultados utilizando el modelo de taller, comparado con el modelo clínico. Parecería razonable esperar que el modelo de gestión clínica sea superior debido a la posibilidad de contar con personal más entrenado y con una supervisión más frecuente.

Smith, Buch and Gamby (2000) dirigieron un estudio en el cual compararon el modelo de taller versus el modelo de gestión clínica. Aunque el modelo de taller produjo cambios en la adquisición de habilidades y satisfacción parental, los resultados del tratamiento no han sido sustanciales comparados con el modelo de gestión clínica. Un estudio llevado a cabo en el Reino Unido observando la efectividad de un modelo basado en talleres sugiere que la gente no obtiene el mismo nivel de resultados, comparado con el modelo de gestión clínica del PAJ (Bibby, Eikeseth, Marin, Mudford & Reeves, 2001).

Debido a la intensidad del entrenamiento, el nivel de supervisión, la calidad del control, y la consistencia en la regulación del personal, no es sorprendente que el modelo de gestión clínica produzca resultados superiores. Los problemas financieros con el personal son solo un ejemplo de las dificultades que se pueden encontrar cuando el personal no es empleado del equipo supervisor.

Fuertes contingencias conductuales

Como se discutió previamente, el Dr. Lovaas dirigió investigaciones en los 60's demostrando la efectividad de métodos punitivos en la reducción y eliminación de conductas persistentes y severas de auto-lesiones (EJ., Lovaas, Freitag, Gold & Kassorla, 1965; Lovaas & Simmons, 1969; Simmons & Lovaas, 1969). La investigación también demostró que el la punición combinada con reforzamiento positivo de conductas apropiadas llevo a una generalización de respuesta. Esto es, la punición no solo tuvo efecto en la reducción de la conducta a reducir (ej. conductas auto-lesivas) sino que otras conductas disruptivas tales como rabietas y la auto-estimulación disminuyeron sin ser blancos específicos. El Dr. Lovaas también demostró que con una aplicación cuidadosa los efectos se generalizaban a otras personas al igual que otros ambientes. Aunque es controversial, estaba claro que el uso de punitivos no era solo efectivo en la reducción de tales conductas sino que facilitaba también al aumento de conductas apropiadas (EJ, habilidades de lenguaje, socialización y juego).

El uso de métodos punitivos fue pensado como un componente importante de la terapia. Resultó en una rápida supresión de la conducta disruptiva. Frecuentemente la auto-estimulación de los niños era eliminada con unas pocas aplicaciones de métodos punitivos. Por medio de una reducción rápida de conductas que interferían, tuvimos la oportunidad de enseñar rápidamente conductas alternativas apropiadas. Es más, aumento la oportunidad del uso de reforzamiento.

El personal recibió entrenamiento intensivo en el uso de métodos punitivos, de manera de asegurarse de que utilizaran la intensidad correcta. Además se brindó entrenamiento intensivo en cuanto al uso de reforzamiento. Se enfatizaba que por cada aplicación de castigo, los niños debían recibir cientos de instancias de reforzamiento. En otras palabras, aunque el castigo era un componente activo del tratamiento, el reforzamiento era considerado ser el aspecto más importante del mismo.

El uso de castigo fue cuidadosamente monitoreado. El Dr. Lovaas, el supervisor clínico y el terapeuta principal revisaban el uso de métodos punitivos para asegurarse que era aplicado de manera correcta. La información era revisada continuamente para identificar que se estaba mejorando significativamente. Es más, durante el proyecto, se llevaron a cabo dos estudios de investigación demostrando la efectividad del castigo en la reducción de conductas disruptivas (Ackerman, 1980; McEachin & Leaf, 1984).

Sumado al estudio realizado en los 60's, Ackerman (1980) también demostró la efectividad de los métodos punitivos. Cuatro niños comenzaron el tratamiento sin el uso de puniciones. Aunque recibieron abundante reforzamiento al igual que otros procedimientos de reducción (EJ, coste de respuesta, procedimientos de reforzamiento diferencial, extinción) su conducta disruptiva se mantuvo en niveles altos y por lo tanto interfería con el proceso de aprendizaje e impedía el progreso. Cuando el castigo fue finalmente aplicado, el progreso de los niños mejoro sustancialmente.

El uso de métodos punitivos pasó a ser controversial hacia el final del PAJ pero **NO** porque fuera inefectivo. Contrariamente a la opinión, el procedimiento punitivo era bastante efectivo y los efectos eran durables. Los efectos también se generalizaban a otras conductas, personas y dispositivos. Entonces, **¿Porqué un procedimiento altamente efectivo dejó de utilizarse?** Primero, el conocimiento del abuso de niños se encontraba en aumento. Para aquellos fuera del proyecto, las puniciónes pueden haber sido vistas como abusivas. Segundo, la «crianza» de los 80's era más permisiva, entonces el uso de puniciones era visto como algo aberrante. Finalmente, había un fuerte sentimiento de que ABA era una intervención repugnante porque era demasiado controladora, insensitiva y despreocupada de la personalidad. los métodos punitivos eran simplemente políticamente incorrectos.

Nosotros creemos que hay razones más legítimas para no usar el castigo:

1• Puede potencialmente ser un procedimiento abusivo que requiere un control cuidadoso. Hemos sido testigos de instancias en las cuales «profesionales» han hecho un mal uso del castigo al punto en que lo consideramos como un abuso infantil.

2• Es un procedimiento demasiado fácil de usar. Nosotros tememos que en lugar de ser utilizado como último recurso, sea empleado prematuramente en el proceso. El personal puede no desarrollar procedimientos de reforzamiento y procedimientos de tratamiento alternativos. Es mas, pueden no desarrollar intervenciones proactivas para desarrollar alternativas apropiadas para reemplazar conductas.

3• La gente tiende a usarlo de manera emocional. El uso efectivo del castigo requiere que el personal se encuentre increíblemente positivo y que no use el enojo. Es más, el castigo esta basado en un cuidadoso análisis de la conducta que fue identificada como objetivo, la cual no es modificable de manera dócil solamente por el reforzamiento.

4• El uso correcto requiere de un cuidadoso monitoreo del cambio de conducta al igual que esfuerzos intensivos en establecer conductas alternativas apropiadas de reemplazo. La gente raramente esta dispuesta a dedicar tanto empeño en los procedimientos de cambio conductuales.

5• El uso incorrecto del castigo brindará a ABA una mala reputación y por lo tanto reducirá la voluntad de la gente en utilizar ABA. Aunque este parezca un punto menor, nosotros no querríamos hacer nada que reduzca la utilización del tratamiento intensivo de la conducta.

Aunque las de arriba constituyen buenas razones para no incluir actualmente el castigo como parte de un programa ABA, nosotros sentimos que es importante entender el rol que tal procedimiento conductual puede potencialmente contribuir a los resultados superiores del PAJ. Muchas personas pasan por alto el hecho de que fue un componente del tratamiento y que la generalización de los resultados del PAJ pueden verse reducidos si el uso de contingencias punitivas es completamente abandonado. Afortunadamente, han habido replicaciones exitosas del PAJ que no utilizaron procedimientos punitivos (Sallows and Graupner, 2005; Cohen, Amerine-Dickens, and Smith, 2006).

Pericia Parental

Una de las características más importantes del PAJ era el grado en que los padres se involucraban en el tratamiento diario. Se esperaba que un padre se encuentre en casa durante la sesión de terapia, lo que significaba que usualmente un solo padre trabajaba fuera de casa. La razón no tenía nada que ver con asuntos de confianza. Estaba la sensación de se necesitaba tiempo para que los padres se convirtieran en expertos en ABA. Lovaas (1987) dejo en claro que la experiencia parental era un componente crítico de la intervención:
«Los padres trabajaban como parte del equipo a través de la intervención: fueron entrenados extensamente en los procedimientos del tratamiento de manera tal que el tratamiento pudiera ser llevado a cabo por todos los sujetos, a toda hora, los 365 días del año».

Los padres brindaban información valorable al equipo y su presencia durante la sesión ayudo a garantizar consistencia entre todos los miembros del equipo que no contaban con oportunidades frecuentes de encontrarse. También podían brindar un apoyo valioso a las sugerencias del personal. Muchos de los padres se convirtieron en terapeutas extremadamente talentosos y, en consecuencia, realzaron el progreso del tratamiento. Fueron capaces de realizar reemplazos cuando el personal se encontrara de vacaciones. Como se utilizaron estudiantes universitarios, no era posible proveer de terapeutas por 52 semanas del año. Durante el invierno, primavera y vacaciones los padres proporcionaban la mayor parte de la intervención. Y no sorpresivamente, *¡no hubo regresión alguna porque los padres eran expertos!*

Manteniendo el Balance del Tratamiento

Aunque los padres participaban de la terapia con una frecuencia diaria, no se les requería que participen durante la sesión entera. Nosotros queríamos que ellos estuvieran continuamente al tanto del progreso de su hijo, al igual que cualquier cambio que fuera necesario en programas de la conducta o enseñanza. Sin embargo, dado a que los padres tenían una responsabilidad tremenda del tratamiento fuera de la terapia «formal», nosotros también queríamos que ellos tuvieran un respiro durante los momentos en los que el terapeuta estuviera trabajando con su hijo. Tales ocasiones proporcionaban un recreo bastante necesario para los padres. Creíamos que su participación en la terapia «formal» era vital. *¡Pero era aun más importante su habilidad para llevar a cabo de manera consistente los programas cuando los terapeutas se iban de casa!* Nosotros sentíamos que era necesario que el niño recibiera tratamiento desde el momento en que se levantaban hasta el momento en que se acostaban. Aunque PAJ suministraba una intervención intensiva, realmente solo representaba una pequeña parte de la semana del niño.

Los padres rápidamente se convirtieron en expertos. No solamente fueron comprendiendo increíblemente todos los aspectos del tratamiento sino que fueron fabulosos al implementar los procedimientos del tratamiento. Muchos de ellos se convirtieron en el mejor terapeuta del equipo de su niño. Es más, los padres brindaban apoyo para con el personal, y trabajaron de manera colaboradora con el personal de la escuela y la comunidad profesional. Sin un nivel tan alto de compromiso y pericia con ABA, la efectividad del tratamiento y la generalización de los hallazgos en la investigación del PAJ estarían bajo cuestionamiento.

Terapia Doble

Era una práctica estándar contar con dos terapeutas trabajando en cada sesión. Aunque no fue hecho específicamente como medio para brindar un mejoramiento de la terapia, no hay duda de que afectó positivamente la calidad del tratamiento. Parecía que contábamos con un número ilimitado de candidatos calificados que querían formar parte del PAJ. Y como teníamos una cantidad de niños limitada, la terapia doble fue para nosotros una manera de brindar oportunidades mejoradas a los estudiantes para alistarse en una clase de pre-grado titulada «Trabajo de campo en Modificación de Conducta».

Al contar con dos personas suministrando la intervención, nosotros éramos capaces de asociar a terapeutas más sutilmente experimentados (EJ, aproximadamente tres meses de experiencia) con un terapeuta nuevo. Esto brindaba oportunidades de entrenamiento al igual que apoyo y asistencia si los nuevos terapeutas se encontraban con problemas. Con el tiempo hemos visto que la terapia doble puede tener un beneficio clínico tremendo. Entonces, actualmente consideramos que emplear dos terapeutas puede hacer las sesiones más productivas en un cierta cantidad de maneras:

- Simulación de juego. *
- Simulacion de escuela.
- Incrementar las oportunidades para practicar aprendizaje observacional e instrucciones grupales.
- Reducir la «inactividad» durante la preparación y realizar registros. *
- Incrementar las habilidades del personal.

Aunque esto era una variable potencialmente importante en la investigación de PAJ, nosotros solo raramente observábamos intervenciones de programas ABA que incluyan terapia «doble». Esto es más que nada un resultado del no reconocimiento de las ventajas de una terapia doble, junto con los altos costos asociados con el uso de dos terapeutas. Sin embargo, hay un riesgo de reducción de la generalización de los hallazgos del PAJ si la terapia doble no fuera parte del protocolo.

Terapia de calidad

Solo porque uno se encuentra ejerciendo ABA no significa que el o ella se encuentra brindando una terapia de calidad. Hemos visto muchas veces, que cuando padres y profesionales están convencidos de que están llevando a cabo un protocolo de UCLA, en realidad lo que están haciendo es algo bastante diferente. Ellos siguen ciegamente un protocolo de tratamiento, el cual no comprenden y el cual es sumamente prescriptivo. Muchos parecen adherir diligentemente a lo que creen son detalles de procedimientos necesarios y descuidan el espíritu del modelo, el cual es individualizar la intervención para encontrar las necesidades del niño. Ellos no cuentan con justificaciones para los procedimientos que adoptan y, asombrosamente, ellos procuran citar la investigación como una justificación para seguir un modelo tipo receta.

Porque ellos no tienen una comprensión sólida de los principios de ABA, están encerrados en un protocolo especifico y automáticamente rechazan un modelo más flexible como si fuera una mala versión del modelo ABA.

No comprenden la importancia de enseñar a los niños en ambientes naturales cuando sea posible, al igual que lograr el objetivo de desvanecer la intervención 1:1 antes de que sea demasiado tarde, siendo todos estos componentes esenciales del PAJ.

Como fue discutido previamente, hay una gran cantidad de desinformación en cuanto al proyecto. Los fanáticos de ABA creen frecuentemente que un tratamiento extremadamente rígido fue llevado a cabo. Hemos observado frecuentemente la implementación de programas por personas que nunca estuvieron asociadas con UCLA, pero que profesan adherir al modelo «UCLA». No hemos adherido a un plan de estudios rígido, pero sí a uno adaptado a las necesidades de los niños. Por ejemplo, no contábamos con un numero especifico de ensayos en una sesión (la creencia es que llevábamos a cabo 10 ensayos en cada sesión), no trabajamos en una sola curricula en la sesión, y no llevamos un registro continuo de la información.

En UCLA a los niños se les enseñaban habilidades de aprendizaje observacional y recibían instrucciones en grupo de manera de facilitar su integración exitosa en la escuela.

En un email reciente, un «defensor» de los niños afirmó enfáticamente que el personal de Autism Partnership es «conocido» por «desintegrar la metodología ABA, de sosegar los sistemas educativos y reducir los costos». Este «defensor» parece creer que desde que utilizamos enseñanza grupal y sentimos que algunos niños necesitan menos de 30 horas de ABA «formal» por semana, y porque consultamos con las escuelas de los distritos, estamos defendiendo un ABA pobre. Este «defensor» simplemente no sabe que uno de los principales objetivos del PAJ era que los niños pudieran estar en grupos de instrucción y que muchos de los niños que lo lograron recibieron menos de 30 horas de terapia por semana.

Este «defensor» se encontraba bajo la creencia de que los niños del grupo del «mejor resultado» tuvieron dispositivos similares al 1:1 en la escuela primaria, y utilizaron esto como un fundamento para intentar forzar a las escuelas del distrito a distribuir al personal en un promedio 1:1. Si el hubiera leído la investigación, el se habría percatado de que los niños del grupo del mejor resultado no solo no contaron con dicho dispositivo, sino que no contaron con ningún apoyo una vez que comenzaron primer grado. A pesar de esta difusión de información incorrecta, él mismo se ha colocado en una posición de influencia y puede potencialmente desprestigiar enormemente al PAJ y sobre todo a los niños con TEA. De manera que los niños reciban la clase de tratamiento que brinde el máximo beneficio, es importante que los defensores y los profesionales se hagan eruditos y no desinformen a los padres. Creemos que es necesario hablar públicamente y ayudar a los padres y profesionales a distinguir entre el sentido y el sinsentido.

POS-PAJ

El PAJ abarcó más de 15 años y hubo muchas generaciones de estudiantes graduados y supervisores clínicos. La primera generación de estudiantes graduados incluyó a Robert Koegel y Laura Schriebman. John McEachin, Ron Leaf, Match Taubman, Tracee Parker y Sandy Slater estuvieron la generacion final. En el medio hubieron una cantidad increíblemente talentosa de profesionales incluyendo a Tom Willis, Buddy Newsom, Ted Carr y Dennos Russo. Luego de que el ultimo niño incluido en la investigación hubiera completado el tratamiento, una cantidad de otros estudiantes graduados subsecuentemente trabajaron con el Dr. Lovaas. Tristram Smith fue esencial en el analisis y redacción del Proyecto Autismo Joven A finales de los 80's otros estudiantes graduados, incluyendo a Jackie Wynn, Doreen Granpeesheh, Kathy Calouri y Gregg Buch trabajaron con el Dr. Lovaas en la extensión y diseminación de los hallazgos del PAJ.

EL FOLKLORE COMÚN RESPECTO AL PAJ

Los niños incluidos en el estudio de Lovaas (1987) y el seguimiento en McEachin, Smith, and Lovaas (1993) fueron investigados desde 1973 a 1985. Naturalmente durante estos años existieron revisiones, alteraciones e innovaciones en el tratamiento. El Dr. Lovaas es un pionero e un innovador. De tal manera, el reconoció la necesidad de una evaluación continua, al igual que un refinamiento y evolución del tratamiento. Por lo tanto, la investigación de nuevos e innovadores abordajes era un aspecto constante del tratamiento en el Proyecto Autismo Joven en UCLA. En un esfuerzo por diseminar las estrategias y técnicas desarrolladas por el equipo del Proyecto Autismo, Enseñando a niños discapacitados: *The Me Book* (Lovaas, Ackerman, Alexander, Firestone, Perkins and Young) fue publicado en 1980 y cinco videos para la enseñanza a niños con discapacidad del desarrollo (Lovaas and Leaf) fueron lanzados en 1981. Aunque estos fueron publicados a principios de los 80's, uno debe recordar que fueron compilados en años anteriores. Mientras que estos materiales eran recursos increíbles en el tratamiento de individuos con autismo, el libro y los videos no podían capturar todos los procedimientos desarrollados en el proyecto. Nosotros frecuentemente partimos del The Me Book y los videos, al igual que expandimos sus programas y procedimientos, siempre en la búsqueda por la individualización.

A través de los años, las practicas y los protocolos atribuidos al Proyecto Autismo Joven de UCLA han pasado de una generación de estudiantes graduados a la siguiente, a veces perdiendo precisión en el proceso y resultado al ampliar percepciones erróneas que van bien más allá de la realidad. Desafortunadamente, algo del folklore ha resultado en un tratamiento que no está siguiendo las prácticas conductuales mantenidas por el PAJ, como tampoco con la evolución que ha continuado.

Al publicar los resultados de la investigación del PAJ, los autores fueron conservadores y precavidos al interpretar sus resultados, como es científicamente apropiado. Desafortunadamente, y como es frecuente en este caso, la investigación es interpretada por otros de una manera inconsistente con lo que el estudio realmente concluyó.

Los siguientes son algunos de los ejemplos más comunes de los mitos y ficciones que hemos encontrado:

MITO 1: LOS NIÑOS RECIBIERON UN MINIMO DE 40 HORAS DE INTERVENCION SEMANALMANTE

Como fue discutido previamente, los niños del grupo de Tratamiento Intensivo recibieron en promedio 40 horas. Había un rango de horas, con algunos recibiendo tan poco como 20 horas semanales y algunos recibiendo más de 50.

¿Cuantas horas de EED formal debería un niño recibir? La investigación es bastante clara en cuanto a que muchos niños con TEA generalmente requieren de 30 horas o más de intervención por semana (Green, 1996). Sin embargo, ¿Qué cuenta como horas? es una pregunta que a menudo se plantea. ¿Cuenta la terapia de lenguaje, terapia ocupacional o terapia física? No hay una respuesta absoluta. Aunque muchos de estos servicios pueden ser de ayuda, lo que la investigación y nuestras experiencias nos han mostrado es que la mayoría de los estudiantes requerirán de al menos 30 horas de instrucción sistemática y de alta calidad de ABA.

En cuanto a la determinación de la cantidad de horas necesarias hay múltiples consideraciones. Por ejemplo, el grado de déficit de habilidades será un determinante de la cantidad de horas. Aquellos estudiantes con menor déficit y que aprendan más rápidamente requerirán menos intervención formal. Otro factor sería la edad del niño, la resistencia o la tolerancia a la intervención formal. La intensidad y la tasa de conductas disruptivas son otros determinantes de la cantidad de horas de intervención estructurada necesaria. Los estudiantes que exhiban conductas disruptivas extremas requerirán más horas de manera que mejoren las conductas.

No hay una formula exacta para determinar el numero ideal de horas. De acuerdo a la investigación, sin embargo, recomendamos entre 30 y 40 horas por semana. Luego dejamos que el progreso de niño nos guíe en la determinación exacta de horas por semana. Esto es, podríamos incrementas o reducir las horas para determinar qué cantidad de horas beneficiara más al niño.

MITO 2: LA INTERVENCIÓN ERA EXCLUSIVAMENTE DE UNO A UNO

Un mito frecuente en cuanto al tratamiento del PAJ es que la intervención era exclusivamente uno a uno. Mientras que la mayoría de la intervención para niños muy pequeños era inicialmente proporcionada utilizando un formato de enseñanza uno a uno, el objetivo del PAJ fue siempre que los niños aprendieran en grupos pequeños al igual que en formatos instruccionales de grupos grandes. La enseñanza uno a uno fue conceptualizada como un formato más artificial que permitía la adquisición rápida de habilidades en las etapas tempranas del tratamiento.

Aunque el formato uno a uno fue inicialmente el primario, sistemáticamente expusimos a los niños a grupos de instrucción cuando era apropiado. Siempre fue el objetivo que los niños fueran capaces de participar exitosamente en grupos de aprendizaje desvaneciendo su dependencia a instrucciones directas de uno a uno. Hacia el final del proyecto, había un énfasis más grande en cuanto al aprendizaje observacional al igual que hacia grupos de instrucción. Una de la evoluciones en el campo de ABA ha sido el incremento del uso de formatos de enseñanza más naturales de manera que los niños logren integrarse más fácilmente a ambientes de aprendizaje más naturales como la escuela.

MITO 3: LA INTERVENCIÓN OCURRIA EXCLUSIVAMENTE EN LA CASA

Aunque el PAJ es frecuentemente considerado como un programa de tratamiento para ser empleado en el hogar, actualmente se ha extendido más allá de el ambiente hogareño de manera tal que logre asegurar que el tratamiento tenga un impacto en todas las áreas de la vida de un niño. Esto significaba definitivamente que la escuela debía ser parte de la escena. Aunque frecuentemente era pasado por alto, hay bastantes referencias a la intervención en la escuela incluidas en el reporte de Lovaas (1987):

«La intervención ocurría en el hogar, en la escuela y en la comunidad» (pg. 5)

«El tratamiento también era extendido hacia la comunidad para enseñar a los niños a funcionar en preescolar» (pg. 5)

«Luego de preescolar, las distribuciones en las clases de educación pública eran determinadas por el personal de la escuela. Todos los niños que habían exitosamente completado el jardín de infantes normal, exitosamente habían completado primer grado y los grados normales siguientes». (pg. 5)

«...la incorporacion exitosa de un niño de 2 a 4 años en un grupo normal de preescolar es mucho más facil que la incorporación de un niño autista más grande en los grados de primaria». (pg. 8)

Uno de los propósitos del tratamiento era hacer posible que los niños participaran significativamente en la escuela. Ser capaz de recibir educación solamente en el hogar no era considerado como un resultado deseable. Por lo tanto, tan rápido como era posible, los niños fueron trasferidos a preescolar y otros ambientes de la comunidad como parte de su programa ABA. Los niños más exitosos han sido aquellos que fueron capaces de ir más allá de la escena hogareña hacia situaciones de grupos de aprendizaje.

MITO 4: LA INTERVENCIÓN OCURRIÓ EN UN MARCO LIBRE DE DISTRACCIONES

Existe frecuentemente la creencia de que la intervención necesita ocurrir en ambientes donde haya poca o ninguna distracción. Se suele asumir que el ruido, gente o materiales de una clase distraerán tanto al niño que serán incapaces de escuchar y procesar la información. Por lo tanto, programas de terapia en el hogar son frecuentemente conducidos en una habitación silenciosa de «terapia». A veces los padres han ido tan lejos en cuanto al aislamiento, que han instalado una cámara de manera que las observaciones sean hechas sin generar la distracción de una persona extra en la habitación.

En las aulas, los niños son frecuentemente colocados en cubículos aislados o inclusive sacados del aula para minimizar las distracciones. A veces, incluso los materiales son quitados de las paredes y las ventanas son cubiertas de manera que se provea un ambiente de trabajo «óptimo».

Aunque eliminar todas las distracciones puede crear una ambiente de aprendizaje aparentemente «perfecto», *¡en realidad puede crear problemas tremendos!* Primero, el niño puede condicionarse de manera tal que el aprendizaje pueda eventualmente ocurrir solo en condiciones libres de distracción, por lo tanto, restringiendo severamente la cantidad de ambientes y lugares donde un niño puede aprender. Enseñar en otros lugares de el hogar, en la escuela o la comunidad será con suerte problemático. Además, las habilidades que pueden haber adquirido pueden no generalizarse hacia los ambientes más naturales.

Aparentemente, las distracciones pueden ser introducidas en un momento más tardío. Sin embargo, esto no ocurre muy frecuentemente. Los terapeutas, los padres y el niños son «reforzados» por trabajar en un ambiente libre de distracciones y entonces ¡*poco dispuestos a aventurarse!* Y encima cuando existe un plan sistemático, frecuentemente no es exitoso porque el estilo de aprendizaje del niño es difícil de alterar.

En el PAJ, reconocimos la dificultad de crear ambientes demasiado «óptimos» Por lo tanto, nosotros nos movimos rápidamente hacia marcos más naturales. El tratamiento era llevado a cabo raramente en una habitación de «terapia». Los niños recibían la intervención por todas partes de la casa, sentados en sillas, en una mesa, en sillones y en el piso. Las distracciones fueron creadas más frecuentemente de lo que ocurría típicamente prendiendo la radio o televisión, o trabajando frente a una ventana o espejo. El propósito era brindar a los niños la oportunidad de aprender a concentrarse y permanecer en la tarea enfrentando distracciones típicas.

Hoy día el mismo protocolo es usado en Autism Partnership. Tan rápido como fuera posible comenzamos a trabajar incrementando los escenarios más naturales. En los programas de hogar trabajamos en toda la casa. Similarmente, en las escuelas no recomendamos enseñar a los niños en aislamiento, en cubículos o detrás de particiones específicas salvo que sea absolutamente necesario. Naturalmente, si un niño se encuentra con un problema aprendiendo un programa específico, adaptaríamos el medio ambiente de manera que le permita alcanzar el éxito. Pero incluiríamos distractores lo más pronto que sea posible. Para ayudar a un niño a aprender con distractores, es importante brindar reforzamiento por prestar atención y responder bajo esas condiciones.

MITO 5: SE TRABAJO SOLO EN LENGUAJE

Aunque el desarrollo del lenguaje era una preocupación primaria, también hemos dedicado tiempo a trabajar con las habilidades de juego, socialización y auto-ayuda. Una vez más nuestra misión era integrar a los niños a ambientes naturales lo más rápido posible. Por lo tanto, si un niño contaba con habilidades limitadas de juego y socialización, sería un obstáculo tremendo para nuestra misión. Es más, si un niño no contaba con habilidades de auto-ayuda, tales como utilizar el baño, comer o higienizarse también atentaría la posibilidad de concurrir a la escuela.

Un mito similar es que hemos trabajado cientos de programas. Como discutimos en el capitulo 13 (objetivos, objetivos, objetivos) hemos utilizado relativamente muy pocos programas y solo aquellos que sentíamos que eran importantes para el niño.

MITO 6: LA RECOLECCIÓN DE DATOS ERA CONSTANTE

Los datos del tratamiento eran primariamente registrados de una manera narrativa en la conclusión de las sesiones. Los datos eran recolectados cuando había una cuestión especifica en cuanto al progreso del niño. Cuando se llevaba a cabo una investigación, datos más extensivos eran recolectados. Generalmente era fácil identificar si un niño no comprendía un concepto, o si se encontraba en adquisición o tenía dominio. Usualmente no era necesario recolectar datos ensayo por ensayo. Nosotros recolectábamos solamente la cantidad de datos necesaria para evaluar el progreso del niño.

La investigación ha demostrado que hay maneras practicas y válidas de reducir la cantidad de datos que esta siendo recolectada. Tomar muestras representativas de datos conductuales y de aprendizaje proveerá una imagen fiel (Haynes, 1978; Powell, Martindale & Kulp, 1975; Powell, Martindale, Kulp, Martindale & Bauman, 1977).

El muestreo es un procedimiento mucho más eficiente y los resultados son similares a la recolección continua. Leaf (1983) demostró que utilizando procedimientos de muestreo, uno puede recolectar información valida incrementando la eficacia. Esto no debería ser sorprendente. Si uno se encuentra probando si una torta ha sido cocinada el tiempo suficiente, uno solo necesita probar unas pocas secciones, *¡No la torta entera!* O uno puede tener una idea de la personalidad de alguien luego de un breve momento, *¡usualmente no necesitamos conocer la historia de su vida!*.

Una investigación reciente comparó la validez, eficiencia y satisfacción del usuario de tres técnicas de recolección de datos con ensayos discretos: Ensayo por ensayo, tiempo de muestreo y resúmenes (Papovich, Rafuse, Siembieda, Williams, Sharpe, McEachin, Leaf, & Taubman, 2002).los resultados demostraron que utilizar tiempo de muestreo y resúmenes, comparado con recolección continua brindaba múltiples ventajas. Primero, y más importante, los datos probaron ser confiables y validos como la recolección continua. Segundo, procedimientos más simples permitieron mayor interacción con el estudiante. Tercero, utilizando procedimientos

de recolección de tiempo de muestreo se llevaron a cabo más ensayos de aprendizaje. Por lo tanto, debido a que se incrementaron las oportunidades de aprendizaje los niños fueron capaces de dominar los objetivos de aprendizaje mucho más rápido.

La gran pregunta: «¿qué tan realista es el propósito de recuperación»?

Mucha gente se encuentra en desacuerdo con el uso del término «recuperación» en referencia a niños con TEA. Esto es en parte debido a una falta de creencia en cuanto a que los niños pueden, de hecho, progresar a un nivel de funcionamiento en el cual se vuelvan indistinguibles de sus pares. Lovaas es precavido en no usar la palabra «cura» porque dicho término implica que la causa ha sido identificada y removida. Nosotros hemos trabajado directamente con los niños que fueron documentados como aquellos que obtuvieron el mejor resultado en el estudio de

1987 de Lovaas, y no hay duda en nuestras mentes de que esos niños comenzaron con TEA y como resultado de un tratamiento conductual intensivo ahora pueden ser reconocidos como de funcionamiento normal. En nuestro trabajo clínico reciente hemos visto a más de 80 niños que se han recuperado del TEA como resultado de tratamiento conductual intensivo y muchos más que han alcanzado progresos increíbles.

Una segunda razón por la que la gente objeta discutir sobre la recuperación de niños con TEA es el miedo que causa el hecho que los padres se tornen desesperados en la búsqueda de un tratamiento exitoso para el trastorno de su niño. Los padres frecuentemente son demasiado optimistas en cuanto al progreso de su niño en el tratamiento, lo cual puede predisponerlos a decepciones increíbles y romperles el corazón. Sí uno examina el estudio de Lovaas, es claro que muchos niños no se van a recuperar. Los niños que participaron en el PAJ, recibieron intervención bajo circunstancias optimas, a pesar de lo cual la mayoría no alcanzó el mejor resultado, como fue definido por Lovaas.

A pesar del hecho de que comenzaron el tratamiento antes de la edad de cuatro, recibieron tratamiento intensivo que continuo el tiempo que fue necesario y que fue desarrollado en todos los ámbitos por personal bien entrenado, menos de la mitad de los niños fueron capaces de completar exitosamente la educación regular por su cuenta.

Creemos que las expectativas deben ser balanceadas. Los padres necesitan tener esperanza porque el tratamiento conductual intensivo es demandante y requiere trabajo duro por un largo tiempo. Pero pensamos que el objetivo del tratamiento es para cada niño alcanzar «su mejor resultado» y sabemos que es alcanzable. No es tan diferente de lo que es con nuestros propios niños sin TEA, nunca podremos saber cuando son jóvenes en que resultaran en el futuro. Un piloto? Un doctor? Un guardavidas? Debemos estar satisfechos sabiendo que han resultado en la mejor persona que pueden ser, de que son felices y productivos, y de que tomaran buenas decisiones para ellos mismos.

Por supuesto hay cosas que podemos y debemos hacer para asegurar este resultado feliz. Para niños con TEA esto significa no solamente asegurarse de que cuenten con la cantidad apropiada de horas de intervención. Del estudio de Lovaas de 1987 nosotros sabemos que hay una cantidad de factores que contribuyeron a un resultado exitoso.

Estas son algunas que consideramos importantes:
- Intensidad
- Consistencia del tratamiento
- Intervención temprana
- Utilizar calidad ABA
- No incorporar otros tratamientos que puedan diluir el impacto de ABA
- Supervisión intensiva
- Pericia parental

Todos estos factores juntos constituyen la dosis «apropiada» de tratamiento. Si estos elementos no se encuentran incluidos el pronóstico se vera afectado. Es similar a ir a un médico y preguntar qué se necesita hacer para estar sano otra vez. Por ejemplo, si UD tiene cáncer, el oncólogo podría decir que para incrementar la posibilidad de remisión, UD necesita recibir el nivel apropiado de quimioterapia por una cantidad determinada de tiempo, que tiene que ocurrir en una ambiente que cumpla con ciertas características con profesionales altamente entrenados, al igual que seguir la dieta correcta, llevar a cabo el suficiente ejercicio y mucho descanso.

UD tampoco puede asumir que la mitad de la dosis de la medicación le proveerá la mitad de los resultados deseados. Puede que no obtenga ningún efecto. UD no querría escatimar, esperando obtener «muy buenos» resultados. Lo mismo sucede con niños con TEA. Cuando los niños que necesitan entre 30 y 35 horas de intervención durante una frecuencia de un año, solamente recibe 20 horas de intervención por 45 semanas al año, o esta recibiendo educación de parte de aquellos que no son expertos en ABA, al igual que recibe un régimen de intervenciones eclécticas no probadas, es muy probable que sus niños no alcancen su potencial.

No es nuestra intención causar estrés a los padres cuando brindamos recomendaciones que son difíciles de seguir, aunque sabemos que pueden ocurrir. Nosotros creemos que es nuestra obligación proveer a los padres información precisa de manera que puedan tomar decisiones informadas. Nosotros creemos que esto es justo, bondadoso y ético. Nosotros también queremos que los padres sean realistas en cuanto al resultado que es alcanzable. En nuestra opinión los padres no deberían comprometerse con un tratamiento conductual intensivo si la recuperación es el único resultado aceptable. Obviamente todo padre quisiera que su niño se vuelva indistinguible luego del tratamiento. Pero lo que deberíamos estar proponiéndonos es contar con que el niño alcance su potencial, sea lo que eso signifique.

Hay que aspirar alto, pero debes saber que podrías no alcanzar la meta. Aunque un niño puede siempre contar con conductas asociadas al TEA, ABA aun puede suministrar la mejor oportunidad de desarrollar habilidades de vida y entonces realzar la calidad de vida de los niños.

La investigación ha demostrado claramente que los ocho niños que alcanzaron el nivel intermedio como resultado, se beneficiaron sustancialmente de la intervención intensiva ABA y tuvieron mucho más suerte de la que hubieran tenido en el caso de no contar con el tratamiento. Incluso los dos niños que permanecieron no-verbales al final del estudio, gozan de una mejor calidad de vida de la que hubieran obtenido sin el tratamiento. Uno podría decir ciertamente de que todos los niños alcanzaron el resultado para el cual estaban aptos, incluso si la mayoría no se «recuperó».

Referencias bibliográficas

Ackerman, A. B. (1980). *The role of punishment in the treatment of preschool aged autistic children: Effects and side effects* (Volumes IV). - Dissertation Abstracts International, 41(5-B), 1899.

Bibby, P., Eikeseth, S., Martin, N. T., Mudford, O. C., & Reeves, D. (2001). *Progress and outcomes for children with autism receiving parent-managed intensive interventions.* - Research in Developmental Disabilities, 22(6), 425-447.

Cohen, H., Amerine-Dickens, M., & Smith, T.. (2006). *Early Intensive Behavioral Treatment: Replication of the UCLA Model in a Community Setting.* - Journal of Developmental & Behavioral Pediatrics, 27 (2), 145-15v.

Department of Health and Human Services (1999). *Mental Health: A Report of the Surgeon General.* - Rockville, MD: Department of Health and Human Services, Substance Abuse and Mental Health Services Administration, Center for Mental Health Services, National Institute of Mental Health.

Eikeseth, S., Smith, T., & Eldevik, S. (2002). *Intensive behavioral treatment at school for 4- to 7- year old children with autism.* - Behavior Modification, 26, 49-68.

Fenske, E.C., Zalenski, S., Krantz, P.J., McClannahan, L.E. (1985). *Age at intervention and treatment outcome for autistic children in a comprehensive intervention program.* Analysis and Intervention in Developmental Disabilities, 5, 49-58.

Green, G., (1996). *Early Behavioral Intervention for Autism: What Does Research Tell Us? In Behavioral intervention for young children with autism: A manual for parents and professionals,* - Maurice, C., Green, G. & Luce, S., Eds., pp15-28. Austin, TX: PROED.

Haynes, S. N. (1978). *Principles of behavioral assessment.* - Oxford, England: Gardner.

Leaf, R.B, (1983). *A simplified measure for behavioral assessment of autistic individuals.* - Unpublished Doctoral Dissertation, University of California, Los Angeles.

Lovaas, O.I. (1987). *Behavioral Treatment and normal educational and intellectual functioning in young autistic children.* - Journal of Clinical and Consulting Psychology, 55(1), 3-9.

Lovaas, O. I., & Leaf, R. L. (1981). *Five videotapes for teaching developmentally disabled children.* - Baltimore, MD: University Park Press.

Lovaas, O. I., & Simmons, J. Q. (1969) *Manipulation of self-destruction in three retarded children.* - Journal of Applied Behavior Analysis, 2(3), 143-157.

Lovaas, O. I., Freitag, G., Gold, V. J., & Kassorla, I. C. (1965). *Experimental studies in childhood schizophrenia: Analysis of self-destructive behavior.* - Journal of Experimental Child Psychology, 2(1), 67-84.

Lovaas, O. I., Koegel, R., Simmons, J. Q., & Long, J. S. (1973). *Some generalization and follow-up measures on autistic children in behavior therapy.* - Journal of Applied Behavior Analysis, 6(1), 131-166.

Lovaas, O. I., Ackerman, A. B., Alexander, D., Firestone, P., Perkins, J., & Young, D. (1981). *Teaching Developmentally Disabled Children: The Me Book.* - Austin, TX: Pro-Ed.

Lovaas, O.I., (2003). *UCLA Young Autism Project. Speech presented at the meeting of the Association for Behavior Analysis.* - 2003 Annual Convention, San Francisco, CA.

Matson, J., Benavidez, D., Compton, L., Paclawskyj, T., & Baglio, C., (1996). - *Behavioral Treatment of Autistic Persons: A Review of Research From 1980 to the Present.* Research in Developmental Disabilities, 17-6, 433-465.

Maurice, Catherine (1993). *Let me hear your voice. A family's triumph over autism.* NY: Fawcett Columbine.

McEachin, J.J. & Leaf, R.B., (1984). *The role of punishment in the motivation of autistic children. Paper presented at the Annual meeting of Association of Behavior Analysis.* - Nashville, Tennessee.

McEachin, J.J., Smith, T., & Lovaas, O.I. (1993). *Long-term outcome for children with autism who received early intensive behavioral treatment.* - American Journal on Mental Retardation, 97(4), 359-372.

Sallows, G. O. & Graupner, T. D. (2005). *Intensive behavioral treatment for children with autism: Four-year outcome and predictors.* -American Journal on Mental Retardation, 110(6), 417-438.

Simmons, J. Q., & Lovaas, O. I. (1969). *Use of pain and punishment as treatment techniques with childhood schizophrenics.* - American Journal of Psychotherapy. 23(1) 23-36.

Smith, T., Buch, G. A., & Gamby, T. E. (2000). *Parent-directed, intensive early intervention for children with pervasive developmental disorder.* - Research in Developmental Disabilities, 21(4), 297-309.

CAPITULO 3
EMERGENCIA DE LA DIVERGENCIA

Sería razonable pensar que el pequeño pero pujante grupo de profesionales que utilizan ABA en el tratamiento de TEA diseñarían e implementarían los programas de intervención conductual de una manera similar. Como Conductistas, todos deberían adherir a los principios del comportamiento. Como fue discutido en el capitulo 1 (¿Qué es ABA?), ciertamente hay acuerdo en que hay determinantes del ambiente, y que por lo tanto con técnicas efectivas de enseñanza podemos reducir o incluso eliminar conductas disruptivas e incrementar la ocurrencia de conductas deseadas. Además, los profesionales de ABA tienen en común el interés por datos objetivos y la utilización de procesos empíricos para la toma de decisiones en el tratamiento. Por lo tanto, sería razonable pensar que todos los profesionales de ABA operarían de una manera similar.

Aunque en las bases científicas subyacen muchos principios básicos sobre los cuales todos acuerdan, existen muchos aspectos técnicos de la implementación de la intervención conductual intensiva que son llevados a cabo por medio de diversas maneras, tales como los tipos de reforzadores utilizados, la complejidad del lenguaje utilizado por el maestro, y dónde es llevada a cabo. También existe una falta de acuerdo sobre el tipo de formato instruccional que debería ser utilizado (ej. Enseñanza mediante Ensayo Discreto, Pivotal response training, Natural language paradigm). Para complicar enormemente el debate, de diferentes abordajes se han derivado distintos términos con significados similares. Por último, existe un amplio rango de diferencias estéticas en la manera en que los profesionales afrontan los desafíos de construir repertorios de habilidades en niños con TEA. El continuo comienza desde una manera dogmática, rígida y mecanicista hasta un extremo libre, inexacto, no sistemático y diluido.

Estilo, técnica y teoría

Una técnica de enseñanza ampliamente utilizada pero no universalmente favorecida es la Enseñanza mediante Ensayo Discreto (EED). La EED es frecuentemente vista como un procedimiento extremadamente rígido que solo debería ser utilizada en ámbitos altamente estructurados para enseñar habilidades muy especificas a niños pequeños de bajo funcionamiento. Nuestra propia manera de ver la EED es que esta posee una amplia aplicabilidad y que puede ser empleada con una cierta flexibilidad y naturalidad. La EED puede ser utilizada para enseñar una variedad de habilidades a individuos de todas las edades y niveles de funcionamiento en todos los ámbitos.

Los profesionales que utilizan la EED son frecuentemente encasillados como rígidos y punitivos. El hecho es que muchos conductistas emplean la EED con mucha flexibilidad y son bastante naturales en la implementación de procedimientos de EED. Quizás debido a un prejuicio con la EED, muchos profesionales parecen haberse distanciado de la EED y han inventado otros nombres y variaciones de estrategias de aprendizaje que parecen más atractivas. Dos ejemplos notables son la Pivotal response teaching (PRT) desarrolladas por dos estudiantes de Lovaas, Robert Koegel y Laura Schreibman (Koegel, Koegel, & Schreibman, 1991), y la Enseñanza Incidental (EI) como es descripta por Hart & Risley (1982) and McGee, Morrier & Daly (1999).

Estos abordajes han intentado diferenciarse de la EED haciendo hincapié en la ocurrencia natural de oportunidades para enseñar una habilidad, en contraposición con oportunidades artificiales. Aquellos que sólo han sido expuestos a un abordaje más rígido de EED pueden ver a la Enseñanza de Conductas Pivoteales (ECP) como algo diferente a la EED y pueden entonces estar más inclinados a la ECP por sobre EED debido a que la perciben como más amistosa y natural.

Prizant y Wetherby (1998) han descrito la teoría social-pragmática del desarrollo para el tratamiento de TEA. Ellos ven a su abordaje como la antítesis de la EED tradicional y teorizan el siguiente continuo de estrategias de enseñanza:

☐	☐	☐
EED Tradicional	Conductual contemporánea	Abordaje social-pragmático del desarrollo

Este continuo posiciona a los abordajes conductuales "contemporáneos", dentro de los cuales están incluidos ECP, EI Y PLN, como distanciados de la EED. Además, se difunde una visión estrecha de cómo la EED es conceptualizada e implementada. Ellos realizan esta distinción sobre la base de supuestas diferencias en el uso de ambientes de aprendizaje más naturales, con más énfasis en la individuación del plan de tratamiento y de interacciones más sociales y naturalmente balanceadas en las cuales las oportunidades de aprendizaje son iniciadas por el niño. Como es ilustrado en el continuo anterior, consideran el abordaje Social-Pragmático ubicándose incluso más allá de la EED tradicional enfatizando los siguientes elementos:

1• El uso de estrategias interactivas de facilitación (ej. Tomar ventaja de las oportunidades para facilitar el lenguaje natural)

2• El grado de aceptación de los intentos comunicativos del niño (ej. Brindar feedback positivo y de apoyo a la comunicación del niño).

3• Grado de directividad (ej. Utilizar un estilo menos directivo y más «Facilitador» cuando sea posible).

4• Adaptación del Input Social y de Lenguaje (ej. Ajustar la complejidad del lenguaje en base al niño individual).

5• Focalizar en Eventos Comunicativos (ej. Disponer el ambiente para facilitar el incremento de oportunidades de comunicación)

6• El aprendizaje esta basado en los afectos y el intercambio (ej. Reconociendo y mejorando la interacción natural de la comunicación).

De hecho, no hay razón por la cual la EED deba ser llevada a cabo de una manera rígida y hostil, o de restar valor a la oportunidad de que el estudiante inicie interacciones. Nosotros acordamos en que hay ventajas en incorporar estos principios en la enseñanza a niños con TEA. Es más, creemos firmemente que la EED puede y debe incorporar estos principios, pero preferimos conceptuar las diferencias en términos comportamentales.

Creemos que existe un tipo de continuo similar, el cual distingue «EED Rígido» vs. «EED Flexible», ilustrado en la siguiente tabla:

CONVERGENCIA	TRADICIONAL	EVOLUCIONADO
Enseñanza sistemática es crucial	Instrucción uno a uno	Uno a uno, pequeños y grandes grupos.
Reforzamiento	1. Refuerzo alimenticio 2. Programas continuos 3. Limitada interacción durante la entrega	1. Actividades, juguetes y social 2. Programas intermitentes 3. Interreacción extensiva como lo apropiado
Instigación es central en la enseñanza	Error, error, instigación O Instigación sin error	Estrategias de instigación flexibles basadas en la habilidad del estudiante para aprender de una variedad de instigaciones o aprender del feedback
Eliminación de conductas que interfieran	Estrategias comportamentales reactivas, como mucho	Estrategias comportamentales preactivas o reactivas
Generalización es escencial	1. inicialmente eliminar distracciones (EJ, aislamiento, reducir ruido). 2. Instrucciones simples e idénticas.	1. Comenzar en ámbitos lo más naturales posibles 2. Variedad y complejidad de instrucciones deberían reflejar la habilidad del niño

CONVERGENCIA: ES TIEMPO DE EVOLUCIONAR

Datos obligatorios	Datos continuos	Muestras representativas
Curricula significativa	Lenguaje y académico	Social, comunicación, juego, autoayuda, habilidades de aprendizaje escolar, y control del comportamiento
Última meta es la independencia del niño	1. De acuerdo a la opinión del terapeuta 2. Control de batallas	1. Basadas en las necesidades del niño y opinión del terapeuta 2. Reducido control de batallas

Durante los primeros años de tratamiento fueron implementados abordajes más rígidos, pero ha habido una evolución en la filosofía como en el tratamiento. Hemos aprendido a preservar el abordaje sistemático y metódico de enseñanza, el cual es el sello de un programa ABA efectivo, pero llevamos a cabo la EED de una manera más natural. Tenemos una gran deuda con los pioneros de EED por desarrollar un método altamente efectivo en la enseñanza y no los culpamos por las imperfecciones.

Aunque es crítico ser sistemático, también es necesario ser flexible. Esto puede parecer un concepto contradictorio, pero realmente no lo es. Requiere un plan, pero uno debe estar dispuesto a ajustar el plan cuando no está funcionando. Para atender mejor las necesidades de los estudiantes, los maestros y los padres no pueden llegar a ser tan apegados a un programa o metodología que no están dispuestos a modificar.

Desafortunadamente, mucha gente que emplea ABA con niños que padecen TEA se adhieren a reglas estrictas y no se encuentran dispuestos ni siquiera considerar cambiarlas. Por ejemplo, siempre hacen diez ensayos en cada programa, o siguen siempre un regla rígida tipo «Error + Error = Instigación». Tales «reglas» tienen aplicabilidad en algunas situaciones con algunos estudiantes, pero no necesariamente con todos los estudiantes. Si cambiamos las «reglas» a «consideraciones» entonces podemos contar con la flexibilidad para atender las necesidades individuales del estudiante, lo cual puede incrementar la efectividad del procedimiento o técnica que está siendo utilizada.

Aunque hay consenso en cuanto a las bases de ABA, aún perduran direcciones divergentes con respecto a la filosofía, conceptualización y aplicación entre varios tipos de programas ABA. De manera de converger como una comunidad conductista, es importante que observemos la historia de la EED. La evolución ocurre cuando construimos sobre las fortalezas de un abordaje de enseñanza y aplicamos creatividad a las deficiencias en vez de abandonar un modelo que tiene mérito, pero que puede no ser perfecto. Muy frecuentemente las personas cambian el nombre de una intervención e intentan borrar la conexión con la historia evolutiva. Nosotros creemos que eso fragmenta el campo y causa confusión entre la población cuando los profesionales emplean algunos cambios en la terminología y re-empaquetan su abordaje como «nuevo y diferente».

Resolución significa individualización

Como conductistas, deberíamos determinar qué estrategias de intervención son más efectivas para cada niño. Es crítico que no regresemos automáticamente a las fórmulas que nos son más confortables, sino, dejemos que los datos moldeen nuestra conducta. Una analogía podría ser qué ruta tomar para dirigirse a una locación específica. Aunque UD pueda usar un mapa, puede ser necesario alterar su ruta basado en ciertas condiciones (EJ, accidentes, clima, arreglos de ruta, momento del día, etc.). A veces hay pocas rutas que lo llevarán a la misma locación. Y aunque el mapa provea una estructura, las condiciones requieren flexibilidad con la estructura.

SIN SENTIDO

Todos hablan de la necesidad de la individualización, pero muchos conductistas siguen un abordaje rígido en ¡el cual hay poca o ninguna individualización!

ABA la evolución de Autism Partnership

Las raíces del conductismo se remontan a principios del 1900 al trabajo de Ivan Pavlov y John B. Watson. Las bases y principios del Análisis Conductual Aplicado permanecen hace tiempo sin cambios. Sin embargo, las estrategias de tratamiento y la filosofía han evolucionado continuamente. No debería sorprender que el campo pudiera cambiar, dado que el sello del conductismo es la modificación basada en el análisis de datos. Durante nuestros días en UCLA, el tratamiento era continuamente modificado. Mientras que en los primeros días nosotros utilizábamos métodos punitivos, hacia el final del proyecto hemos abandonado tales estrategias. Un enfoque en la maestría parental, intervención en las escuelas y programas de lenguaje más avanzados representan evoluciones significativas.

Como ABA evolucionó, Autism Partnership evolucionó desde su comienzo en 1994. Hemos hecho cambios en áreas tales como estrategias de tratamiento, currícula y filosofía. De hecho el libro que publicamos detallando nuestras creencias fue titulado Un trabajo en progreso. Hemos elegido ese nombre para dar cuenta del siempre cambiante tratamiento de niños con TEA. Los siguientes puntos ilustran algunas de las evoluciones que hemos hecho desde nuestros comienzos:

• Existe un mayor énfasis en estrategias proactivas para abordar conductas problemáticas. Previamente, existía a menudo una dependencia a reducir conductas problema por medio de estrategias reductivas (EJ, extinción o coste de respuesta).

En el presente, hay un mayor énfasis en la enseñanza de conductas alternativas a los niños, por ejemplo, conductas de búsqueda de atención positivas, maneras de ganar control, habilidades sociales y de juego, al igual que estrategias de afrontamiento tales como manejo de estrés y autocontrol. Y hemos incrementado nuestra atención para asegurarnos que las instigaciones artificiales del ambiente sean eliminadas de manera que puedan exhibirse conductas alternativas y utilizarlas independientemente.

• El desarrollo continuo de programas de conducta para atender las áreas de déficit de los niños. Se han diseñado programas innovadores dirigidos a padres y educadores, para enseñar atención conjunta, resolver dificultades de aprendizaje receptivo y reducir la auto-estimulación.

• Se atienden habilidades de aprendizaje observacional desde los inicios de la intervención. En UCLA hemos reconocido la importancia de que el niño se encuentre apto para adquirir información por medio de la observación.
Sin embargo, se trataba de una habilidad a la cual no se enfocaba hacia finales de la intervención. Ahora nos enfocamos en aprendizaje observacional en los inicios de la intervención y hemos expandido enormemente la currícula en esa área.

• Utilizar EED en un formato grupal ha sido una importante contribución a nuestros esfuerzos en la creación de programas ABA. La investigación y la experiencia han revelado que los niños pueden aprender gran cantidad de información por medio de la participación en grupos de instrucción. Los procedimientos utilizados en el formato uno a uno han sido adaptados y mejorados de manera que se facilite el aprendizaje grupal efectivo (Taubman, Brierley, Wishner, Baker, McEachin & Leaf, 2001).

• Al comienzo, la preponderancia de los programas se dedicaba al desarrollo del lenguaje. Continuamos dando importancia a la comunicación, sin embargo, se ha puesto más énfasis en habilidades sociales, de juego, de autoayuda, y de la vida diaria. Estas habilidades proveen al niño mayor control en su ambiente y los logros de tratamiento son mantenidos de mejor modo debido a que proveen al niño una mayor cantidad de formas de acceder a reforzamientos de ocurrencia naturales. Pero lo más importante, es que el niño está más capacitado para suplir sus necesidades en una variedad de formas mejorando su calidad de vida.

• Ha habido un desarrollo inmenso en los programas para facilitar un lenguaje más natural y espontáneo. La enseñanza de habilidades comunicacionales ha sido enormemente mejorada mediante la exposición del niño a un lenguaje más natural, de tipo infantil, disponiendo el ambiente para evocar el lenguaje (ej., sabotaje), utilizando manipulación motivacional (ej., tentaciones de comunicación), desarrollando atención conjunta, ejercicios de construcción de fluidez, un menor énfasis en la respuesta a preguntas y mayor énfasis en comentar.

• Se han desarrollado programas de habilidades sociales dirigidos a situaciones sociales cada vez más complejas (ej., decir/ mantener un secreto, saber cuando y cómo cambiar un tema basado en la falta de interés de otros, etc.). Reconocemos la necesidad de mantenerse sistemáticos y abarcativos en el desarrollo de habilidades sociales, por lo tanto, estamos desarrollando una taxonomía social como un intento de encapsular las complejidades de la identificación y enseñanza de habilidades sociales.

• Debido a la continua identificación de las necesidades de niños con trastorno autista en varios niveles del continuo, como fue afirmado, Autism Partnership se ha enfocado en el desarrollo de tratamientos y programas en áreas sociales, de juego, lenguaje, autoayuda y escolares. Debido a las amplias necesidades en las áreas nombradas, el área académica no ha sido tan enfatizada y frecuentemente no ha sido el blanco primario. Las áreas académicas pueden ser utilizadas para enseñar otras habilidades de aprendizaje (ej., aprendizaje observacional, atención conjunta, respuesta coral, etc.), pero de nuevo, la información académica no es un objetivo primario de enseñanza. Como agencia nosotros sostenemos que lo que debe ser evaluado son los procesos y habilidades que no permiten que el niño adquiera información académica, y enseñar tales habilidades. Consecuentemente, si un niño aprende las habilidades necesarias para aprender, y las maneras apropiadas de suplir sus necesidades, aprenderá lo académico independientemente de tutores 1:1 para la enseñanza de información/hechos.

• El conjunto del desarrollo de los programas se ha puesto más en sintonía. Los programas de lenguaje, académicos y autoayuda, por ejemplo, frecuentemente reflejarán las secuencias del desarrollo (ej., utilizar materiales de juego acorde a la edad y un énfasis en el desarrollo de reforzadores acordes de la edad, utilizar dispositivos «típicos» al escolar como el ambiente de enseñanza, etc.). Naturalmente, hay ocasiones en los cuales el niño no aprende de dicha manera y por lo tanto los esfuerzos de la programación precisan ser ajustados de manera correspondiente al caso.

• La creación de programas se ha encaminado a ser más funcional. Existe un mayor entendimiento de las habilidades que son importantes para un niño particular basado en su edad, necesidades instruccionales y nivel de habilidad (ej., instrucciones receptivas como «acomodate la ropa», aparear habilidades que están siendo enseñadas por medio de tareas de limpieza o poniendo la ropa a lavar, «demandar» hacer un snack, imitación con materiales requiriendo que el estudiante «construya» un puente con 3 bloques, no un estructura no-funcional, etc....).

• Hay un uso amplio de distintas estrategias de aprendizaje (EJ, EED, análisis de tarea, interacciones de enseñanza, juego de roles, etc.).

• Desde 1960 el Dr. Lovaas reconoció la importancia del establecimiento escolar. Sin embargo, la intervención fue frecuentemente suministrada por personal de UCLA. A lo largo de los años los conductistas se han comprometido a enseñar a personal de la escuela como utilizar efectivamente procedimientos ABA de manera que puedan diseñar e implementar independientemente estrategias de enseñanza efectivas. Autism Partnership también se encuentra comprometido a perseguir esta misión y considera esto como un vehículo para proveer intervención efectiva para muchos niños.

ABA, como campo debe continuar evolucionando. Debemos estar dispuestos a sobrellevar los estereotipos y dogmas asociados con EED, porque es una herramienta demasiado valiosa para descartar. Nosotros debemos apoyarnos en datos para evaluar los resultados y tomar pasos para generalizar habilidades. Debemos reconocer la importancia de mantener un abordaje sistemático y flexible para tratar a niños con trastorno autista dado que cada niño presenta un repertorio diferente de déficit de habilidad.

Referencias bibliográficas

Hart, B. & Risley, T. R. (1982). *How to use incidental teaching for elaborating language.* Lawrence, KS: H & H Enterprises.

Koegel, L. K., Koegel, R. L., & Schreibman, L (1991). *Assessing and training parents in teaching pivotal behaviors.* - Advances in Behavioral Assessment of Children and Families, 5, 65-82.

McGee, G.G., Morrier, M.J., & Daly, T. (1999). *An incidental teaching approach to early intervention for toddlers with autism.* - Journal of the Association for Persons with Severe Handicaps, 24, 133-146.

Prizant, B.M. & Wetherby, A.M. (1998). *Understanding the continuum of discrete-trial traditional behavioral to social-pragmatic, developmental approaches in communication enhancement for young children with ASD.* - Seminars in Speech and Language, 19, 329-353.

Taubman, M., Brierley, S., Wishner, J., Baker, D., McEachin, J., Leaf, R.B. (2001). *The Effectivness of a group discrete trial instructional approach for preschoolers with Developmental disabilities.* - Research in Developmental Disabilities, 22(3), 205-219.

CAPITULO 4
SER O NO SER BCBA

¿Quién está calificado?

A menudo el tratamiento intensivo para niños con autismo es llevado a cabo por pseudo-profesionales que trabajan bajo la supervisión de un profesional más calificado y experimentado. En tal caso, la efectividad del tratamiento depende de la calidad del supervisor en cuanto a que provea una supervisión programática y general, al igual que la habilidad de los pseudo-profesionales en la enseñanza del niño.

Lamentablemente, los padres de niños con autismo se encuentran desesperados, los distritos escolares también se enfrentan a una presión tremenda. Simplemente no existe la cantidad suficiente de profesionales para brindar la intervención necesaria. A menudo, sería considerado como afortunado solamente contar con alguien que intervenga con entusiasmo. Si sucede que estos se encuentran en concordancia con ABA y autismo, eso ¡seria un plus fantástico! La realidad es que encontrarse meramente familiarizado ni siquiera es suficiente para los profesionales más dedicados.

¿Cómo podrían un padre, o una escuela si fuera el caso, saber que un profesional se encuentra calificado para brindar intervención conductual intensiva a un niño con autismo? ¿Acaso un máster o un doctorado lo hace a uno más calificado? ¿Es la experiencia práctica más importante que la educación formal? ¿De qué clase de experiencia se trata? ¿Qué tipo de entrenamiento es necesario? ¿Qué tan abarcativo debería ser en entrenamiento y cuál es el contenido necesario? ¿Debería uno considerar el grado de experticia del supervisor que brindó el entrenamiento?

Estas cuestiones y dilemas han creado la necesidad de algún tipo de sistema que evalúe las habilidades de los profesionales. Una credencial reciente, la Certificación del Consejo de Analistas del Comportamiento (BCBA) está comenzando a ser reconocida y en algunos casos es requerida como una manera de identificar a quien se encuentra calificado para ejercer servicios ABA. La certificación es supervisada por una corporación privada sin fines de lucro, la cual establece los requerimientos. Para ser un BCBA uno debe obtener un grado de Máster el cual incluya cursos específicos de trabajo en teoría, practica, diseño experimental, y ética. Adicionalmente uno debe completar una tutoría y pasar un examen escrito.

Desde sus orígenes en Florida en los años 90 (Starin, Hemingway, Hartsfield, 1993), ha habido un empuje creciente para el uso de la credencial de la Certificación del Consejo de Analistas del Comportamiento (BCBA) para resolver el dilema de cómo identificar a los profesionales calificados. Sin embargo, nos encontramos preocupados de que la credencial de la BCBA no es el estándar máximo que todos andaban buscando. De hecho, pensamos que ¡la cura puede ser peor que la enfermedad!

Anuncios de la BCBA

¿Cuál es el alcance de la pericia de los BCBA?

Los padres y las escuelas esperan que empleando a un BCBA tendrán garantía de que el profesional posee la experiencia suficiente para brindar la intervención a su niño con TEA y guiar a otros en el proceso. Existe frecuentemente la falsa creencia de que los BCBA poseen una certificación de expertos en autismo. Muchas escuelas requieren que quienes intervengan con niños con TEA posean una credencial BCBA sin considerar su nivel de experiencia especializada, conocimiento y entrenamiento en el diseño y ejecución del tratamiento conductual intensivo en el tratamiento del autismo. Claramente existe una falta de conciencia entre estos administradores en cuanto a que un BCBA puede no haber contado con un curso de trabajo abarcativo o entrenamiento en autismo. Por lo tanto, la credencial BCBA no cumple con el propósito de identificar a aquellos que se encuentran calificados para el trabajo que debe ser realizado.

¿Qué nivel de entrenamiento y qué clase de experiencia es requerida para ser un BCBA?

Aunque los supervisores verifican que los candidatos hayan recibido supervisión, no existe una referencia respecto a cuanto entrenamiento hubo o el tipo de entrenamiento. La experiencia puede ser en áreas poco relacionadas al tratamiento conductual intensivo para el autismo, y puede haber poco entrenamiento que sea específico en el diseño de un plan de tratamiento para niños con autismo.

¿Es el examen una medida valida de la calidad terapéutica?

Una vez más, existe una falsa creencia respecto a qué «pericia» debería poseer un BCBA. A menudo se cree que un BCBA ha demostrado mediante la experiencia, al igual que con el examen, que poseen las habilidades esenciales para proveer una intervención de calidad. Es más, no existe ninguna disposición para la evaluación de las habilidades prácticas del candidato. El método de evaluación se enfoca primariamente en el conocimiento sobre diseños de investigación y análisis de datos. Mientras que éstas son áreas importantes, existen muchas más habilidades que son requeridas para ser un profesional competente. De hecho, es posible pasar a ser un BCBA con muy poca experiencia práctica, conocimiento y entrenamiento en los aspectos clínicos del trabajo con niños, padres y profesionales.

Además, el examen simplemente no refleja toda la envergadura de ABA.Existen muchas sub-áreas en ABA, especialmente en el tratamiento de niños con TEA. Sin embargo, el examen principalmente refleja los intereses y perspectivas de aquellos que han creado el proceso de certificación. Por ejemplo, hay un fuerte énfasis en la Conducta Verbal Aplicada (CVA). Aunque conozcamos la teoría de Skinner sobre la Conducta Verbal, al igual que la aplicación práctica y su importancia, existen muchas otras perspectivas que serian importantes que los profesionales conocieran, especialmente teniendo en cuenta la investigación limitada en cuanto a la efectividad de la CVA en el tratamiento de TEA. Es más, muchas de las áreas «evaluadas» también reflejan la perspectiva específica de los creadores de BCBA. Tales sesgos son reflejados en la concentración excesiva en diseños de investigación y datos (Bailey & Burch, 2000). Existe un énfasis en el registro continuo en vez del muestreo por periodos. Los gráficos de aceleración también son enfatizados, y el concepto de significación clínica como opuesto a significación estadística posee poca consideración. Uno podría esperar un consenso en los procedimientos de registro de datos y análisis de los mismos, pero existen amplios y divergentes puntos de vista y por lo tanto no hay una referencia clara a la que se espera que los practicantes adhieran.

¿Qué es lo que la examinación realmente mide?

Irónicamente, la evaluación parece ser una manera muy poco conductual de certificar a los conductistas. La conducta de rendir examen parece ser la conducta que está siendo medida como un supuesto indicador de una competencia mayor. No existe una relación demostrada entre ser capaz de responder una pregunta sobre ABA y la habilidad de ayudar niños. De hecho, parece que los programas finales de graduados enfatizan material que se encuentra en la evaluación, en vez de entrenar habilidades de brindar servicio. Aunque es posible en cualquier examen de licenciatura, (EJ., Licenciado en Psicología, Terapeuta de familia y matrimonio, Licenciado en Trabajo Social) la evaluación del BCBA es tan específica que parece muy posible que los candidatos simplemente aprendan a pasar un examen y no se encuentren realmente demostrando habilidades de áreas importantes.

El campo de los analistas de la conducta creció, en parte, como una reacción al apoyo de medidas secundarias de la conducta y el rendimiento. La psicología fue una vez dominada por los test de personalidad, métodos de lápiz y papel que intentaban determinar el «verdadero yo» de una persona. Sin embargo, estas estrategias fallaron en ayudar a los psicólogos a entender y predecir conductas reales en situaciones significativas. Los analistas del comportamiento desarrollaron estrategias que directamente miden las conductas y encuentran una validez mucho mas predictiva a estos tipos de medidas, al igual que demostraban la relación causal entre la intervención y el resultado. No tiene sentido para el campo retornar a los exámenes de elección múltiple como un indicador de algo tan importante como la agudeza clínica de una persona. Todos los modelos de programas dirigidos a niños con autismo se apoyan en observaciones directas de las habilidades del personal de obtener descripciones exactas de lo que constituye una «buena terapia». Obtener notas de «aprobado» en cursos ABA debería meramente sentar el nivel para el crecimiento profesional, posicionando a la persona para comenzar a aprender buenas habilidades clínicas con niños, sus padres y el personal que trabaja junto a ellos. El Consejo de la BCBA ha enfocado demasiada atención en tomar SU examen, para los cuales han requerido a distinguidos profesionales que han escrito muchos textos *¡sobre los cuales están basados los exámenes!* (*¡Seria muy interesante para muchos de nosotros ver las respuestas incorrectas de estos brillantes individuos!*).

¿Existe realmente la necesidad de una certificación de profesionales expertos?

Ha existido por mucho tiempo un procedimiento de concesión de licencias para profesionales que trabajan con pacientes con discapacidades del desarrollo. Aún ahora, tales licencias son necesarias en la mayoría de los casos para trabajos clínicos como la evaluación, cuidado de pacientes internos, y reembolso de planes de salud, o uno debe trabajar bajo la supervisión de un profesional licenciado. Aún no se han brindado argumentos convincentes relacionados con que los BCBA suplanten a las antiguas credenciales. Ciertamente no ha sido demostrado de ninguna manera que aquellos profesionales que desarrollaron el campo con investigación en ABA o aplicación clínica con pacientes previo a la existencia de BCBA, deban ahora ser considerados como no calificados. Lo que si tiene sentido, es que profesionales recientemente entrenados puedan elegir el camino de BCBA como una alternativa a otras credenciales profesionales. También deberíamos estar de acuerdo en que los BCBA deberían ser reconocidos como proveedores calificados de intervención conductual dentro del espectro de su entrenamiento bajo los planes aseguradores de salud. No acordamos que la clave sea que solamente ellos debieran ser los profesionales calificados de intervención conductual.

¿Son los BCBA más calificados que otros profesionales licenciados en proveer la intervención (Harris, 2006)?

En muchos estados los BCBA con un grado de Máster reciben un nivel más alto de reembolso que psicólogos licenciados que poseen un doctorado. En California, por ejemplo, los BCBA reciben $75 por hora de servicio vs. $52 por un psicólogo licenciado. A pesar de que los psicólogos licenciados han obtenido un doctorado, tienen más años de experiencia supervisada, han pasado unos procedimientos de evaluación mucho más estrictos y han adquirido una experiencia mucho más amplia, frecuentemente reciben menor reembolso por parte de las agencias del estado. No es lógico que alguien con más educación y experiencia, que ha demostrado competencia a través de un proceso más riguroso, reciba una compensación baja.

¿Acaso seriamos mejores sin la credencial BCBA?

¿Cuáles son los objetivos generales y riesgos asociados con la certificación?

El proceso BCBA hizo surgir el miedo de que mucha gente se podría presentar como alguien con experiencia en ABA sin la experiencia y entrenamiento adecuados. El proceso BCBA puede ser visto como la puesta de una referencia «estándar» para ayudar a padres y personal de las escuelas a reconocer charlatanes. Sin embargo, este tipo de interpretación restrictiva sobre quién se encuentra calificado para proveer una intervención efectiva en cuanto a autismo, también puede operar para defender a un «gremio» de miembros extranjeros al mismo, por lo tanto frecuentemente limitando la profesión. Esencialmente, si Ud. no es miembro de mi club, Ud. no puede ser bueno.

Muchos profesionales han dedicado años a la obtención de doctorados de programas calificados por la Asociación Americana de Psicología (APA), incluyendo pasantías aprobadas por la APA, han pasado requisitos estatales para la licenciatura en psicología, han dictado cursos sobre ABA y publicado ampliamente en el campo sobre estrategias altamente efectivas, han participado activamente en conferencias y talleres orientados a ABA y a pesar de ello se resiste con la membrecía al «club». ¿Por qué? Porque no suma ningún reconocimiento adicional a las numerosas maneras de haber demostrado las habilidades clínicas necesarias para liderar programas de intervención efectiva para ayudar a niños con autismo y sus familias. Nosotros creemos que existen maneras adecuadas de demostrar estas habilidades sin los métodos adheridos por parte del consejo de la BCBA.

Además la nueva certificación abre la puerta para que individuos menos calificados aclamen que ellos son aquellos que debieran brindar el servicio, mientras otros que realmente han adquirido experiencia amplia y profunda son sorpresivamente definidos como no calificados. Finalmente, la dependencia en la credencial de la BCBA puede brindar una falsa sensación de seguridad a la población. Hasta que estas preocupaciones puedan ser resueltas, nosotros sentimos que la gente necesitará continuar llevando a cabo la antigua diligencia y mirar detrás de la credencial para juntar la información suficiente sobre entrenamiento, experiencia y profesionalidad para satisfacerse a sí mismos en cuanto a que aquel o aquella que lleve a cabo la intervención del comportamiento sepa lo suyo. Los padres y las agencias de financiación no deberán confiar en un pedazo de papel que les diga qué es lo que deben saber. El trabajo competente de un conductista hablará por sí mismo.

REFERENCIAS BIBLIOGRÁFICAS

Bailey, J.B., & Burch, M.R. (2002). *Research Methods in Applied Behavior Analysis. Sage Publishing Company Harris, S.L.* (2006). - Ask the editor. Journal of Autism and Developmental Disorders, 36(2), 293.

Hopkins, B. L. & Moore, J. (1993). *ABA accreditation of graduate programs of study.* Behavior Analyst, 16, 117-121.

Moore, J., & Shook, G.L. *Certification, accreditation, and quality control in behavior analysis.* - Behavior Analyst, 24(1), 45-55.

Shook, G.L. (2005). *An Examination of the Integrity and Future of the Behavior nalyst Certification Board Credentials.* - Behavior Modification, 29, 562-574.

Shook, G.L., Neisworth, J.T. (2005). *Ensuring appropriate qualifications for Applied Behavior Analyst Professionals: The Behavior Analyst Certification Board.* - Exceptionality, 13(1), 3-10.

Shook, G. L., Hartsfield, F. & Hemingway, M. J. (1995). *Essential content for training behavior analysis practitioners.* - Behavior Analyst, 18, 83-91.

Shook, G. L. (1993). *The professional credential in behavior analysis.* - Behavior Analyst, 16, 87-101.

Starin, S., Hemingway, M. & Hartsfield, F. (1993). *Credentialing behavior analysts and the Florida behavior analysis certification program.* - Behavior Analyst, 16, 153-166.

CAPITULO 5
ECLECTISISMO

La busqueda de la mejor intervención

Los procuradores y administradores escolares frecuentemente citan dos artículos para dar respaldo a la posición de que un abordaje ecléctico para el tratamiento del autismo es la «mejor intervención». Ambos Dawson y Osterling (1997) y Prizant y Rubin (1999) han revisado varios tratamientos y presentaron sus conclusiones. Ambos artículos llegaron a la misma conclusión: existen elementos comunes a todas las intervenciones exitosas, todas las investigaciones ligadas al tratamiento del autismo poseen fallas y limitaciones, y no hay evidencia de que un abordaje sea mejor que otro. Afirman esto; por lo tanto, hay elementos básicos que son comunes y necesarios para un tratamiento exitoso, y existe una variedad de tratamientos efectivos. Estas conclusiones han sido ampliamente utilizadas como evidencia que da soporte a muchos tipos de terapias y a afirmar que un abordaje ecléctico es la «mejor intervención».

¿Existe realmente un punto para el eclecticismo?

Según las apariencias, estas revisiones parecen ser el apoyo para muchas intervenciones, al igual que para muchos abordajes eclécticos. Sin embargo, con un poco de pensamiento crítico, el poder y el valor de estos artículos se ve ampliamente disminuido. Existen múltiples problemas con estos dos artículos.

Primero, es crucial notar que estos dos artículos no son estudios de investigación **empírica**. Son simplemente las observaciones y conjeturas de los autores sin ningún dato para dar soporte a sus conclusiones. No cuentan absolutamente con ningún análisis estadístico o meta-estadístico científico que de apoyo a sus opiniones. Segundo, a pesar de que los autores reconocen que no han llevado a cabo un análisis comparativo, sus hallazgos son expuestos como si lo hubieran hecho. En una revisión comparativa o un meta-análisis, varios abordajes son comparados utilizando una metodología estadística estándar aceptada por la comunidad científica. Esto se realiza para determinar sistemáticamente la efectividad de la comparación. Aunque los autores concluyen que todos los tratamientos que ellos han revisado fueron igualmente efectivos, en realidad, todo lo que llevaron a cabo fue describir varios abordajes y presentar lo que cada intervención afirmaba como su resultado sin la consideración de legitimidad de esas afirmaciones. Los autores conjeturan que los abordajes poseen una efectividad equivalente, sin llevar adelante ninguna comparación científica o brindar algún tipo de fundamento a sus conclusiones.

Tercero, muchas de los abordajes incluidos en sus comentarios han contado con evidencia científica limitada en cuanto a su efectividad, y han sido mezclados con estudios altamente empíricos. Algunos enfoques afirmaban efectividad basada en estudios de caso, sin evidencia experimental. Mientras que otros enfoques que contaban con alguna investigación en aspectos específicos del tratamiento, no presentaban ningún dato esclarecedor. Y algunos utilizaban una metodología seriamente defectuosa (tal como una revisión retrospectiva de anotaciones); por lo tanto, era difícil arribar a alguna conclusión. Aquellos estudios con falta de evidencia científica como soporte para un tratamiento particular, han sido considerados con el mismo peso que estudios de largo plazo más abarcativos, comprensivos y con resultados científicos. Los autores explican que todos los estudios revisados poseen fallas científicas y por lo tanto concluyen que todos los estudios son comparables. Aquellos estudios con fallas menores que socavaron la significancia de los hallazgos no han sido discriminados de aquellos con deficiencias fatales y devastadoras llevando a que sus conclusiones no tengan sentido.

Un cuarto asunto es que los abordajes utilizaron metodologías extremadamente diferentes. Es casi imposible realizar alguna comparación válida cuando existen diferencias tan vastas en variables tales como: edad del sujeto, criterio diagnóstico, edad de inicio del tratamiento e intensidad y duración del tratamiento. Una comparación justa y válida, aún con una metodología estadística, sería en el mejor de los casos dificultosa.

Quinto, y quizás incluso más problemático que diferentes metodologías, han sido las tremendas diferencias en el criterio de «resultado» entre los estudios revisados. Para algunos abordajes, el tratamiento ha sido considerado «exitoso» si los sujetos eran capaces de insertarse en ambientes de la comunidad a pesar de continuar exhibiendo conductas disruptivas o profundos déficits de habilidades. Otros reportaron el resultado como exitoso si el niño lograba acceder a un ambiente educativo regular con apoyos. En contraste, Lovaas consideraba el «mejor resultado» cuando los niños lograban insertarse en una educación regular sin apoyos, y fueran indistinguibles de sus compañeros típicos. Ambos resultados, sin embargo, han sido considerados como representantes de éxito para sus autores, y son por lo tanto tratados como iguales por la revisión de los autores. ¿Realmente se podría decir que ambos abordajes son igualmente efectivos?

Sexto, los autores toman de cada uno de los artículos, componentes de los distintos abordajes que ellos consideran importantes para el proceso. Entonces, ellos conforman una lista con estos componentes como si fueran parte de una misma línea para el éxito entre todos los estudios y los etiquetan como elementos de la «mejor intervención» mientras que los estudios pueden haber incluido estos elementos, los autores no ofrecen ningún fundamento para sostener que estos elementos han sido muy importantes o centrales para los resultados específicos obtenidos en los distintos estudios. Por ejemplo, suponiendo que todos los abordajes incluían más maestros o terapeutas femeninos que masculinos (algo muy común, dicho sea de paso). ¿Podríamos concluir que esta tasa en cuanto al género era necesario para lograr un programa exitoso, y por lo tanto, contar con una mayor preponderancia de profesionales mujeres constituye una «mejor intervención»?

Aún si un elemento ha sido en verdad parte importante de un protocolo de tratamiento, su efectividad podría depender de alguna otra variable incluida en el estudio original, pero el cual no logró verse incluido en la lista consensuada de «mejor intervención». Ningún esfuerzo fue hecho para determinar todos los elementos esenciales de un abordaje determinado, y generalmente ello sería incluso imposible de determinar dadas las metodologías utilizadas. No ofrecen información para dar soporte a su falta de inclusión de elementos únicos de un abordaje particular, el cual podría haber sido crucial para los resultados obtenidos. Dejando de lado tales variables, se puede haber invalidado o, de otra forma, potenciado abordajes de tratamiento. El ABA intensivo, el cual fue una de las intervenciones revisadas, posee ciertas características que no se encuentran incluidas en ningún otro abordaje, quizás más notablemente una aplicación muy intensiva de Instrucción Directa. Esta variable, que no aparece en la lista de las supuestas «mejores intervenciones», es muy probablemente la responsable de los resultados positivos únicos obtenidos empleando el abordaje ABA.

Finalmente, estos artículos han tomado vida propia. Son citados en litigio, citados en artículos y han sido discutidos como si un análisis comparativo se hubiera llevado a cabo (Nelson & Huefner, 2003). El término «mejor intervención» es utilizado con frecuencia y sin cautela, como si un modelo valido y abarcativo hubiera sido identificado y compilado por medio de un análisis cuidadoso e intensivo. Este folclore ha brindado crédito al abordaje ecléctico.

¿LA DESVENTAJA DEL TRATAMIENTO ECLÉCTICO?

Creemos firmemente que un abordaje «ecléctico» (esto es, un programa de tratamiento que contiene una mezcla de elementos de diversas abordajes de intervención) es un error. En el PAJ de la UCLA (Lovaas, 1987; McEachin, Smith, & Lovaas, 1993), el grupo de tratamiento intensivo solo recibió ABA. Ellos no recibieron terapia ocupacional o del lenguaje. No fueron sometidos a intervenciones médicas o basadas en dietas. No se suministró Integración Sensorial. Tampoco recibieron ninguna intervención basada en TEACCH o modelos de educación tradicionales. Se trataba estrictamente de ABA. Si Ud. busca el tipo de resultados que fueron obtenidos en ese estudio, es necesario preservar al tratamiento íntegro. Este tema también fue abordado por un estudio más reciente de Howard, Sparkman, Cohen, Green, & Stanislaw (2005). En este estudio, a los niños con TEA que recibieron tratamiento ecléctico no les fue tan bien como a los niños que recibieron solo ABA. Utilizar una variedad de abordajes, a lo mejor diluye la efectividad de alguno de los abordajes, y potencialmente socava la intervención en su totalidad. Cada abordaje se encuentra apoyado en algún fundamento teórico específico. Consecuentemente, la aplicación simultánea de abordajes múltiples es frecuentemente contraproducente.

Hay muchas razones por las cuales utilizar una colección de procedimientos (EJ., un abordaje ecléctico) es problemático:

1• «El que mucho abarca poco aprieta». Es difícil para el personal llegar a ser experto en alguna técnica, quedando solo, intentando aprender de todo.

2• Es como un barco sin timón. Las filosofías subyacentes ayudan a guiar la apli-cación de los procedimientos de tratamiento. Ellas ayudan a dirigir la toma de decisiones y resolución de problemas al igual que la evaluación de los resultados de tales esfuerzos. La claridad filosófica y teórica provee dirección y cohesión, al igual que facilita la uniformidad y continuidad.
Sin un concepto unificante subyacente, el personal no tendrá idea de que hacer, cuando y porqué.

3• La mezcla de procedimientos puede diluir la efectividad de cualquier abordaje reduciendo su intensidad y consistencia.

4• La mezcla puede incluso perjudicar la efectividad. La mayoría de los abordajes poseen diferentes fundamentos. Por lo tanto cada abordaje puede entrar en conflicto con los esfuerzos de otros, socavando de este modo la efectividad total.

5• Se torna extremadamente difícil, sino imposible, analizar la efectividad de cualquier procedimiento dentro de tal mezcla.
Por lo tanto, el/los componente/s de un programa educacional no pueden ser identificados.

6• Dado a que no hay un compromiso firme con un solo abordaje, existe una fuerte tendencia a ser un aficionado. Le gente intentará hacer un poco de esto y un poco de aquello, sin ser sistemático en la implementación y sin permanecer con un abordaje el tiempo suficiente como para definir sus méritos

7• Dado a que todo puede potencialmente ser incluido, no hay una clara visión de lo que los profesionales deberían estar buscando. Se trata de una lista de invitación abierta que permite entrar a algunos potencialmente insalvables, inapropiados e ineficaces participantes por la puerta. La política de la puerta abierta promueve la búsqueda constante e indiscriminada, en vez de la concentración en las intervenciones que son teóricamente cohesivas y poseen un camino probado.

No estamos sugiriendo que los distritos no se encuentran informados respecto a las diferentes metodologías que poseen evidencia científica en cuanto a su efectividad. Pero es esencial tomar conocimiento de una orientación. Entonces técnicas y procedimientos de otros abordajes podrían ser incorporadas con tal orientación cuándo y si fuere necesario, pero sólo bajo el concepto de que sean complementarias y no desvirtúen la efectividad de los componentes fundacionales. Ello reduce el monto de incongruencia e interferencia y resulta en un abordaje más integrado. Como debería ser claro a esta altura, nosotros creemos que ABA es el enfoque que debería ser el núcleo de un programa de intervención.

En nuestra opinión, hacer todo junto ni siquiera se acerca a la «mejor intervención». Analógicamente, uno generalmente suele ser renuente en ir a un restaurante que sirve toda clase de comida (ej., china, mexicana, francesa, italiana, japonesa, americana). Uno sospecharía que no podrían hacer justicia a los diferentes tipos de cocinas. Esto podría ser especialmente cierto si cada plato representara una «fusión» de cada tipo de cocina. Similarmente, sería difícil bailar (y un desorden confuso) utilizando un estilo de baile de jazz-ballet-hip hop- swing-country. Existe una buena razón por la cual los psicólogos no aprobarían la evaluación de licencia si ellos declararan que siguieron un abordaje «ecléctico». La expectativa es que los psicólogos deberían ser entrenados en múltiples áreas, pero poseen una especialización en una metodología clara. Su obligación ética es quedarse dentro de sus áreas de especialización, contactarse con otros expertos de otras metodologías para asistir a pacientes cuando sus necesidades excedan el área propia de especialización.

Ser ecléctico posee su atracción. Estéticamente, suena bien. Después de todo, es tentador pensar que una mezcla de filosofías y abordajes posee la mejor oportunidad de brindar lo que cada estudiante necesita. Si bien un abordaje ecléctico es frecuentemente visto como la «mejor intervención», la investigación no le da crédito a esto. Si Ud. quiere los mejores resultados, elija la metodología que posee el mejor historial y no pierda su foco. Conviértase en un experto en aquella metodología y no adhiera elementos que puedan diluir su impacto. Si Ud. cae dentro de la trampa ecléctica, existe un serio riesgo de caer en «el mucho abarca poco aprieta» y los estudiantes terminaran recibiendo servicios mediocres y menos efectivos.

REFERENCIAS BIBLIOGRÁFICAS

Dawson, G. & Osterling, J. (1997). «*Early intervention in autism: Effectiveness and common elements of current approaches.*» In Guralnick (Ed.) - The effectiveness of early intervention: Second generation research. (pp. 307-326) Baltimore: Brookes.

Dolan, B. (2004). «*Legal digest: A summary of recent case law.*» - Journal of Forensic Psychiatry and Psychology 15(1): 165-172.

Eikeseth, S., Smith, T., Jahr, E., & Eldevik. S. (2002). «*Intensive behavioral treatment at school for 4 to 7-year-old children with autism: A 1 year comparison controlled study.*» - Behavior Modification 26(1): 49-68.

Etscheidt, S. (2003). «*An analysis of legal hearings and cases realted to indvidualized education programs for children with autism.*» - Research and Practice for persons with severe disabilities 28(2): 51-69.

Fogt, J. B., Miller, D.N., & Zirkel, P.A. (2003). «*Defining Autism: Professional best practice and published case law.*» - Journal of School Psychology 41(3): 201-216.

Howard, J. S., Sparkman, C. R., Cohen, H.G., Green, G., & Stanislaw, H. (2005). «*A comparison of intensive behavior analytic and eclectic treatments for young children with autism.*» - Research in Developmental Disabilities 26(4): 359-383.

Jerome, A. (1973). «*Scaling the fortress walls: Some ways of working with autistic children.*» - Acta-Paedopsychiatrica: International Journal of Child and Adolescent Psychiatry 29(8-10): 263-270.

Lovaas, O.I. (1987). *Behavioral Treatment and normal educational and intellectual functioning in young autistic children.* - Journal of Clinical and Consulting Psychology, 55(1), 3-9.

Mandlawitz, M. R. (2002). «*The impact of the legal system on educational programming for young children with autismspectrum disorder.*» - Journal of Autism and Developmental Disorders 19(1): 125-129.

Mandlawitz, M. R. (2005). «*Educating Children with Autism: Current Legal Issues.*» In Handbook of autism and pervasive developmental disorders: Assessment, intervention, and policy. F. R. Volkmar, Paul, R., Klin, A., & Cohen, D.

Hoboken, NK, John Wiley & Sons, Inc. 2: 1161-1172.

McEachin, J.J., Smith, T., & Lovaas, O.I. (1993). *Long-Term outcome for children with autism who received early intensive behavioral treatment.* - American Journal on Mental Retardation, 97(4), 359-372.

Nelson, C. & Huefner, D.S. (2003). «*Young children with autism: Judicial responses to the Lovass and discrete trial training debates.*» - Journal of Early Intervention 26(1): 1-19.

Prizant, B. & Rubin, E. (1999). «*Contemporary Issues in Interventions for Autism Spectrum Disorders: A Commentary.*» - Journal of the Association for Persons with Severe Handicaps. 24(3): 199-208.

Tutt, R., Powell, S., & Thornton, M. (2006). «*Educational Approaches in Autism: What we know about what we do.*» - Educational Psychology in Practice 22(1): 69-81.

CAPITULO 6
TRATAMIENTOS ALTERNATIVOS PARA TRASTORNOS DEL ESPECTRO AUTISTA

¿Cual es la novedad?

Kanner (1943), en su famoso artículo, «Disturbios Autistas de Contacto Afectivo», introdujo la palabra autismo en la literatura científica. Él hipotetizó que el autismo era un error constitucional innato por el cual los niños nacen con falta de motivación por interacción social (aislamiento social). El también describió disturbios profundos en la comunicación y la resistencia al cambio. Mientras la descripción clínica de Kanner del autismo fue tolerada, muchos asuntos que surgieron por su artículo inicial actualmente han sido refutados. Por ejemplo, Kanner observó que los padres eran usualmente personas educadas y exitosas. El hipotetizó que esto llevaba a problemas entre padre e hijo, particularmente la madre del niño. En la actualidad sabemos que los niños con autismo son hallados en todas las clases sociales y culturas. Kanner también especuló que los niños con autismo tenían problemas para relacionarse con todas las personas de su ambiente.

Sabemos ahora que el déficit principal del autismo es relacionarse con pares. Adicionalmente, la investigación reciente se ha enfocado en la genética y otras causas médicas del autismo. Kanner ha especulado inicialmente que los niños con autismo no podían padecer otras condiciones médicas. Hoy se reconoce que niños con otras condiciones médicas conocidas también pueden tener un trastorno del espectro autista, ya que este sigue siendo un síndrome definido conductualmente.

Mucho se ha aprendido desde la descripción inicial de Kanner de niños con autismo. El autismo ahora es visto como un espectro de trastornos, y el término trastorno del espectro autista (TEA) es utilizado frecuentemente. El TEA es mejor considerado como discapacidades de comunicación social/aprendizaje. Por ejemplo, algunos niños tienen problemas para aprender a leer, mientras otros tienen problemas para aprender matemáticas. Los niños con TEA tienen problemas para aprender habilidades sociales/de comunicación. El TEA representa, como fue denotado, un espectro amplio de habilidad y discapacidad, y todos los niños requieren evaluaciones multidisciplinarias intensivas e intervenciones tempranas intensivas que se enfoquen en la enseñanza de habilidades de comunicación social en el ámbito natural.
El rol del funcionamiento intelectual en niños con TEA es aun asunto de debate y sirve como un excelente ejemplo de porqué la investigación científica es crítica para su comprensión. Kanner (1943) inicialmente asumió que los niños con autismo no contaban con retrasos mentales. A medida que el campo evolucionó, fue ampliamente aceptado que Kanner estaba errado y que la mayoría de estos niños eran mentalmente retardados. (National Research Council, 2001) Edelson (2006) en una revisión sistemática examinó 215 estudios publicados entre 1937 y 2001 investigando esta afirmación, y reportaron que los datos empíricos no daban soporte a la afirmación de que la mayoría de los niños con TEA también cuentan con retraso mental.

La mayoría de estos estudios revisados utilizaron escalas de desarrollo o de adaptación en lugar de medidas de inteligencia. Esta bien documentado que niños con TEA puntúan significativamente más bajo en estas medidas. (National Research Council, 2001). Como era de esperar, puntajes significativamente mas altos de retraso mental fueron hallados utilizando estas medidas. Estos hallazgos indican qué importante es la investigación científica en la comprensión del TEA, su etiología y tratamiento y qué importante es no asumir «hechos sin evidencia».

¿Qué es el trastorno del espacio autista (TEA)?

La evidencia científica indica que el TEA es un síndrome conductual que muy probablemente es resultado de varias anormalidades del cerebro. Estas anormalidades se desarrollan como resultado de predisposiciones genéticas y trastornos ambientales tempranos (muy probablemente mientras se encuentra en el útero). Mientras avances científicos recientes continúan brindando ideas importantes al desarrollo del TEA, la etiología es compleja y las causas específicas continúan siendo desconocidas. (National Research Council, 2001).

El incremento en la tasa de diagnostico de niños con TEA ha generado creciente interés en servicios y tratamiento para niños (Frombonne, 2001). Desde las primeras descripciones del trastorno, una serie de diferentes modalidades de tratamiento han sido prescriptas.
Estas generalmente han estado vinculadas a algún sistema de creencias subyacente concerniente a la causa del TEA. La literatura contiene muchos estudios de caso y muchos reportes anecdóticos pertenecientes a estos tratamientos. Sin embargo, pocos de estos tratamientos han sido estudiados de una manera controlada y sistemática.

El consenso actual sugiere que el mejor abordaje para la intervención de los síntomas nucleares del TEA incluye un programa coordinado de intervenciones conductuales y educativas intensivas. La más evaluada de estas intervenciones es el análisis conductual aplicado, que ha demostrado una mejora significativa de los síntomas nucleares en casi todos los niños. *(Simpson, 2005)* La recuperación completa de todos los síntomas es raro, pero la cantidad de niños que muestran mejoras significativas ha ido incrementándose con el paso de los años. *(National Research Council, 2001).*

Abunda un amplio rango de tratamientos para el autismo, y las familias son a menudo persuadidas de intentar métodos que son altamente heterodoxos y científicamente sospechosos. A pesar de la abrumadora evidencia científica de que las etiologías específicas del TEA permanecen desconocidas, han surgido muchos tratamientos diseñados para tratar una causa específica del TEA. Muchos de estos tratamientos han sido publicitados como «curas milagrosas». Son ampliamente utilizadas a pesar de la ausencia de datos científicos que las apoyen. Incluso en la presencia de datos contradictorios y advertencias de científicos, muchos de estos tratamientos continúan siendo promocionados apasionadamente por sus partidarios.

Con el paso de los últimos años, la falta de acuerdo en cuenta a la mejor combinación de abordajes de tratamiento y resultados esperados combinados con el incremento del número de niños diagnosticados, y el hecho de que muchos niños con TEA cuentan con un acceso pobre a tratamientos efectivos ha resultado en que muchas familias se vuelquen a estrategias de Medicina Complementaria y Alternativa (MCA). Además, muchos niños con TEA padecen dificultades médicas asociadas que los tratamientos estándar a menudo fallan al tener en cuenta.

Por ejemplo, trastornos del sueño y problemas gastrointestinales son frecuentemente reportados en niños jóvenes con TEA y puede causar un estrés significativo a las familias. Muchos tratamientos MCA afirman atender estos síntomas secundarios. (Richdale, 1999); Horvath and Perman, 2002)

¿Qué son las MCA?

Las MCA han sido identificadas como «un amplio dominio de recursos curativos que abarca todas las modalidades y prácticas del sistema de salud y sus teorías y creencias que las acompañan, otras que aquellas intrínsecas a la política dominante del sistema de salud», y como «estrategias que no han alcanzado los estándares de efectividad clínica ni por medio de control aleatorizado, ensayos clínicos o mediante el consenso de la comunidad biomédica» (American Academy of Pediatrics, 2001). En sus revisiones de la seguridad y efectividad de los abordajes no-tradicionales al tratamiento del TEA, Hyman y Levy (2000) y Levy y Hyman (2002) dividieron las MCA comúnmente utilizadas en TEA en cuatro categorías:

1 • Tratamientos biológicos benignos no probados que son comúnmente utilizados pero que cuentan con ninguna base en la teoría;
2 • Tratamientos biológicos benignos no probados que cuentan con alguna base en teoría;
3 • Tratamientos biológicos no probados potencialmente nocivos; y
4 • Tratamientos no-biológicos.

La primer categoría incluye suplementos vitamínicos tales como B6 y magnesio, medicaciones gastrointestinales, y agentes antifúngicos. La segunda categoría incluye dietas libres de gluten o caseína, vitamina C, y secretina.

La tercera categoría incluye inmunoglobulinas, grandes dosis de vitamina A, antibióticos, agentes antivirales, sales alcalinas, y suspensión al calendario de vacunación. La cuarta categoría incluye tratamientos tales como entrenamiento en integración auditiva, metrónomo interactivo, manipulación espinal, y comunicación facilitada.
Nickel (1996) reportó que el 50% de los niños con TEA utilizan éstas y otras estrategias de tratamiento no convencionales. En muchos casos los principales médicos y terapeutas ignoran el uso de estos tratamientos. Recientemente, Levy, Mandell, Merhar, Ittenabach, & Pinto-Martin (2003) examinaron la prevalencia de estrategias y características de familia asociadas con su uso. La muestra consistió en niños recientemente diagnosticados con autismo en el Hospital de Niños de Filadelfia. Los autores revisaron 284 registros y hallaron que más del 30% se encontraba utilizando alguna estrategia MCA y que el 9% estaba usando MCA potencialmente nocivas. Concluyeron que la alta prevalencia de uso de MCA entre una muestra recientemente diagnosticada destaca la importancia de discutir las MCA con las familias temprano en el proceso de evaluación.

Más recientemente Hansen et al. (2007) examino el uso de MCA'S en el TEA y reporto que de 112 familias encuestadas, el 74% estuvieron utilizando algún tipo de tratamiento MCA con su niño. La mayoría de los padres reportaron que los tratamientos o no fueron exitosos o sin beneficio, pero no nocivos. La mayoría de los padres reportaron que probaron las MCA por la seguridad de medicaciones prescriptas. Los autores concluyeron, como lo han hecho otros, que los profesionales deben estar bien informados, listos, y dispuestos a discutir las MCA con sus pacientes/clientes. Además, los clínicos tienen la obligación moral de ser conscientes al respecto y asistir a los padres en la obtención de una intervención apropiada.

¿QUE ES EL MÉTODO CIENTÍFICO?

La mayoría de las estrategias MCA no han sido sujetas a investigación científica rigurosa que incluya estudios bien diseñados y controlados. Mientras que los estudios científicos pueden tomar muchas formas, yendo desde doble-ciego, estudios de placebo-control, a reportes de caso bien diseñados, el estándar de oro para la evaluación de la metodología de investigación es la replicabilidad y publicación en revistas revisadas por pares. El lector es referido a la Association for Science in Autism Treatment (ASAT)[1] (www.asatonline.org) para una revisión completa. Históricamente, los estudios de tratamientos en el campo del autismo han sido extremadamente difíciles de interpretar principalmente debido a la falta de acuerdo en el diagnóstico, producto de la descripción inadecuada de la población y muestras de pequeño tamaño. Actualmente, sin embargo, las agencias de financiación y revistas profesionales han dispuesto estándares mínimos en el diseño y descripción para estudios de intervención. Por ejemplo, todos los estudios de intervención deben brindar la siguiente información como mínimo: Adecuada información concerniente a la muestra y las familias que participaron, incluyendo aquellos que no pudieron participar o fueron relegadas de participar; edad cronológica, Entrevista Diagnostica de Autismo Revisada (EDA-R); Escala de Observación Diagnostica de Autismo (ADOS/ EODA); género, raza, características de familia y estatus socio-económico; deterioros relevantes de biológicos y de salud.; y cualquier otro factor que pueda afectar el resultado (ej., niveles cognitivos de funcionamiento).

Los estudios también necesitan incluir una descripción de la intervención en suficiente detalle como para que un grupo independiente pueda replicar los resultados. La documentación detallada es crítica, especialmente debido a que en la mayoría de los casos no existe un manual de tratamiento fácilmente disponible. La revisión de pares y replicación es esencial en el estudio de la efectividad del tratamiento. La fidelidad del tratamiento y el grado de implementación, al igual que medidas objetivas especificas de medición- tal como resultado esperado evaluado a intervalos regulares- debe ser independiente de la intervención en cuanto a que tanto el evaluado como las medidas, deben incluir efectos inmediatos y a largo plazo amplios para los niños y familias, particularmente la generalización y mantenimiento de habilidades. Los estudios también deberían incluir un control apropiado de los grupos y descripciones detalladas de los niños para los cuales el tratamiento fue inefectivo, al igual que aquellos para los que el tratamiento fue efectivo.

En el campo de la Medicina Complementaria y Alternativa, muchos de los datos son anecdóticos. La investigación es a menudo llevada a cabo por personas con una participación financiera en el resultado, esta basada en la validez social, y no ha sido sujeta a una revisión de pares. Específicamente, un tratamiento se vuelve controversial cuando su validez social es evaluada por diferentes personas. Schwartz (1999) definió la validez social y los tratamientos controversiales. La validez social evalúa la aceptabilidad, variabilidad y sustentabilidad de una intervención preguntando a sus consumidores si la intervención le pareció efectiva. Así, la validez social no evalúa la efectividad actual de los tratamientos. Un tratamiento controvertido es uno en el que las partes interesadas cuentan con diferencias de opinión en cuanto a su efectividad. Así,

---

[1] N.T. En castellano: Asociación de Ciencia en el Tratamiento del Autismo (ACTA)

estos tipos de datos no contribuyen a la literatura científica en la efectividad general del tratamiento. Es importante comprender que la mayoría de los estudios de tratamientos MCA se apoyan principalmente en reportes anecdóticos de validez social y no han sido replicados o sujetos a revisión científica de pares y criticismo.

Con estas advertencias en mente, algunos de los MCA biológicos y no-biológicos más populares son revisados abajo. *(Para revisiones adicionales detalladas de ambas metodologías educativas y MCA's, ver Simpson, 2005; Screimbam, 2005; y Jacobson, Foxx & Mulick, 2005).*

Tratamientos biológicos MCA

Muchos factores han coincidido en el incremento de la popularidad de tratamientos biológicamente orientados para el TEA. Estos incluyen una creciente consciencia de que el TEA es una condición neurológica, el uso aumentado de medicación psicotrópica en psiquiatría; y el creciente uso de abordajes homeopáticos, herbario, vitamínico y otras alternativas médicas.

En general, algunos de estos tratamientos han sido promocionados como generadores de beneficios extraordinarios y curas milagrosas incluso en la ausencia de datos que lo apoyen y en algunas instancias ante datos no confirmatorios. Estos tratamientos estaban basados tanto en teorías plausibles como no-plausibles de la etiología del TEA. Esta distinción es a menudo borrada del los reportes de MCA.

Además, quienes las proponen pueden intentar legitimizar su tratamiento mediante el uso de «tests médicos». El uso de estos tests y en consecuencia los tratamientos estaba generalmente basados en teorías no probadas en cuanto a la causa subyacente al TEA. Barrett (2004) en el sitio web quackwatch.com revisó el uso de lo que el etiqueto «dudosas pruebas médicas» o aquellas que poseen poca o ningún valor diagnostico. Esto puede incluir: Pruebas de sangre (ej. Inmunoglobina E, inmunoglobina G, complejos inmunes a alimentos, pruebas de mercurio en sangre, para nombrar algunas), pruebas de saliva *(cándida, levadura, prueba de mercurio)*; prueba de orina (ej., análisis de aminoácidos utilizados para prescribir suplementos, pruebas de mercurio); artefactos dudosos (ej., Electronic-Allegro Sensations Test); procedimientos de imaginería; procedimientos de evaluación física (ej., pruebas musculares para alergias y deficiencias en nutrientes, pruebas de desregulación auto-inmune, frenología); pruebas de piel (ej., parche de prueba para la hipersensibilidad de amalgama de mercurio); cuestionarios (Deficiencia de nutrientes); pruebas de internet; y varios análisis misceláneos (ej., análisis de cabello, mapeo cerebral). Muchas de estas pruebas enlistadas son recomendadas a las familias de niños con TEA. Un ejemplo de cómo las pruebas «medicas» pueden ser utilizadas sin propósito puede hallarse en el análisis de cabello (Barrett 1985; 2004), una prueba frecuentemente utilizada en el TEA para evaluar la presencia de metales pesados. El análisis de cabello involucra enviar una muestra del cabello de la persona, tomada detrás del cuello, a un análisis en el laboratorio. Quienes promueven el análisis de cabello afirman que es útil en la evaluación del estado general de salud y nutrición de una persona, al igual que detectando la presencia de ciertos metales, ej., mercurio. El análisis de cabello supuestamente permite determinar si una deficiencia de minerales, un desbalance de minerales, o metales pesados en el cuerpo son la causa de del TEA de un niño. Estas afirmaciones son simplemente falsas.

La investigación científica ha mostrado que aunque el análisis de cabello puede contar con un valor limitado como prueba para la exposición a metales pesados, no es confiable en la evaluación del estado nutricional de una persona. Además, la mayoría de los laboratorios comerciales de análisis de cabello no han validado sus técnicas con materiales estándar de referencia.
En suma, el contenido mineral del cabello puede ser afectado por la exposición a sustancias como shampoos, lavandina o tinturas para cabello. El nivel de ciertos minerales puede ser afectado por el color, diámetro, tasa de crecimiento, temporada, locación geográfica, edad, género, y rangos normales que no han sido establecidos. De manera que el análisis de cabello sea un índice significativo de lo estados nutricionales, seria necesaria una correlación con otros indicadores nutricionales conocidos. Dado que esto no se ha realizado, junto con el hecho de que el cabello crece lentamente, su análisis no representa el estado nutricional del cuerpo, y debería ser visto escépticamente (Barrett, 1985; 2004).

La tabla uno contiene algunas de las muchas terapias medicas alternativas que han sido propuestas como tratamiento para niños con TEA. Mientras que quienes promueven estas terapias son usualmente bien intencionados, el uso recomendado de algunas de las pruebas descriptas arriba previo al comienzo de la terapia puede hacerlo parecer más «Médico/científico» y esto desorienta a los padres y personas con TEA.

Tratamiento	Qué se supone que hace	Investigación/ datos que lo apoyan
A. Nutricional		
1. Vitaminas	Mejora inespecífica de la conducta	15 estudios. Reportes anecdóticos
2. Magnesio	Dosificada con B-6	Solo datos anecdóticos
3. Dimetilglicina/ DMG	Aumenta contacto ocular, disminuye frustración	Estudio controlado de placebo doble-ciego. No encontró efecto

4. Dieta libre de Gluten/ Libre de Caseína	Reduce síntomas Gastro-intestinales	Estudios de caso
5. Encimas Pancreáticas	Podría solucionar control de esfínteres	Ninguna
6. Plata coloidal	Al ingerirlo con agua, mejora la diarrea	Ninguna
7. Súper Un Thera	Mejora el sabor del magnesio B-6	Ninguna / anecdótica / puede incrementar irritabilidad
8. Ácidos Grasos Omega-3	Mejora la digestión y cura Hipermeabilidad intestinal	Estudios de doble-ciego / No ayuda en ADHD
9. Calcio	Se utiliza para espasmos durante el sueño	Ninguna
10. Aloe vera	Ayuda a la digestión y cura	Ninguna
11. Flor de azufre	Mejora la digestión	Ninguna
12. Aceite Efalez / Aceite DHA	Cura hipermeabilidad intestinal; mejora la visión y habilidades motoras	Ninguna
13. Alergias a las comidas/Dieta Feingold	Extracción de los aditivos resulta en una mejora general	Si. Dieta Feingold desaprobada
B. Secretina	Mejora global de la conducta	Si. Ensayos de Fase III no encontraron efectos
C. Oxigeno Hiperbárico/ozono	(se basa en la teoría de que el autismo es una infección producto de un virus cerebral)	Ninguna

D. Factor de crecimiento de fibroblastos 2	Mejora comportmieto; Utilizado para convulsiones	Ninguna
E. Terapia de células madre	Al parecer mantiene los órganos del cuerpo sano	Ninguna
F. Tratamiento anti-hongos (Nifulcan, Nistatina, Nizoral)	Trata el sobrecrecimiento de bacterias/ Disminuye la agresión, Hiperactividad	Anecdótica
G. Anti-bióticos (Vancomicina)	Activa el sistema inmune; "Verborragia"	Anecdótica
H. Terapia de Naltrexona (NTX)	Bloquea opiáceos; Algunas mejoras funcionales	Ensayo abierto*
I. Terapia de Inmunoglobina	Considera el autismo como una enfermedad auto-inmune; mejora la conducta	Estudio de doble-ciego. Precisa más investigación
J. Bio-feedback EEG	Normaliza ondas cerebrales	Ninguna
K. Desintoxicación de metales pesados	Remueve metales pesados del SNC; mejora en la conducta	Si. La terapia de quelación ha demostrado ser ineficaz para la intoxicación de plomo. No hay investigaciones en autismo
L. Terapias somáticas	(Trastornos del sistema nervioso central causados por dislocación de la columna)	Ninguna
M. Terapia craneo-sacral	Altera movimiento rítmicos del cerebro	Ninguna

N. Medicina tradicional china 1. Acupuntura 2. Hierbas medicinales 3. Nutrición 4. Masajes 5. Aromaterapia 6. Asesoramiento respecto al estilo de vida	Corazón, bazo y riñones responsables del autismo. Elige las terapias individuales	Ninguna
O. Terapia magnética	Redirige el flujo de la energía	Ninguna
P. Melatonina	Mejora el sueño	Sí. Pansksepp 2004
Q. Medicación psicotrópica	Utilizada para mejorar síntomas conductuales	Muy pocos estudios relacionados a autismo

Terapias nutricionales

Quizás la clase de tratamientos alternativos más ampliamente utilizada en el TEA involucra terapias nutricionales. La suposición de muchos de quienes las consumen es que debido a que pueden comprar estos suplementos en la caja registradora, los hace inofensivos. Como Levy y Hyman (2002) han señalado, esto no es correcto y muchos de estos suplementos comúnmente utilizados pueden resultar en serios daños para el niño.

Las Vitaminas B-6 y Magnesio son quizás las más amplias estudiadas de este tipo de terapia. Smith (1996) revisó 15 estudios que reportaron que B-6 con magnesio puede producir algunos efectos beneficiosos para niños con TEA. Sin embargo, los reportes están mezclados con estudios que muestran ningún efecto con altas dosis o no encuentran diferencia cuando son comparados con grupos control placebo.

(Findling et al., 1997) todos los estudios que han reportado efectos positivos poseen serias fallas metodológicas tales como apoyarse solamente en reportes de padres o personal en lugar de evaluaciones de evaluadores independientes. Dado a que dosis grandes son recomendadas, han surgido preocupaciones de seguridad en cuanto al uso de estas sustancias. Por ejemplo, altas dosis de B-6 pueden causar daños de nervios y altas dosis de magnesio pueden causar tasas cardiacas reducidas y debilidad de reflejos. (Deutsch and Morrill, 1993)

Dimetilglicina (DMG) también es comercializada como tratamiento para el autismo. Algunos procesionales afirman que DMG incrementa el contacto ocular y el lenguaje, y reduce niveles de frustración en individuos con TEA. (Rimland, 1996) en respuesta a la gran cantidad de reportes anecdóticos de la efectividad del DMG, Kern et al (2001) llevo a cabo un estudio cruzado de doble ciego placebo (el estándar científico dorado para estudios de drogas) y no halló una diferencia significativa ente el DMG y el placebo. A pesar de la ausencia de evidencia científica que apoye las afirmaciones de efectividad, quienes las promueven continúan defendiendo el uso de B-6, magnesio y DMG.

El segundo tratamiento nutricional más comúnmente utilizado es el dietético. A pesar de la ausencia de evidencia científica, algunos dietistas y padres han creído por mucho tiempo que los síntomas del TEA pueden ser reducidos eliminando el gluten de los productos diarios. Este tratamiento se encuentra estrechamente vinculado a la observación de que niños con TEA tienen una alta frecuencia de síntomas gastrointestinales (GI) (ej., diarrea y selectividad por la comida incluyendo ingestiones excesivas de carbohidratos) y pueden poseer trastornos celiacos. Levy, Souders, Coplan, Wray and Mulberg (2001) reportaron resultados de un estudio para determinar la frecuencia de síntomas GI en un población bien definida de niños con TEA y su relación con la ingesta alimenticia. Mientras que los niños con TEA tenían una alta frecuencia de síntomas GI, particularmente flojedad intestinal, ninguno contaba con evidencia medica de trastornos celiacos. Los resultados preliminares sugieren que los síntomas estaban relacionados a la ingesta de carbohidratos y la selectividad de la comida en lugar de procesos de trastornos subyacentes.

Como resultado de los reportes de incrementos de síntomas GI, las intervenciones dietéticas se han vuelto comunes. La más frecuentemente propuesta es la dieta libre de gluten y caseína. El gluten es una mezcla de proteínas halladas en productos de granos tales como el pan de trigo. La caseína es una proteína hallada en la leche. Ha habido una cantidad creciente de reportes anecdóticos de que algunas personas con TEA manifiestan un aumento de conductas negativas contingente al consumo de leche, pan de trigo, o productos similares. Existe alguna evidencia de que la eliminación de estas proteínas de la dieta puede llevar a mejoras en la conducta. (Kvinsberg, Reichelt, Nodland and Hoien, 1996; and Whiteley, Rodgers, Savery and Shattock, 1999) sin embargo, debido a problemas metodológicos (reports anecdóticos y estudios de caso), no es posible eliminar explicaciones alternativas para las mejoras observadas seguidas de dietas libres de gluten y caseína. (Adams and Cowen,1997) Se precisa investigación mucho más rigurosa previa a la recomendación de esta dieta como parte de un programa de tratamiento global. Sin embargo, si un niño padece de problemas gastrointestinales el niño debería ser evaluado y tratado por un médico. Hay muy pocos, si es que hay algún estudio de las terapias nutricionales descriptas en la Tabla 1 en cuanto a su efectividad para el TEA. El apoyo se basa en reportes de caso anecdóticos. Claramente, mucha más investigación se necesita en cuanto al uso de todas las terapias nutricionales previo a que sean incorporadas como parte de un programa global para un niño con TEA.

Secretina

La secretina es una hormona que simula fluidos digestivos del páncreas, la producción de pepsina por el estómago, y bilis del hígado. El uso de secretina en el tratamiento del TEA ganó gran atención luego de un reporte de 1998 de un niño que pareció mostrar mejoras luego de una dosis. (Horvath, Stefanatos et al., 1998) Padres por miles comenzaron a demandar la droga. Sin embargo, la investigación no ha sido capaz de confirmar estos resultados.
Sandler, Sutton et al. (1999) en un estudio publicado en la Revista de Medicina de New England reportaron ningún efecto en la conducta de 56 niños autistas luego de una administración de una dosis de secretina. Otros estudios tampoco encontraron efecto. (*Dunn-Geier,* 2000; *Owley et al.*1999) Chez and Buchanan et al. (2000) en resumen de la evidencia científica en cuanto a la secretina concluyeron que «no se puede racionalizar el uso de secretina como una modalidad de tratamiento» (p. 85).

Más recientemente, una droga bien controlada de tercera fase financiada por Repligen (el productor de secretina) no halló diferencias entre los grupos placebo y secretina luego de múltiples inyecciones.

Esch y Carr (2004) revisaron 17 estudios comparando los efectos de las formas de secretina, los niveles de dosaje e intervalos de dosaje en medidas de resultados con aproximadamente 600 niños con TEA. Doce de 13 estudios de control-placebo fallaron en demostrar la eficacia diferencia y de secretina. Kern, Miller, Evans Trivedi (2002) reportaron algunas mejoras en niños con diarrea crónica. Sin embargo, el estudio es difícil de interpretar debido a sus muchas fallas metodológicas.

Lightdale et al. (2001) observó que el interés en secretina debería disminuir dado que los estudios científicos continúan demostrando su falta de eficacia. A pesar del hecho de que Esch y Carr (2004) concluyeron que sus hallazgos son concluyentes, algunos defensores continúan recomendando el uso de secretina y aun continúan alentando a los padres a buscar médicos que administren esta droga a su niño (ARI, 2004).

MCA BIÓLOGOS ADICIONALES

La lógica del uso del Tratamiento de Oxigeno Hiperbárico (TOHB). Para trastornos del desarrollo, incluyendo el TEA, se relaciona con teorías autoinmunes y virales del trastorno. El oxigeno Hiperbárico ha sido estudiado para trastornos autoinmunes. En este tratamiento, el oxigeno es suministrado en una cámara presurizada. Teóricamente, esto incrementa la absorción de oxigeno del cuerpo. La Encefalitis, o inflamación del cerebro, se hipotetiza que juega un rol en la etiología del autismo.

La encefalitis puede ser iniciada por una infección viral, la exposición a vacunas, y/o por otros procedimientos autoinmunes. Mientras que la Terapia de Oxigeno Hiperbárico ha sido utilizada para tratar cierta cantidad de condiciones médicas (ej., Wallace, Silverman, et al.), no ha habido un solo estudio examinando su efecto en el TEA. Sin embargo, la terapia continúa contando con sus promotores. Liptak (2005) en una revisión sistemática concluye que el TOHB es un tratamiento no probado para el TEA. Además, señala que el equipamiento puede ser un riesgo de incendio y puede tener efectos dañinos en oídos, y aumentar la presión sanguínea.
Variaciones de esta terapia incluyen la terapia de ozono, aroma-terapia y terapias de vapor/sauna. Mientras que la terapia de ozono ha sido recomendada como tratamiento para una variedad de diferentes condiciones medicas, la efectividad y seguridad no han sido demostradas científicamente (InteliHealth, 2007).

El Factor de Crecimiento de Fibroblastos 2. Ha sido reportado tanto como una mejora de la conducta al igual que una causa de regresión de los niños y se tornen más hiperactivos. Principalmente es utilizada en niños con autismo con convulsiones. Quienes lo proponen creen que las convulsiones en niños con TEA son causadas por una acumulación de péptidos y el desbalance químico causado por las proteínas parcialmente digeridas, gluten, lácteos, y otros alimentos, que supuestamente este tratamiento elimina. Como tantos de los otros tratamientos descriptos, no hay estudios controlados que apoyen su uso (McKinnon, 2004).

Terapia con Células Vivas y Células Madre fue desarrollada en Suiza y tiene el propósito de mantener los órganos del cuerpo sanos. Hasta ahora, este tratamiento no ha sido estudiado sistemáticamente en TEA (Johns Hopkins, 1997).

Tratamiento antihongos creció a partir de un estudio de los problemas intestinales frecuentemente exhibidos en niños con TEA. Esta teoría hipotetiza que la ecología intestinal pobre promueve el crecimiento de hongos y otros microbios. Se propone que estos microbios están involucrados en la etiología del TEA al ser hallados algunas veces en la orina de niños autistas. Rimland (1988) reporto que muchos niños puntúan alto para levadura y bacterias anaeróbicas, y recomiendan tratamiento con antimicóticos.

Un tipo de hongo unicelular es Candida-Albicans, que pertenece a la familia de la levadura. Es tratada con nistatina, una medicación utilizada para tratar infecciones de levadura en las mujeres. De interés particular ha sido la observación de algunos clínicos que los síntomas autistas empeoran con el crecimiento de Candida. El crecimiento excesivo es posible por sistema inmune disfuncional. La teoría del «agujerado de la tripa» del autismo implica que la corrección de alergias y el tratamiento del crecimiento excesivo de levadura debería ayudar a retornar a niveles normales y así mejorar los síntomas autistas. También ha sido reportado que niños con TEA pueden contar con infecciones de oído frecuentes de jóvenes y pueden ingerir una gran cantidad de antibióticos. Se piensa que estos exageran el problema de levadura. Esta teoría ha resultado en el tratamiento de autismo con potentes agentes antimicóticos tales como Difulcan, Nizoral o Nistatina. La suposición es que luego de uno o dos meses de tratamiento la levadura cederá y los sintomass del TEA mejoraran. A pesar de la falta de evidencia científica que apoye la teoría o tratamientos, estas medicaciones son aun prescriptas y pueden causar daño al hígado.

Estudios anecdóticos han reportado que la frecuencia de ruidos inapropiados, rechinamiento de dientes, morder, pegar, hiperactividad y conductas agresivas decrecerán. Rimland (1988) hipotetizo que cinco del diez por ciento de los niños con TEA mostraron mejoras con el tratamiento de infecciones por Candida. Además, quienes lo proponen a menudo recomiendan que la Nistatina sea brindada a los niños cuyas madres padecieron Candidiasis durante el embarazo, aunque el niño haya manifestado o no signos de infección. Esto es a pesar del hecho de que no hay evidencia que las madres de niños con TEA tengan un alto nivel de candidiasis que las madres de la población general. La investigación hasta la fecha esta basada en estudios de caso y reportes anecdóticos. Sin evidencia confiable y valida, al contrario los reportes de caso no pueden descartar una serie de confusión de variables incluyendo la remisión natural, cambios en los síntomas debido a la maduración o el mero paso del tiempo. Además, no hay ninguna evidencia de que incluso candidiasis severa en humanos pueda producir daños cerebrales que lleven a los déficit exhibidos en niños autistas (Herbert and Sharp, 2001).

En contradicción directa a la teoría de Candida-albicans y autismo se encuentra el tratamiento con antibióticos. Este tratamiento supuestamente atiende la posibilidad de que patógenos bacterianos que causan el autismo se encuentran en las vísceras y corriente sanguínea. Hay sólo uno o dos reportes anecdóticos del uso de antibióticos en autismo. Como fue señalado arriba, el uso crónico de antibióticos puede causar infecciones de levadura (Bolte, 2000).

Naltrexona es una medicación que bloquea la acción de opiaseos endógenos. Una teoría afirma que los individuos con TEA poseen demasiadas beta endorfinas en su sistema nervioso central. Esta teoría esta basada en la investigación que demuestra que los antagonistas de opioides (ej., Naltrexona y naloxona) incrementan conductas pro-sociales en monos (Panksepp, 1979). La teoría continua postulando que algunas de las mejoras atribuidas a individuos autistas que han ingerido Naltrexona incluyen: incremento de socialización, contacto ocular, y felicidad general; dolor sensitivo normal, y reducción en conductas estereotípicas (auto-estimulatorias) y auto-lesivas.

No hay efectos secundarios conocidos de la Naltrexona, aunque los efectos a largo plazo son difíciles de evaluar debido al relativamente poco tiempo que ha transcurrido desde que la Naltrexone ha sido utilizado para individuos autistas. Sin embargo, hay reporte de que cierta perdida de visión puede ocurrir cuando la Naltrexona es dada con Haldol (Caccullo, Musetti et al., 1999; Panksepp, Lensing et al., 1991). Schreibman (2005) concluye que estudios recientes bien controlados no han reportado el uso de naltrexona y la teoría de opioides del autismo continúa siendo especulativa.

Terapia de Inmunoglobina Intravenosa (IVIG) esta basada en la teoría que el autismo es un trastorno autoinmune que puede ser disparado por un virus o bacteria. El tratamiento involucra la administración de IVIG para corregir las anormalidades inmunes. Singh (1997) reportó mejoras en las conductas de algunos niños autistas luego de la administración de IVIG. Sin embargo, se precisa de mucha más investigación para identificar cuando y para qué niños este puede ser un tratamiento útil.

Biofeedback EEG: El EEG es una medida del nivel de activación del sistema nervioso central. El propósito de este tratamiento es ayudar al cerebro a permanecer en un estado de activación dado. Se piensa que el autismo representa una sobre-activación del cerebro. Quienes lo proponen afirman la habilidad para «llevar a los niños autistas al punto en que se despojan de su diagnostico de autismo» (othmer, 2004). Increíblemente, estas afirmaciones son hechas en ausencia de datos científicos.

Una variación de esta terapia es el uso de exploración SPECT (Tomografía por emisión de fotones), el cual mide el flujo de sangre cerebral. Estos escaneos son utilizados en un intento de identificar partes del cerebro que no están funcionando adecuadamente, y para usar esta información como parte de una evaluación para prescribir tratamiento. (Amen and Carmichael, 1997) más adelante afirman que a la fecha no comprendemos totalmente como el cerebro de los niños con TEA funciona diferentemente de aquellos niños típicos. Así, la utilización de esta técnica para ayudar directamente al tratamiento es prematuro (Flaherty, 2005). El Consejo de Niños, Adolescentes y sus Familias de la Asociación Psiquiátrica Americana (APA) ha traído serios debates sobre tanto la utilidad como la seguridad de las exploraciones SPECT.

Desintoxicación de Metales Pesados: Recientemente han habido preocupaciones sobre el uso de vacunas que juegan un rol importante en el incremento de prevalencia del TEA. Rimland (2000) lo describió como un «exceso de euforia médica» que produce compensaciones en cuanto a que las vacunas protegen a los niños contra trastornos agudos, mientras que simultáneamente incrementan su susceptibilidad para muchos trastornos crónicos incluyendo el TEA. Más recientemente, una cantidad de estudios científicos han revisado la prevalencia de autismo y la relación con el incremento en la cantidad de vacunas que reciben. Ninguna relación causal entre las vacunas y el TEA ha sido encontrada jamás.

La Asociación Medica Americana, Instituto de Medicina (USA), Organización Mundial de la

Salud, Academia Americana de Pediatría, Rama de Salud Publica Canadá, Departamento de Salud y Niños de Irlanda, y Centros para el Control de Trastornos, todos han salido a apoyar el uso de estas vacunas.

A pesar de estos hallazgos, persisten preguntas y muchos niños continúan sometiéndose a la terapia de desintoxicación.

El concepto detrás de la desintoxicación (terapia de quelación) es que los metales pesados se han acumulado en el niño y que la eliminación de estos metales pesados (y otras toxinas) mejorará los síntomas. (Barrett, 2004).

Una fuente de metales pesados se debe a timerosal (mercurio) en las vacunas. A menudo el primer paso es evaluar por metales pesados en la orina o el cabello (ver discusión anterior). Tratamientos típicos incluyen administración de DMSA (ácido dimercaptosuccínico) al igual que agregar otras medicaciones (ej., se piensa que agregar acido lipóico ayuda a remover el mercurio del sistema nervioso central). Estas drogas no están aprobadas para este propósito como tampoco para el uso en niños. (Ricks, 2007).

La desintoxicación es un proceso largo que puede tomar meses. A pesar del hecho de que se puede desarrollar toxicidad del hígado por el DMSA y la ausencia de datos científicos, muchos niños continúan sometiéndose a este procedimiento. (Nelson & Bauman, 2003) La Asociación para la Ciencia en el Tratamiento del Autismo (www.asatonline.org/resources/treatments/chelation.htm) resumió los asuntos médicos asociados con la terapia de quelación. Ellos señalan que no solamente está basado en una teoría no plausible, es inaceptablemente riesgosa. Además, ha habido reportes de muertes involucradas con algunas formas de la terapia de quelación. (Kane, 2006).

El rol de SPR (Sarampión, Paperas y Rubeola) y otras vacunas y desintoxicación de metales pesados en el tratamiento de autismo tienen varias lecciones importantes para el estudiante con TEA. Primero, similarmente padres y profesionales pueden fácilmente mal interpretar eventos que podrían ocurrir temporalmente como si estuvieran relacionados causalmente. Segundo, la relación de SPR-autismo revela la naturaleza auto-correctiva de la ciencia. Como muchas otras hipótesis en ciencia, la hipótesis SPR-autismo, aunque razonable cuando se propuso inicialmente, resultó ser incorrecta o en el mejor de los casos incompleta. Tercero, el asunto ilustra la persistencia de ideas incorrectas en cuanto a la etiología y tratamiento del autismo, inclusive ante evidencia convincente de lo contrario. Investigación reciente indica que las SPR, al igual que otras vacunas no pueden ser responsables para los incrementos agudos en casos diagnosticados con TEA.

El daño real es la preocupación de salud publica surgida por el aliento de padres a evitar vacunar a sus niños contra enfermedades serias que fácilmente pueden causar problemas perdurables y físicos, al igual que asuntos emocionales. Ha sido reportado que la vacunación SPR cayó de un 92% a un 80% cuando el estudio inicial de Wakefield fue publicado. (Katelaris, 2007). Se precisa más investigación para determinar si la vacunación a una cierta edad puede resultar en efectos adversos en algunos niños. (Simpson, 2005).

Las terapias somáticas incluyen procedimientos como terapia cráneo-sacral o algunas formas de medicina China. <u>La Terapia Cráneo-Sacral</u> se ha vuelto una alternativa popular de tratamiento para el TEA. Es uno de muchos términos utilizados para describir varios métodos que se dice alteran la patología del sistema nervioso central asociado con el TEA. La terapia Cráneo-sacral involucra técnicas de manipulación suave no invasiva que supuestamente mejora el funcionamiento del sistema nervioso y puede también ser usado para impulsar el sistema inmune. Esta ha sido utilizada para múltiples trastornos infantiles incluyendo al TEA. Barrett (2004) revisó varias terapias cráneo-sacrales y concluyó no solo que sus efectos no fueron probados, sino que la terapia está basada en una teoría insostenible.

Medicina Tradicional China primero comenzó a ser utilizada como tratamiento para el autismo alrededor de 1993. La Medicina China (MC) es un sistema global de atención de salud con su propio sistema de diagnostico. Incluye no solo acupuntura sino también medicina herbaria, terapias nutricionales, técnicas de masaje, aromaterapia, manipulación espinal y consejos del estilo de vida. Quienes lo ejercen utilizan distintas combinaciones de técnicas basadas en la constitución y necesidades especiales del niño individual.
Se reconoce a la MC como tratamiento para muchos trastornos y su efectividad reportada en el tratamiento de trastornos fisiológicos y neurológicos sirve como la base para su tratamiento de autismo. (Majebe, 2002) no hay evidencia científica que apoye esta teoría o tratamiento. Sin embargo, es importante destacar que los defensores de la medicina China también señalan la importancia de terapias educativas en el tratamiento general.

La Magnetoterapia toma diversas formas (ej., colocar magnetos en el cuerpo, dormir bajo una frazada con magnetos, y dormir en una cama de magnetos) y se propone redireccionar el flujo de energía en el cuerpo. De acuerdo a ASAT (www.asatonline.org/resources/treatments/magnets.htm), ningún estudio científico de esta terapia ha sido llevado a cabo en niños con TEA, y así debería ser presentado a los padres, como un tratamiento no probado.

Uno de los síntomas más preocupantes para padres es la dificultad de su niño autista de dormir a lo largo de la noche. Esto ha llevado al amplio uso de Melatonina una ayuda natural para dormir. Desafortunadamente, al presente no hay suficientes datos para determinar si es realmente efectivo. Sin embargo, parece ser seguro y ayuda a algunos niños autistas a conciliar el sueño. (Giannotti et al., 2006).

Psicofarmacología: Existen varias revisiones excelentes de los efectos de la medicación en TEA. (AACAP, 1999; Aman y Langworthy, 2000; King, 2000) Como con otros tratamientos alternativos, con controles placebo, estudios de doble ciego (el estándar dorado para la evaluación de medicaciones) son pocos. El estudio mas reciente por McDougle, Holmes et al. (2004) utilizando este diseño mostró mejoras en algunos síntomas con risperidona, el cual fue recientemente aprobado para el uso del TEA por la Administración de Drogas y Comida para tratar irritabilidad en TEA.

Toda la medicación debería ser utilizada con precaución. Es importante recordar que la medicación psicotrópica puede ser utilizada para aminorar síntomas específicos, los cuales luego pueden permitir al niño beneficiarse de programas con conductuales y educativos. Sin embargo, todas las medicaciones poseen efectos secundarios y deberían ser monitoreados de cerca. Dado que las personas con TEA a menudo manifiestan respuestas idiosincrásicas a la medicación, es importante que el médico monitoree el tratamiento con el conocimiento de tanto el TEA y la medicación.

Tratamientos MCA no-biológicos

Tal como los tratamientos MCA biológicos, las terapias no-biológicas también se han hecho de uso común. Muchas de estas terapias ahora son aceptadas como tratamientos estándar para TEA a pesar del hecho de que el soporte científico es como mucho mínimo. La tabla 2 enlista algunas de las intervenciones no-biológicas frecuentemente propuestas para tratar TEA. Algunas veces, hay una superposición con tratamientos biológicos. Adicionalmente, alguna información podría solo ser encontrada en sitios web y no en revistas científicas.

Tratamiento	Qué se supone que hace	Investigación/ datos que lo apoyan
A. Tratamientos Sensoriales		
1. Terapia de Integración Sensorial	Mejora la habilidad para procesar la información sensorial	Un estudio control halló poco apoyo; otro estudio no contaba con grupo de comparación; Se precisa mayor investigación
2. Musicoterapia	No requiere interacción verbal; Se propone alcanzar cambios en habilidades físicas, cognitivas, sociales y emocionales	Hasta el momento los estudios involucran pequeñas muestras y datos anecdóticos
3. Entrenamiento en integración auditiva		Ningún estudio controlado halló efectos
A. Método Berard	Normaliza la escucha para permitir	Positivos; 23 estudios que reportan resultados
B. Método Tomatis	Procesar la información auditiva	Positivos se apoyan en reportes parentales;
C. Método Samonas	De manera más eficiente	3 estudios no reportan efectos; 2 estudios obtuvieron resultados encontrados
D. Consonancia rítmica		La Academia Americana de Pediatría y Audiología advierte de la falta de estudios bien controlados.

4. LENTES DE IRLEN/ MÉTODO DE IRLEN	Mejora las habilidades de lectura y percepción de profundidad para mejorar habilidades de aprendizaje	Testimonial/ Poca evidencia científica que la apoye
5. LENTES AMBIENTALES	Mejora la conciencia del cuerpo en el espacio	Ningún estudio controlado
6. TERAPIA VISUAL	Correcta coordinación, percepción y procesamiento ocular, enfoque, seguimiento y otras dificultades visuales	Ninguna
7. AROMATERAPIA	Mejora la relajación	Ninguna
8. MÁQUINA DE PRESIÓN	Implica estimulación de presión profunda, reduce defensividad tactil	Ninguna
9. MASOTERAPIA	Reduce ansiedad	Ningún estudio controlado

B. TERAPIAS RELACIONALES		
1. Psicoanálisis	Se enfoca en el rechazo materno, como causa del autismo	Ninguna. Considerada nociva
2. MÉTODO SON RISE	Cura el autismo; Basado en la aceptación y amor incondicional	Ninguna. Testimonios anecdóticos
3. FLOOR TIME; TERAPIA DE JUEGO CENTRADA EN EL NIÑO	Enfatiza la relación y compromiso; Desarrollo del sentido del YO del niño	Ningún estudio controlado
4. INTERVENCIÓN PARA EL DESARROLLO DE RELACIONES (RDI)	Mejora habilidades de sociales y de comunicación	Un estudio muestra mejoras; Ningún grupo control

5. Terapia de contención	Mejora el lazo padre-hijo	Ninguna
6. Enseñanza suave	Disminuye conductas inapropiadas y enseña nuevas habilidades	Ninguna

C. Terapias Motoras		
1. Método de patrones Doman/Delacato	Ejercicios sensoriales y motores de alto nivel permiten entrenar al sistema nervioso y superar la discapacidad	La investigación muestra que podría ser nociva para las familias
2. Comunicación facilitada	(Las personas con autismo sufren de apraxia motora)	Sí. se ha demostrado que es inefectiva
3. Instigación rápida	Incrementa la atención y disminuye conductas auto-estimulatorias	Ninguna
4. Ejercicio físico y danzaterapia	Reduce el estrés y conductas auto-estimulatorias/ reduce ansiedad	Ninguna

D. Terapias Asistidas por Animales		
1. Visitas de mascotas	Fomenta las relaciones/ mejora la comunicación	Ninguna
2. Terapia asistida por animales	Mejora la interacción social	Ninguna
3. Equinoterapia	Efecto calmante y mejora el equilibrio, postura, y movilidad	Ninguna
4. Terapia asistida por delfines	Mejora habilidades motoras y de lenguaje	Ninguna

E. Terapias con Uso de Ordenador		
1. Entrenador en Ensayo Discreto	Basado en los principios de ABA; Presentación repetitiva de material	Precisa de mayor investigación en cuanto a su efectividad
2. Fast ForWord	Mejora el procesamiento auditivo enlenteciendo los sonidos	Solo cuenta con investigación por parte del fabricante
3. Earobics	Enseña habilidades fonológicas y auditivas	Ninguna
4. Train Time	Desarrollado por fonoaudiólogos para mejorar la atención	Ninguna
5. Metrónomo Interactivo	Fortalece la planificación motora, secuencias y sincronización	Ninguna
6. Ambientes Virtuales	Aumenta el reconocimiento emocional	Un estudio exploratorio
7. ADAM Interface de internet para autistas	La meta es recuperar a las personas etiquetadas como autistas; Un programa educacional para la comunicación telepática	Ninguna

F. Varias		
1. Método Miller	Utiliza tablas elevadas por encima del suelo/ Le enseña al niño a seguir instrucciones	Ninguna

2. Procesos de aprendizaje de Lindamood-Bell	Abordaje multi-sensorial para mejorar el funcionamiento cognitivo	Solo cuenta con investigación por parte del fabricante
3. MODELAJE MEDIANTE VIDEOS	Utiliza videos para motivar a niños del TEA	Precisa de mayor investigación
4. INSTITUTO HANDLE	Abordaje holístico para el neurodesarrollo y eficiencia del aprendizaje	Ninguna
5. BAÑOS DE SAL EPSOM	Mejora el sueño, disminuye irritabilidad, aumenta el lenguaje	Anecdótica
6. ARTE TERAPIA	Incremente la creatividad	Estudios de caso

Tratamientos sensoriales

Los tratamientos no-biológicos más comúnmente utilizados se enfocan en el hecho de que niños con TEA demuestran respuestas sensoriales inusuales y pueden tener dificultades en modular la percepción sensorial. Ayres (1979) desarrollo la terapia de **Integración Sensorial (IS)**. Hipotetizo que los niños autistas poseen déficit en el registro y modulación de información sensorial y un déficit en el cerebro que inicia la conducta intencionada.

El tratamiento intenta facilitar la re-integración, comprometen al niño en movimientos de cuerpo entero diseñados para proveer estimulación vestibular, propioceptiva y táctil. Estas actividades están diseñadas para corregir los desbalances neurológicos subyacentes (Hoehn and Baumeister, 1994).

Estudios controlado han hallado poco soporte para la eficacia de la IS para el tratamiento de niños con varias discapacidades (ej., Mason and Iwata, 1990; Iwasaki and Holm, 1989). Dawson and Watling (2000) revisaron estudios que utilizaron medidas conductuales objetivas investigando la eficacia de integración sensorial en TEA. Solo uno de cuatro estudios tuvo más de 5 participantes y ningún estudio cotó con un grupo de comparación. En el estudio con la muestra más grande (Reilly, Nelson, and Bundy, 1984), un diseño aleatorizado y contra-balanceado ABAB fue usado para comparar IS y actividades de mesa. Reportaron que la enseñanza estructurada resulto en un gran incremento de conducta verbal en conducta verbal que en actividades de IS.

Ha habido estudios de casos únicos reportando efectos beneficiosos cuando la IS es comparada sin tratamiento de línea de base en TEA (Case-Smith and Bryan, 1999; Linderman and Stewart,1999). Estos diseños no pueden demostrar que los beneficios son atribuibles a la IS solamente. Como Green (1996) señaló, mientras que los niños pueden hallar las actividades de IS divertidas, esto no provee evidencia de ningún beneficio significativo a perdurable en la conducta del niño o sus déficit neurológicos, los cuales no pueden ser medidos. Mientras la IS se ha vuelto una parte integral de muchos tratamientos de niños, mucha mas investigación se necesita para establezes a la IS como un tratamiento efectivo.

Simpson (2005) luego de una revisión exhaustiva en terapia de integración sensorial, siguiere que la teoría es atractiva porque explica algunas de las conductas inusuales del TEA. El continua concluyendo que se precisa mucha más investigación para demostrar un efecto positivo.

Musicoterapia Ha sido organizada como una profesión científica solo en el ultimo siglo. La musicoterapia, la cual no requiere interacción verbal, es utilizada en el TEA para mejorar habilidades cognitivas, físicas, sociales y emocionales. Brownell (2002) comparó intervención con y sin música y hallo que la última intervención fue más efectiva. Mientras muchos niños con TEA tienen talento para la música y disfrutan de ella, se necesita mucha mas investigación para establecer esta como una técnica de intervención probada.

Entrenamiento en Integración Auditiva (EIA) fue desarrollada por Berard en los 60's en Francia. La teoría es que los niños autistas a menudo cuentan con una audición desorganizada, hipersensible, diferente entre ambos oídos a lo normal. El propósito de EIA es reducir la sensibilidad al sonido y mejorar el procesamiento auditivo. Existen cuatro tipos de terapias EIA: Berard, Tomatis, Sammos y Intervención Rítmica de Arrastre.

Edelson y Rimland (2004) revisaron 28 estudios de EIA. Concluyeron que 23 estudios mostraron algún beneficio, tres mostraron ningún beneficio y dos produjeron resultados contradictorios. Sin embargo, los 23 estudios que mostraron beneficios positivos estaban cargados de fallas metodológicas (ej., ningún grupo control, diseño de caso único, reportes anecdóticos, etc.).

Los tres estudios que no mostraron beneficios todos tenían grupos control. Como incluso Edelson y Rimland (2004) señalan, todos los estudios contaban con serios problemas metodológicos. Mudford, Cullen et al. (2000) revisaron estudios de EIA desde un punto de vista metodológico y no hallaron soporte para su uso en TEA u otras discapacidades del desarrollo.

La Academia Americana de Pediatría y la Academia Americana de Audiología han advertido que ningún estudio científico bien diseñado ha demostrado que el EIA es útil (Barrett, 2004). Además, los dispositivos EIA no cuentan con la aprobación de FDA para tratar TEA o cualquier otra condición médica. La Asociación Americana de Lenguaje y Oído recientemente emitió una declaración en cuenta a la inefectividad del EIA.

En el **Método Irlen** (Irlen, 1983) el participante recibe una evaluación individual para determinar si tiene dificultades con ciertas frecuencias de luz.
Al participante se le brindan superposiciones de color o anteojos de sol con lentes diseñados para filtrar esas frecuencias de luz, las cuales según se informa mejora la habilidad del cerebro para procesar información visual. Simpson (2005) en una revisión de la literatura científica concluyó que hay poca evidencia para apoyar este método.

Solo existen reportes anecdóticos para apoyar otros tratamientos sensoriales basados en la visión (lentes ambientales, terapia de visión), olor (aroma terapia), y táctiles (Maquina de presión, masoterapia).

Terapias relacionales

Todas estas terapias hipotetizan el déficit principalmente social del TEA surge de una relación perturbada entre el niño y su cuidador

El **Psicoanálisis** en tratamientos con TEA surgió de la suposición original de Kanner (1943) de que la etiología del autismo se centraba en relaciones madre-hijo perturbadas. A pesar de la evidencia abrumadora de que estas teorías son inexactas, el tratamiento psicoanalista del TEA continúa. (Beratis, 1994; Bromfield, 2000) Estos tratamientos pueden ser nocivos.

El interés en el rechazo parental, particularmente materno, puede llevar a una culpa innecesaria. Además, la naturaleza desestructurada de los tratamientos psicoanalíticos incluyendo permitir a individuos autistas amplia libertad de realizar actividades preferidas en tratamiento, y falta de foco en las contingencias entre la conducta y sus consecuencias, puede llevar a empeorar los síntomas autistas (Smith, 1996).

La **Terapia de Opciones** creció a partir del libro «Crianza del hijo» (Kaufman, 1976). El libro estaba escrito por padres que reportaron que dedicaron muchas horas todos los días mirando las acciones de su niño autista sin realizarle demandas. Ellos teorizaron que entraron al mundo de su hijo y lo sacaron de manera que no era más autista. A la fecha, mientras el Instituto de Opciones continúa defendiendo su uso, no hay estudios científicos de efectividad.

Floor Time es una forma de terapia de juego centrada en el niño desarrollada por Greenspan (1992). Enfatiza la interacción y compromiso mientras se sigue al niño. La meta de la terapia es motivar al niño a comunicarse ayudándolo a desarrollar el sentido del Yo y un sentido de que la comunicación con otros es placentera.

Mientras Greenspan ha publicado varios libros y artículos en cuanto a esta teoría de autismo (la cual el llama trastorno de desarrollo multi-sistemático), no existe ningún estudio controlado que demuestre la efectividad de la terapia/teoría. (Greenspan, 1992; Greenspan & Weider, 1998)

Intervención de Desarrollo de Relaciones (IDR) es un tratamiento clínico centrado en los padres, donde estos enseñan a sus niños autistas motivación e inteligencia dinámica. La inteligencia dinámica esta compuesta de referencias emocionales, coordinación social, lenguaje declarativo, pensamiento flexible, procesamiento de información relacional, previsión y retrospección.

Déficits en estas áreas caracterizan a niños con TEA. Guttstein (2004) comparó un grupo de 17 niños autistas recibiendo IDR y 14 niños recibiendo otras intervenciones. Los resultados indicaron que el 70 por ciento de los niños en el grupo IDR mejoraron con el tiempo. Sin embargo, asuntos metodológicos en cuanto a los efectos de la trayectoria del desarrollo y específicamente que otros tipos de tratamiento los niños recibían hicieron difícil interpretar este estudio. A pesar del hecho de que la IDR atiende quizás el mayor déficit en TEA, como Simpson (2005) señala, se necesita mucha mas información para establecer su superioridad a otras intervenciones sociales.

Holding therapy fue primeramente desarrollada en los 70`s (Welch, 1988). Involucra hacer sentar o recostar al niño cara a cara con el padre. El padre intenta de establecer contacto ocular y compartir sentimientos verbalmente para aumentar el lazo. Con los años se han desarrollado algunas variaciones incluyendo utilizar el abrazo como un reforzador negativo. Esta terapia no cuenta con soporte en la literatura científica y es particularmente contra indicada como tratamiento para el TEA debido a su énfasis en una relación padre-hijo perturbada.

Gentle teaching fue originalmente utilizada como un abordaje no aversivo para la enseñanza a niños con TEA. Es una filosofía de manejo conductual y se centra en la relación entre el terapeuta/maestro y el niño. La técnica también ha sido usada para reducir conductas inapropiadas y enseñar nuevas habilidades (McGee, 1990). Como Simpson (2005) señala, las necesidades individuales del niño deberían dictar el método utilizado y todos los métodos deberían contar con un sistema de monitoreo objetivo incorporado.

Gentle Teaching no realiza ninguna de ellas. No sólo no se han realizado estudios científicos, sino que permiten a los niños ejecutar conductas serias (ej., agresión y auto-lesiones) cuando otras metodologías pueden reducir la frecuencia de las conductas mas rápidamente, no es apropiado.

Terapias motoras

Las terapias motoras se centran en mejorar síntomas del TEA enfatizando el movimiento y la rehabilitación de déficits motores.

Método Doman-Delacato, también llamado patrón, fue desarrollado durante la mitad de los 50's y es ofrecida por el Instituto de Potencial Humano en Filadelfia, Pennsylvania. Quienes la proponen aclaman que la gran mayoría de los casos de retraso mental, problemas de aprendizaje, trastornos de conducta y autismo están causados por daños cerebrales o una organización neuronal pobre. El tratamiento esta basado en la idea de que altos niveles de estimulación motora y sensorial puede entrenar al sistema nervioso y reducir o superar discapacidades causadas por daño cerebral.

Los padres luego del programa pueden ser aconsejados de ejercitar las extremidades del niño repetidamente y utilizar otras medidas que se dice incrementan la circulación sanguínea al cerebro y reducen la irritabilidad del cerebro (Doman y Doman, 1974). En 1999, la Academia Americana de Pediatría emitió afirmaciones de posición concluyendo que «patterning» no contaba con ningún merito especial, las afirmaciones de quienes la proponen no están probadas, y que las demandas a las familias eran tan grandes que realmente su uso podría resultar nocivo (AAP, 1999). Novella (2001) revisó la literatura científica y concluyó que patterning era una seudo-ciencia y sin utilidad para el tratamiento de niños con discapacidades.

La teoría detrás de **Comunicación Facilitada** sostiene que el mayor problema en el autismo es la iniciación de movimientos motores. Así, un «facilitador» apoya la mano o brazo de la persona con TEA quien dicta un mensaje utilizando una máquina de escribir, teclado u otro dispositivo que contenga una lista de letras, números o palabras. Se alega que ayuda a los individuos a presionar las teclas que ellos desean sin influenciar la elección de las mismas. Quienes lo proponen afirman que ayuda a tales individuos a comunicarse. Sin embargo, muchos estudios científicos han demostrado que el procedimiento no es valido, debido a que el resultado esta realmente determinado por el facilitador (Jacobson, Mulick & Schwartz, 1993; Wheeler et al.,1993).

En un estudio, por ejemplo, a personas autistas y facilitadores se le mostraron imágenes de objetos familiares y se les pedía identificarlas bajo tres condiciones: a) tipeo asistido con un facilitador que desconoce el contenido del estimulo de la imagen; b) tipeo no-asistido; y c) una condición en la cual a los participantes y los facilitadores se les mostraron imágenes al mismo tiempo. En esta última condición, las imágenes apareadas eran iguales o diferentes, y el tipeo del participante era facilitado para etiquetar o describir la imagen. Ninguna persona autista brindó una respuesta correcta cuando al facilitador no se le mostró la imagen. Los investigadores concluyeron que los facilitadores no estaban al tanto de que estaban influenciando la elección de la persona autista (Jacobson, Mulick and Schwartz, 1994).

La Asociación de Psicología Americana ha denunciado la comunicación facilitada y ha advertido que su uso para generar acusaciones de abuso por parte de miembros de la familia y otros cuidadores amenaza los derechos civiles tanto del individuo en cuestión como de aquellos acusados (APA, 1994).

Método de Instigación Rápida (soma, 2004) es un método de enseñanza eliminando respuestas por medio de instigaciones intensivas verbales, auditivas, visuales o táctiles. El MIR fue desarrollado por una madre, Soma Mukhopadhyay, para ayudar a su hijo, Tito, a comunicarse. El maestro coincide con la velocidad de conducta auto-estimulatoria mientras que se le habla continuamente y se demandan respuestas al estudiante de manera que se lo mantenga enfocado en la tarea. Soma ha registrado el método por medio de una organización sin fines de lucro HALO, y ella enseña mayormente a niños autistas no-verbales. Hasta ahora no hay investigación disponible en cuanto a la efectividad de MIR.

Ejercicio físico y **danza terapia** también han sido propuestos como tratamientos para el TEA. Mientras nadie niega los beneficios del ejercicio físico en general, si es o no una intervención terapéutica dependerá en cómo sea utilizada. Se ha reportado que reduce el estrés al igual que conductas auto-estimulatorias en el TEA. Sin embargo, su uso aun no ha sido estudiado sistemática o científicamente.

Terapias asistidas por animales

Como la intervención, las terapias asistidas por animales han sido utilizadas en varios niveles y en varios ámbitos desde pediatría a geriatría (Levinson, 1969). Estas intervenciones están basadas en la idea de que el lazo animal-humano, especialmente con caballos, delfines y perros, puede ser utilizado como un abordaje para ayudar en la recuperación de enfermedades. Respecto al TEA, se asume que los animales prevén una aceptación incondicional del individuo y así facilita la interacción y comunicación social.

La forma mas simple de terapia se denomina visitas de mascotas, la cual involucra traer masotas dentro del ambiente terapéutico. Y se dice que mejora el entendimiento entre el niño y el terapeuta y que mejora la comunicación. La visita de mascotas llevo a que en la «Terapia asistida por animales» un animal, usualmente un perro, es una parte integral del equipo terapéutico. Una forma popular de este tratamiento para TEA es el **Perro Social**. La persona con TEA siempre tiene el perro con el. Se dice que facilita la interacción social y mejora la comunicación. No hay datos que apoyen esta posición. Además, dado que la mayoría de los niños no llevan a su perro a la escuela, esto haría que el niño con TEA quede todavía mas afuera.

Hipoterapia y **equitación terapéutica** también han sido propuestas como tratamientos para el

TEA. Según se informa, estas terapias tienen beneficios físicos, psicológicos y sociales. El fundamento para utilizar equitación como un a intervención terapéutica se ha centrado en el concepto de que provee a las persona con discapacidades de una experiencia sensomotora normal.

Esta experiencia involucra información vestibular y estimula el mecanismo de balance del sujeto (Mackinnon, Noh, LaliBerte, Lariviere and Allen, 1995). Además, relacionarse y maniobrar exitosamente a una animal grande, tal como lo es el caballo, resulta en un sentido de logro individual. De nuevo, no hay datos que apoyen esto.

Terapia asistida por Delfines es un abordaje terapéutico utilizado para incrementar las habilidades de motoras y de habla en niños y adultos con varios diagnósticos, incluyendo TEA. La teoría detrás este abordaje terapéutico controversial es que cuando el niño con necesidades especiales interactúa con un delfín, mejora su atención, la cual resulta en una mejora en conducta y comunicación (Nathanson and deFaria, 1993). Mientras que nadie puede negar los beneficios de ser dueño de una mascota, no hay evidencia científica que apoye el uso de mascotas como un a intervención terapéutica significativa, racional para el TEA (Marino and Lilienfeld, 1998).

Tecnologías asistidas por computadoras

A medida que el uso de computadoras se ha vuelto común, ha habido un incremento concomitante en el número de terapias basadas en computadoras para niños con TEA. Además, muchos niños con con TEA muestran una afinidad particular para las computadoras. Esto ha llevado a la proliferación de terapias que intentan utilizar esta afinidad para mejorar la comunicación. Las terapias asistidas por computadoras muestran un gran potencial para su uso en TEA. Muchas, tal como el **Entrenador de Ensayo Discreto**, están basadas en los principios del análisis conductual aplicado (ABA) y una gran promesa a la espera de validación científica (Butler and Mulick, 2001). Solamente las terapias mas utilizadas serán revisadas aquí.

Fast ForWord fue originalmente desarrollado para mejorar habilidades de lectura en niños con problemas de aprendizaje. Este programa se centra en el procesamiento auditivo disminuyendo la tasa de presentación de sonidos y luego aumentándolos a mediada que el cerebro se encuentra mejor entrenado para poder procesarlos.
Los productores de Fast ForWord (Corporación Científica de Aprendizaje) reportaron que niños con TEA (edades entre 5 y 13) mostraron mejoras tanto en lenguaje receptivo como expresivo luego de completar el programa. Richard (2000) reviso el uso de Fast ForWord en autismo y planteo preocupaciones en cuanto a la generalización de las habilidades impartidas que se hallan en el programa.

El continúa sugiriendo que se necesitarían actividades adicionales para asegurar la generalización de habilidades. Simpson (2005) reviso resultados de investigación de Fast ForWord y concluyo que las afirmaciones hechas por los productores (ej., que los niños avanzan 1-2 años de lenguaje en 4-6 semanas) no han sido sujetas a un escrutinio riguroso científico. Él señala que hay pocos estudios de Fast ForWord en TEA y clasifica al programa como con «información limitada que apoye la practica». (p. 113)

Earobics es un programa de lectura bien investigado que enseña habilidades auditivas y fonológicas, incluyendo atención auditiva, identificación fonética y rima. Al momento no hay investigación de su uso con niños con TEA.

Train time fue desarrollado por un fonoaudiólogo para niños autistas que pueden tener un interés especial en trenes, un interés común entre los niños con TEA. El programa consiste en varios juegos a diferentes niveles y se reporta que incrementa la atención visual y auditiva.

No hay ninguna investigación disponible y las referencias solamente fueron halladas en una lista de terapias brindadas por un grupo de padres sin fines de lucro (Foothill Autism Alliance, Power Pak Guide, 2001).

Metrónomo interactivo fue originalmente desarrollada por niños con Trastorno de déficit atencional e hiperactividad (ADHD). Involucra utilizar una versión interactiva basada en computadora de un metrónomo musical tradicional. La idea detrás el metrónomo interactivo es fortalecer el planeamiento motor, secuenciación, tiempo y rítmica para mejorar la atención y lenguaje. Hasta la fecha, no existe ningún estudio científico controlado en TEA (Stemmer, 1996).

Ambientes Virtuales es un una simulación tridimensional de un ambiente real o imaginario. Moore, et. al. (2005) llevo a cabo un estudio exploratorio de un ambiente virtual colaborativo en 36 niños autistas. Ellos reportaron que el 90% de los sujetos identificó correctamente las emociones expresadas por los representantes de el ambiente virtual. Concluyeron que la técnica sostiene una promesa, pero se necesita mucha mas investigación.

ADAM Interfase de Internet Autista es quizás el método menos convencional examinado. La meta de este tratamiento es utilizar la tecnología para permitir a las personas autistas desbloquearse por llegar bien profundo en si mismo y desarrollar conocimiento que, con la tecnología ADAM, los hará retornar a la normalidad (www.dimensionallife.com). Quienes lo proponen no clarifican como funciona y no hay estudios controlados. Esta terapia representa una de las varias que utilizan lo paranormal. (Ver Jacobson y Mulick (2005) para una revisión completa.)

MICELANEOS

Algunos tratamientos no parecen encajar en ninguna de las categorías de arriba, y ninguno cuenta con datos de apoyo de estudios científicos.

El **Método Miller** es una metodología de enseñanza desarrollada por niños con TEA (Miller, 1989). Busca ayudar a los niños que se pueden encontrar apartados o desorientados puedan aprender como hacer frente a su mundo. Una evaluación especializada es utilizada para determinar como cada niño experimenta la realidad y se desarrolla un plan de tratamiento.

Un aspecto único del método es el uso de tablas a dos o cuatro pies encima del suelo en las cuales los niños pueden seguir direcciones de mejor manera. A la fecha, ningún estudio controlado esta disponible.

Linda Mood-Bell es un abordaje multi-sensorial que utiliza instrucción intensiva que, según reporta, mejora el desarrollo cognitivo y del lenguaje (Bell, 1991). Este método utiliza visualización y verbalización para mejorar las habilidades de lenguaje. Aunque existe una cantidad de estudios de su efectividad en niños con dificultades de lectura, ningún estudio fue tenido en cuenta para su uso con niños con TEA.

Video modelado, incluyendo Video de Auto-Modelado (VAM), es otro tratamiento prometedor en la enseñanza de nuevas conductas y la eliminación de conductas indeseadas en personas con una variedad de discapacidades. Sin embargo, hay nuevos estudios en niños con TEA.

Buggey (2005) estudio los efectos de VAM en una variedad de conductas (ej., lenguaje, iniciación social, rabietas y agresión) en cinco niños con TEA. Los resultados sugieren que VAM puede ser efectiva en algunos niños. Buggey señala la necesidad por mas investigación para validar el uso de este método.
El Instituto HANDLE (Abordaje Holístico para el Neurodesarrollo y Eficacia del Aprendizaje) es un abordaje del desarrollo sin drogas que incluye principios y perspectivas de la medicina, rehabilitación, psicología, educación y nutrición. Los programas son individualizados y buscan tratar diferencias del neurodesarrollo en su raíz.

Este procedimiento se apropia de muchos de los procedimientos ya discutidos y como con muchos otros no cuenta con base científica.

Arte Terapia, utiliza el arte como una herramienta de aprendizaje. Según reporta asiste a personas con TEA en la expresión de si mismo de una manera no-verbal. Mientras que algunos individuos con TEA pueden ser artistas talentosos, el tratamiento para el TEA incluye mucho mas que desarrollar este talento (Steinberg, 1987). A la fecha, no hay estudios científicos que apoyen esta terapia.

Baños de sal de Epson es una terapia basada en la teoría de que niños autistas cuentan con un almacén de pseudo-neurotrasmisores. El remojo en sulfato de magnesio (sal de Epson) se reporta que corrige este almacén. Como seria esperable, no hay datos de su uso con niños con TEA.

Evaluando tratamientos

Es importante recordar que hoy existe una línea muy delgada entre prácticas controversiales que merecen consideración, revisión y estudio, y practicas controversiales que son irremediablemente defectuosas. Elegir quien decide y qué proceso de toma de decisión es utilizada puede significar la diferencia entre un estancamiento y un campo dinámico, la diferencia entre resultados actuales y mejores resultados para niños y familias. La pregunta es: ¿Qué proceso pueden usar los padres para evitar «tirar todo por la borda»? a este punto, la sugerencia es utilizar los resultados del Consejo Nacional de Investigación (2001) el cual intenta sintetizar e integrar información en tratamientos tanto controversiales como no-controversiales.

Además, de acuerdo al Consejo Nacional de Investigación, con el paso de los últimos años ha habido un aumento de interés en ayudar a padres a evaluar estos «estudios seudo-científicos». Jacobson, Foxx y Mulick (2005) publico una revisión global, «Terapias controversiales para Discapacidades del Desarrollo», las cuales incluían al TEA. Schriebman (2005) también reviso «Ciencia y Ficción del autismo». Ambas revisiones acentúan la importancia de la sensibilización de los consumidores de lo que constituye investigación científica y como evaluar resultados y tratamiento. No existe ningún articulo de posición, sin embargo, que pueda sustituir un estudio empírico.

En una revisión sistemática de la literatura científica en el tratamiento del TEA, Simpson (2005) identificó más de 30 intervenciones comúnmente usadas y evaluó si contaban con apoyo empírico. Organizó las mismas en cinco categorías: 1) interpersonal/relacional; 2) basado en habilidades; 3) cognitivo; 4) fisiológico/biológico/neurológico; y 5) otros. Adicionalmente a una descripción de las intervenciones fueron examinados, resultados obtenidos, calificaciones de las personas implementando la intervención, cómo, dónde y cuándo la intervención es mejor llevada a cabo, potenciales riesgos, costos y métodos para evaluar la efectividad. Luego los tratamientos e intervenciones fueron calificados dentro de cuatro grupos: con base científica; práctica prometedora; práctica con apoyo de información limitado; y no recomendado.

Las prácticas con base científica estaban todas fundadas en habilidades e involucraban enseñanza directa utilizando los principios del análisis conductual aplicado, ej., ABA en general y enseñanza mediante ensayo discreto en particular. Una intervención, «Experiencias de Aprendizaje: Un Programa Alternativo para Preescolares y padres», fue identificado como un tratamiento con base científica.

Prácticas prometedoras fueron aquellas con algún apoyo científico, pero se precisa mas investigación para recomendarlas como una intervención. Intervenciones interpersonales/relacionales en esta categoría incluyeron estrategias orientadas al juego. Intervenciones basadas en habilidades que mantienen promesa fueron el Sistema de Comunicación de Intercambio de Imágenes (en ingles PECS); enseñanza incidental; enseñanza estructurada (ej., TEACCH); comunicación alternativa aumentativa; tecnología asistida; y rutinas de acción conjunta. Intervenciones cognitivas colocadas en esta categoría incluye a la modificación cognitivo-conductual; estrategias de aprendizaje cognitivo, Historias Sociales; y estrategias sociales de toma de decisiones. Integración Sensorial fue enlistada como una intervención fisiológica/biológica/neurológica.

Prácticas con limitado apoyo de información incluye la mayoría de las intervenciones interpersonales/relacionales, (ej., Enseñanza suave, Método de Opciones, Floor Time, terapia de mascotas/animales, e intervención de desarrollo de relaciones). Intervenciones basadas en habilidades

Referencias bibliográficas

ADAM, www.dimensionallife.com

www.dolphinitp.org

www.quackwatch.com

Adams, L., and Cowen, S., (1997). *Nutrition and its Relationship to Autism.* - Focus On Autism and Other Developmental Disabilities, 11:53-58.

Aman, M. and Langworthy, K. (2000). *Psychopharmacotherapy for hyperactivity in children with autism and other pervasive developmental disorders.* - Journal of Autism and Developmental Disorders, 30:451-459.

Amen, D.G. and Carmichael, B. D. (1997). *High resolution SPECT imaging in ADHD.* - Annals of Clinical Psychiatry, 9:81-86.

American Academy of Child and Adolescent Psychiatry (AACAP). (1999). *Practice parameters for the assessment and treatment of children, adolescents, and adults with autism and other pervasive developmental disorders.* - Journal of the American Academy of Child and Adolescent Psychiatry, 38:32-54.

American Academy of Pediatrics. (2001). *Counseling parents who choose complementary and alternative medicine for their child with chronic illness or disability.* - Committee on children with disabilities. Pediatrics, 107:591-601.

American Academy of Pediatrics. (1999). *Policy statement: The treatment of neurologically impaired children using patterning.* - Pediatrics, 104:1149-1151. Focus on Autistic Behavior 9(3): 1-19.

American Academy of Pediatrics Committee on Children with Disabilities (1998). *Auditory integration training and facilitative communications for autism.* - Pediatrics, 102:431-433.

American Academy of Pediatrics (1994).

American Psychological Association (1994). *Resolution on facilitated communication, August 1994.*

Autism Research Institute (2004). *Secretin activates amygdale, affects glutamate and GABA levels in Hippocampus.*

Autism Research Review International, *18(2)2-7.* **Ayers, A.J.** (1979). *Sensory Integration in the Child.* - Western Psychological Services, Los Angeles CA.

Barrett, S. (1985). *Commercial Hair Analysis: Science or Scam?* - Journal of the American Medical Association, 254:1041-1045.

Barrett, S. (2004). *Commercial Hair Analysis: A Cardinal Sign of Quackery.* www.quackwatch.com

Barrett, S. (2004). *Mental Health: Procedures to Avoid.* - www.quackwatch.com

Barrett, S. (2004). *Craniosacral Therapy.* - www.quackwatch.com

Barrett, S. (2004). *Chelation Therapy: Unproven Planes and Unsound Theories.* www.quackwatch.com

Bell, LindaMood - www.lindamoodbell.com

Bell, N. (1991). *AGestalt imagery: A critical factor in language comprehension.* Annals of Dyslexia, 41:246-260.

Berand, G. (1993). *Hearing Equals Behavior.* - New Canaan, CT: Keats.

Beratis, S. (1994). *A Psychodynamic Model for Understanding Pervasive Developmental Disorders.* - European Journal of Psychiatry, 8:209-214.

Bolte, E. (2000). *Short-Term Benefit of Oral Vancomycin Treatment of Aggressive-Onset Autism.* - Journal of Child Neurology, 15:430.

Bromfield, R. (2000). *It's the Tortoise's Race: Long-term psychodynamic psychotherapy with a high-functioning autistic adolescent.* - Psychoanalytic Enquiry, 20:732-745.

Brownell, M.D. (2002). *Music adapted social stories to modify behavior in students with autism: Four case studies.* - Journal of Music Therapy, 39:117-124.

Buggey, T. (2005). *Video self-modeling application with students with autism spectrum disorder in a small private school setting.* - Focus on Autism and Other Developmental Disabilities, 20(1):52-63.

Butler, E.A. and Mulick, J.A. (2001). *ABA and the computer: A review of the Discrete Trial Trainer.* - Behavioral Interventions, 16(4):287-291.

Caccullo, A.G., Musetti, M.C., Musetti, L., Bajo, S., Sacerdote, P., Panerai, A. (1999). BETA ENDORPHIN LEVELS IN PERIPHERAL BLOOD; MONONUCLEAR CELLS AND LONG-TERM NALTREXONE TREATMENT IN AUTISTIC CHILDREN. - European Neuropsychopharmacologia, 9:361-366.

Case-Smith, J. and Bryan, T. (1999). THE EFFECTS OF OCCUPATIONAL THERAPY WITH SENSORY INTEGRATION EMPHASIS ON PRESCHOOL CHILDREN WITH AUTISM. - American Journal of Occupational Therapy, 53:489-497.

Chamberlain, R. and Herman, B. (1990). A NOVEL BIOCHEMICAL MODEL LINKING DYSFUNCTION IN THE BRAIN MELATONIN, PROOPIOMELANOCORTIN PEPTIDES, AND SEROTONIN IN AUTISM. Biological Psychiatry, 28:773-793.

Chez, M., Buchanan, C., Began, B., Hammer, M., McCarthy, K., Ovrutskaya, I., Nowinsky, C., Cohen, Z. (2000). SECRETIN AND AUTISM: A TWO-PART CLINICAL INVESTIGATION. - Journal of Autism and Developmental Disorders, 30:87-94.

Dawson, G. and Watling, R. (2000). INTERVENTIONS TO FACILITATE AUDITORY, VISUAL, AND MOTOR INTEGRATION IN AUTISM: A REVIEW OF THE EVIDENCE. - Journal of Autism and Developmental Disorders, 30:415-421.

Deutsch, R. and Morrill, J. (1993). REALITIES OF NUTRITION, PALO ALTO CA. - Bull Publishing.

Doman, G.J. and Doman, G. (1974). WHAT TO DO ABOUT YOUR BRAIN DAMAGED, MENTALLY RETARDED AUTISTIC CHILD. - Parason Press, Homesdale PA.

Dunn-Geier, J. (2000). EFFECT OF SECRETIN ON CHILDREN WITH AUTISM: A RANDOMIZED CONTROL TRIAL. - Developmental Medicine and Child Neurology, 42:796-802.

Edelson, M.G. (2006). ARE THE MAJORITY OF CHILDREN WITH AUTISM MENTALLY RETARDED?: A SYSTEMATIC EVALUATION OF DATA. - Focus on Autism and Other Developmental Disabilities, 21(2):66-83.

Edelson, S. and Rimland, B. (1999). THE EFFICACY OF AUDITORY INTEGRATION TRAINING: SUMMARY AND CRITIQUE OF 28 REPORTS. - (www.autism.com/ari)

Esch, B.E. and Carr, J.E. (2004). SECRETIN AS A TREATMENT FOR AUTISM: A REVIEW OF THE EVIDENCE. - Journal of Autism and Developmental Disorders, 34:543-556.

Physician's Statement: Auditory Integration Training (1993). EXECUTIVE COMMITTEE, AMERICAN ACADEMY OF AUDIOLOGY. - AUDIOLOGY TODAY, 5:21.

Findling, R., Maxwell, K., Scotese/Wojtila, L. and Huang, J. (1997). HIGH-DOSE PAROXETINE AND AN ABSENCE OF SALUTARY EFFECTS IN DOUBLE-BLIND PLACEBO-CONTROLLED STUDY. - Journal of Autism and Developmental Disorders, 27:467-478.

Flaherty, R. (2005). *Brain imaging and child and adolescent psychiatry with special emphasis on SPECT. Position paper of the American PsychiatricAssociation.* (psych.org/psych_pract/clin_issues/populations/ children/SPECT.pdf.)

Foothill Autism Alliance Power Pak (2001). *Foothill Autism Alliance, - Glendale CA.*

Freeman, B.J. (1997). *Evaluation of Treatment Programs: Questions Parents Should Ask.* Journal of Autism and Developmental Disabilities, 27:641-651.

Frombonne, E. (2001). *The Epidemic of Autism.* - Pediatrics, 107:411-413.

Giannotti, F., Cortesi, F., Cerquiglinia, A., and Bernabei, P. (2006). *An open label study of controlled release Melatonin in treatment of sleep disorders in children with autism.* Journal of Autism and Developmental Disorders; 2006, 36:741-752.

Green, G. (1996). *Evaluating Claims about Treatment for Autism. In C. Maurice (Ed), G. Green and S. Luce (Co-Eds), Behavioral Intervention for Young Children with Autism.* - A Manual for Parents and Professionals. (15-28) Austin TX, PRO-ED, Inc..

Greenspan, S. (1992). *Reconsidering the diagnosis and treatment of very young children with autistic spectrum or pervasive developmental disorders.* - Zero to Three, 13(2):1-9.

Greenspan, S. and Weider, S. (1998). *The Child with Special Needs, Washington* - D.C.; Perseus Publishing.

Guttstein, S. (2004). www.rdiconnect.com

Hansen, E., Kalish, L., Bunce, E., Curtis, C., McDaniel, S., Ware, J. and Petry, J. (1974). *Use of Complementary and Alernative Medicines among children diagnosed with autism spectrum disorder.* - Journal of Autism and Developmental Disorders, 37:628-636.

Harvard Medical School, Consumer Health Information. *InteliHealth 2007.* www.intelihealth.com

Heflin, L. and Simpson, R. (2006). *Interventions for Children and Youth with Autism.* Focus on Autism and Other Developmental Disabilities, 13:194-211.

Herbert, J. and Sharp, I. (1999). *Pseudoscientific Treatments for Autism.* - Priorities for Health, 13:23-26.

Hoehn, G. and Baumeister, A. (1994). *A Critique of the application of Sensory Integration Therapy to children with learning disabilities.* - Journal of Learning Disabilities, 27:338-351.

Horvath, K., Stefanatos, G., Sokoloski, K., Wachtel, R., Nabors, L., Tildon, J. (1998). *Emproved social and language skills after secretin administration in patients with autistic spectrum disorders*. - Journal of the Association for Academic Minority Physicians, 9:9-15.

Horvath, K. and Perman, J. (2002). *Autistic Disorders and Gastrointestinal Disease*. - Current Opinions in Pediatrics, 14:583-587.

Hyman, S. and Levy, F. (2000). *Autistic Spectrum Disorders: When traditional medicine is not enough*. - Contemporary Pediatrics, 17:101-116.

Intellihealth (2007). *Complementary & Alternative Medicine*. - www.intellihealth.com

Irlen, H. (1983). *Successful treatment of learning disabilities*. - Paper presented at the American Psychological Association, Anaheim CA.

Iwasaki, K. and Holm, V. (1989). *Sensory treatment for the reduction of stereotypic behaviors in persons with severe multiple disabilities*. - Occupational Therapy Journal, 9:170-183.

Jacobson, J.W., Foxx, R.M. and Mulick, J.A. (2005). *Controversial therapies for developmental disabilities: Fact, fashion and science in professional practice*. - (Eds) Manual. Manwah NJ, Lawrence Erlbaum Associates.

Jacobson, J.W. and Mulick, J.A. (2005). *Developmental disabilities and the paranormal. In Jacobson, J.W., Foxx, R.M., and Mulick, J.A. (Eds). Controversial Therapies for Developmental Disabilities*. - Manwah NJ, Lawrence Erlbaum Associates.

Linderman, T. and Stewart, K. (1999). *Sensory integrated based occupational therapy and functional outcomes in young children with pervasive developmental disorders: A single subject study*. - American Journal of Occupational Therapy, 53:207-213.

Liptak, G. S. (1997). *Complementary and alternative therapies for cerebral palsy*. Mental Retardation and Developmental Disabilities Research Review, 11:156-163.

MacKinnon, J., Noh, S., Laliberte, D., Lariviere, J., Allen, D. (1995). *Therapeutic horseback riding: A review of the literature*. - Physical and Occupational Therapy in Pediatrics, 15:1-15.

Majebe, M. (2002). *Chinese medicine for autism*. New Life Journal

Marino, L. and Lilienfeld, S. O. (1998) DOLPHIN ASSISTED THERAPY: FLAWED DATA, FLAWED CONCLUSION. - Anthrozoos, 11(4):194-200.

Mason, S. A. & Iwata, B. A. (1990). ARTIFACTUAL EFFECTS OF SENSORY-INTEGRATIVE THERAPY ON SELF-INJURIOUS BEHAVIOR. - Journal of Applied Behavior Analysis, 23(3), 361–370.

McDougle, C., Holmes, J., Carlson, D., Pelton, G., Cohen, D., Price, L. (2004). A DOUBLE-BLIND PLACEBO-CONTROLLED STUDY OF RISPERIDONE IN ADULTS WITH AUTISTIC DISORDER AND OTHER PERVASIVE DEVELOPMENTAL DISORDERS. - Archives of General Psychiatry, 55:633-641.

McGee, J.J. (1990). GENTLE TEACHING: THE BASIC TENET. - Mental Handicap Nursing, 86(32):68-72.

McKinnon, R. (2004). DEFLECTION OF GROWTH FACTORS IN THE CENTRAL NERVOUS SYSTEM DURING CNS DEVELOPMENT AND THE ROLE OF GROWTH FACTORS IN REPAIR AFTER INJURY OR DISEASE. - www.autismtreatments.com

Miller, A. (1989). FROM RITUAL TO REPERTOIRE: A COGNITIVE-DEVELOPMENTAL SYSTEMS APPROACH WITH BEHAVIOR DISORIENTED CHILDREN. - New York NY, John Wiley.

Moore, D.J., Cheng, Y., McGrath, P., Powell, N.J. (2005). COLLABORATIVE VIRTUAL ENVIRONMENT TECHNOLOGY FOR PEOPLE WITH AUTISM. Focus on Autism and Other Developmental Disabilities, 20(4):231-243.

Mudford, O.C., Cross, B.A., Breen, S., Cullen, C., Reeves, D., Gould, J., et al. (2000). AUDITORY INTEGRATION THERAPY FOR CHILDREN WITH AUTISM: NOBEHAVIORAL BENEFITS DETECTED. American Journal of Mental Retardation, 105:118-129.

Nathanson, D.E. and deFaria, S. (1993). COGNITIVE IMPROVEMENT OF CHILDREN IN WATER WITH AND WITHOUT DOLPHINS. - Anthrozoos, 6(1):17-29.

National Research Council. (2001). EDUCATING CHILDREN WITH AUTISM. WASHINGTON, D.C., NATIONAL ACADEMYPRESS.

Nelson, K.B. and Bauman, M.L. (2003). THIMEROSAL AND AUTISM: IS THERE A CONNECTION? Pediatrics, March 2003; 111(3):674-679.

Nickel, R. (1996). CONTROVERSIAL THERAPIES FOR YOUNG CHILDREN WITH DEVELOPMENTAL DISABILITIES. - Infants and Young Children, 8:29-40.

Novella, S. (2001). PSYCHOMOTOR PATTERNING.
www.quackwatch.com

O'Sullivan, J. (2004). *Seeing the World through Rose-Colored Glasses: Skeptical Inquiry.*

Othmer, S. (2004). *The Emerging Frontier of Neurofeedback.* - Latitude, 6:2-5.

Owley, T., Steele, E., Coresello, C., Risi, S., McKaig, K., Lord, C., Leventhal, B., Cook, E. (1999). *A double-blind placebo controlled trial of secretin for the treatment of Autistic Disorder.* - Abstract, October 1999. Medscape General Medicine.

Panksepp, J. (1979). *A neurochemical theory of autism.* - Trends in Neuroscience, 2:174-177.

Panksepp, J., Lensing, P., Leboyer, M., Bouvard, M. (1991). *Naltrexone and other potential new pharmacological treatments of autism.* Brain Dysfunction, 4:281-300.

Reilly, C., Nelson, D., and Bundy, A. (1984). *Sensorimotor versus fine motor activities in eliciting vocalizations in autistic children.* - Occupational Therapy Journal of Research, 3:199-212.

Richard, G. J. (2000). *The Source of Treatment Methodologies in Autism.* - East Molino, IL; LiguiSystems.

Richdale, A. (1999). *Sleep problems in autism: Prevalence, course and intervention.* Developmental Medicine and Child Neurology, 41:60-66.

Ricks, D. (2007). *Autism "cures" may be deadly.* - Newsday, Aug. 21, 2007.

Rimland, B. (1988). *Candida-caused Autism.* - Autism Research Review International Newsletter, 1988; 2(2):3.

Rimland, B. (1990). *Dimethylglycine (DMG), A Nontoxic Metabolite, and Autism.* - Autism Research Review International Newsletter 1990; 4(2):3.

Rimland, B. (2000). *Do Children's Shots Invite Autism.* - Los Angeles Times.

Robinson, G. (2003). *Australasian Association of Irlen Consultants, Inc.* www.members0zemail.com

Sandler, A., Sutton, A., DeWeese, J., Cirardi, A., Sheppard, V., Bodfish, J. (1999). *Lack of benefit of a single dose of synthetic human secretin in the treatment of Autism and Pervasive Developmental Disorder.* - New England Journal of Medicine, 341:1801-1806.

Schreibman, L. (2005). *The Science and Fiction of Autism.* - Cambridge MA, Harvard University Press.

Schwartz, I. (1999). *Controversy of lack of consensus: Rethinking interventions in early childhood special education.* - Topics in Early Childhood Special Education.

Scientific Learning Corporation (2005). - WWW.FASTFORWARD.COM

Simpson, R.L. (2005). *Evidence-based practices and children with autism spectrum disorders.* - Focus on Autism and Other Developmental Disabilities, 20(3):140-149.

Simpson, R. L. (2005). *Autism Spectrum Disorders: Interventions and Treatments for Children and Youth.* - Thousand Oaks CA, Corwin Press.

Singh, V. (1997). *Immunotherapy for Brain Diseases and Mental Illness.* Progress in Drug Research, 48:129-146

Smith, T. (1996). *Are Other Treatments Effective? In C. Maurice, G. Green and S.C. Luce (Eds). Behavioral Interventions for Young Children with Autism.* Manual for Parents and Professionals (45-59). Austin, TX. PROED, Inc.

SOMA (2004). *Rapid Promotions Method.* - www.halo-soma.org

Stemmer, P.M. (1996). *Improving motor integration by use of interactive metronome.* Paper presented at America Educational Association meeting. Chicago IL.

Steinberg, E. (1987) *Long-term art therapy with an autistic adolescent.* - The American Journal of Art Therapy, 26:40-47.

Wallace, D., Silverman, S., Goldstein, J., and Hughes, D. (1995). *Use of hyperbaric oxygen in rheumatic diseases: Case reporting critical analysis.* - Lupus, 4:172-175.

Welch, M., (1988). *Holding Time: How to Eliminate Conflict, Temper Tantrums and Sibling Rivalry and Raise.*

Richard, G. J. (2000). *The Source of Treatment Methodologies in Autism.* - East Molino, IL; LiguiSystems.

Happy Loving Successful Children, *New York NY, Simon and Schuster.*

Wheeler, D., Jacobson, J., Paglieri, R., and Schwartz, A. (2000). *An experimental assessment of facilitating communication.* - Mental Retardation, 31:49-59. East Molino, IL; LiguiSystems.

Whiteley, P., Rodgers J., Savery, D., and Shattock, P. (1999). *A gluten-free diet as an intervention for autism and associated spectrum disorders: Preliminary findings.* - Autism, 3:45-65.

CAPITULO 7

PENSAMIENTO CRÍTICO

Es hora de decirlo

Cuando miramos alrededor y vemos lo que las personas están haciendo en un intento de ayudar a niños con autismo, observamos cosas que tienen sentido y cosas que no. Algunas de las intervenciones que hemos observado son inquietantes porque capitalizan el deseo de las personas de un remedio fácil, crean una sensación linda y cálida, y se esconden de la medición objetiva de los beneficios del tratamiento. Todos podemos ser engañados a pensar que estamos observando algo que no se encuentra realmente allí, o que algo es sustancial cuando en realidad es trivial. Gravitamos en torno a las conclusiones que son más atractivas, y luego atendemos selectivamente a la evidencia que justifica nuestras conclusiones.

La cantidad de información contradictoria respecto al autismo es simplemente enorme. Ya sea en relación a diagnóstico, pronóstico, prevalencia, causa o tratamiento, hay cientos de teorías y creencias. Entonces, ¿Cómo hace uno para evitar ser engañado? Creemos que la respuesta depende de aprender a pensar críticamente y de ser un científico en nuestro abordaje para distinguir entre hecho y ficción.

En este capitulo, y a lo largo de este libro, hemos abordado dificultades y asuntos controversiales. No estamos emocionados de estar en el rol de provocadores, pero alguien debe hablar francamente cuando sentimos que sería errado quedarse en silencio, cuando se puede hacer algo que verdaderamente marcará la diferencia en las vidas de los niños con autismo.

Pensando criticamente el autismo

El autismo es un trastorno extremadamente desconcertante. Tratar de comprender la causa y saber qué hacer al respecto puede ser abrumador para un padre. Un niño puede poseer fortalezas remarcables y debilidades aplastantes. Algunos días las cosas pueden parecer que están andando relativamente bien, y otros de manera muy pobre. Si hay algo que es el autismo, es ser impredecible y variable. Cualquier cosa que pueda llenar este vacío de incertidumbre y provea alguna garantía será altamente bienvenido. Es por lo tanto absolutamente comprensible que los padres, en su confusión y desesperación, se encuentren dispuestos a intentar cualquier cosa que se presente incluso una insinuación de éxito. No sería nada muy diferente de aquella persona cuyo ser querido se encuentra enfrentando una enfermedad terminal. Análogamente, ¡Es una pelea por la calidad de vida y la esperanza de remisión! El autismo no es menos devastador para aquellos cercanos al niño con el trastorno. Para un padre debe sentirse como si hubiera perdido a su niño y no hubiera futuro. Naturalmente estará dispuesto a intentar cualquier cosa para recuperarlo. ¿Quién no? ¿Y quién no intentaría cualquier cosa que suene plausible?

Mientras se intenta comprender el Trastorno del Espectro Autista (TEA), uno debe estar preparado a atravesar una vasta cantidad de información, alguna de la cual es de un dudoso valor, y puede incluso constituir una desinformación absoluta. Si ud navega por Internet, encontrará cientos de opciones de tratamiento. La mayoría suenan plausibles, y cada autor realiza un argumento fuerte y a veces apasionado en cuanto a su efectividad. Los padres y profesionales oirán continuamente diferentes opciones relacionadas con el diagnóstico, etiología, tratamiento y resultados. El TEA es un trastorno realmente difícil, pero tener que separar el hecho del pseudo-hecho solo hace la misión de todos más complicada.

Cada año surge un nuevo tratamiento, que se declara altamente efectivo en el abordaje de sujetos con TEA. Algunos de estos han sido incluso propuestos como «curas». Desafortunadamente, ninguno se ha convertido en el milagro esperado. ABA es la única excepción que ha probado ser consistentemente efectiva (Lovaas, 1987; McEachin, Smith, & Lovaas, 1993), pero tampoco es un milagro. Desafortunadamente, los que han propuesto ABA, a veces lo han descrito con el mismo fervor que otras «curas del año». Esto no es solamente desorientador, sino que crea una impresión negativa respecto a ABA.

Este problema no se encuentra limitado a la promoción de supuestas «curas». Cada tantos años aparece una nueva teoría sobre la causas de TEA. El Dr. Lovaas ha comentado en varias publicaciones que algunos investigadores han encontrado la causa ¡una o dos veces! No quiere decir que no debería haber investigación que intente determinar la etiología. Estos esfuerzos son críticos para la comprensión, prevención y tratamiento. Sin embargo, el autismo es un trastorno complicado, las respuestas en torno a la causa son difíciles de responder. Como afirmaría cualquier investigador responsable de la salud, la investigación científica a largo plazo, laboriosa, rigurosa y sofisticada es necesaria para sumar conocimiento confiable en cuanto a las causas de un fenómeno complejo. La responsabilidad y ética profesional demandan que se preste atención para no sobre-especular sobre las causas del autismo, interpretar información inadecuadamente, o presentar meras hipótesis como hechos.

Catherine Maurice (1999) comentó: «*Cada tratamiento de moda en autismo, desde el escándalo de la comunicación facilitada, al exceso de experimentación biológica con niños, es el resultado de la necesidad parental desesperada combinada con el fomento profesional irresponsable, o silencio.*» (Página 5)

Desafortunadamente, quienes proponen estos movimientos típicamente muestran un desdeño por la verificación científica. Cada mes, por ejemplo, ud leerá en un boletín informativo sobre algún producto que producirá resultados asombrosos. Pero por supuesto, no cuentan con ningún dato que demuestre su efectividad. Ellos a menudo confían en sus impresiones y ni siquiera consideran otra explicación para la alegada o «aparente» efectividad. En muchos casos, largos artículos de investigación son escritos, creando extensos casos de apoyo pseudo-lógico a los tratamientos promocionados.

Bernie Rimland, un psicólogo que fundó el Instituto de Investigación del Autismo, y padre de un niño con TEA, señaló que las cruzadas, tales como estas, se encuentran basadas típicamente en «buenos deseos y fantasías en vez de en información sobre los hechos y pensamiento racional» (Rimland, 1993). Sin embargo, tal como con los procedimientos médicos, es crítico que los procedimientos de tratamientos sobre el autismo sean cuidadosamente examinados, Green, 1999.

A continuación se encuentran algunas banderas rojas que han sido asociadas con la decepcionante «Panacea de la semana»:

1. Afirmaciones exageradas de efectividad.
2. Reportada efectiva por la mayoría o todos los casos.
3. Efectividad limitada.
4. Afirmaciones basadas en testimonios o estudios de caso único.
5. Quienes siguen el tratamiento a menudo no comprenden el mismo o su fundamento, pero se enfocan primariamente en los supuestos resultados.
6. El tratamiento no requiere tratamiento extenso.
7. El abordaje se hace importante de la noche a la mañana.
8. Hincapié en las promesas de resultados, débil en cuanto a las técnicas o la teoría que las apoya.
9. El tratamiento no es tan fuerte como el encanto y carisma de los «profesionales» que lo promocionan.

Entonces ¿cómo elige uno qué tratamiento seleccionar? Empiece buscando los que han sido científicamente investigados y aquellos que los resultados han sido reportados en revistas respetadas y revisadas por colegas. Éstas pueden ser encontradas en las estanterías de las bibliotecas universitarias y en los textos académicos tales como aquellos utilizados para cursos de psicología de nivel universitario. Los profesionales que brindan recomendaciones para tratamientos deberían ser capaces de proveer referencias a estudios controlados, publicados en revistas científicas. Solo mediante extensas pruebas de campo y un cuidadoso análisis científico, tal como los hallados en estas publicaciones, es posible distinguir tratamientos de los cuales se puede esperar que produzcan cambios significativos. Es importante separar aquellos procedimientos que meramente suenan bien, tienen sentido, o se los siente bien de aquellos que en realidad producen cambios positivos. Esto no es realmente diferente de lo que esperaríamos o quisiéramos cuando se trata de un tratamiento médico. Si uno padeciera una enfermedad médica terminal, uno no tomaría una droga meramente en base a las afirmaciones del fabricante. El paciente buscaría aquellas medicaciones que han atravesado una exanimación científica rigurosa y han probado su efectividad. De esa manera el paciente también conocería los riesgos asociados con su ingesta. Lo mismo debería ser verdad con cualquier tratamiento psicológico, incluyendo al tratamiento para TEA.

Hemos escuchado decir a profesionales, «Entonces, ¿Cual es el daño en cuanto a intentar este tratamiento? el autismo es un trastorno serio. Mientras que los efectos colaterales no sean serios, todo debería ser intentado». En primer lugar, en la mayoría de los casos, los efectos secundarios no han sido investigados adecuadamente. En segundo lugar, frecuentemente la aplicación de tratamientos inefectivos involucra un gasto de tiempo, energía, y pérdida de dinero. Y esto sucede a expensas de los principales abordajes más útiles. Es imposible (tanto como desaconsejable) intentar todo, pero la ironía es que aquellas cosas que harían una gran diferencia son dejadas de lado. Finalmente, el efecto secundario más consistente y quizás más pasado por alto del infructuoso ejercicio de panaceas sea la sobre-generación y destrucción de esperanza. Esto se lleva como víctimas a todos aquellos que se preocupan por la persona con autismo, sumando más vértigo a la montaña rusa que es el TEA agotando las preciosas reservas emocionales.
Mientras que la vasta mayoría de aquellos que apoyan las panaceas poseen buenas intenciones,

en nuestra opinión, una pequeña minoría ha sido menos noble en su intento. Tenga cuidado de individuos inescrupulosos que promueven tratamientos tal como quien vende humo. Aquellos que desean beneficiarse financieramente, personalmente o ambas, harán grandiosas afirmaciones no fundamentadas que se alimentan de vulnerabilidades, incertidumbres, esperanzas y sueños de aquellos que buscan respuestas. Son reconocibles por su auto-promoción y pomposidad, sus afirmaciones rimbombantes y demasiado buenas para ser ciertas, y la ofensa que muestran ante cualquier sugerencia de que es necesaria evidencia de la efectividad para cualquier tratamiento, o que se debiera llevar a cabo una cuidadosa examinación de su abordaje. Estos abordajes y quienes los promocionan deberían ser tratados con sumo cuidado.

Otra vez, es comprensible que los padres no quieran dejar ninguna piedra sin levantar y que se sientan desesperados por cualquier posible cura. Sin embargo, lo que es deplorable son los profesionales que alientan a los padres a buscar tales tratamientos infundados. Nosotros esperaríamos que los profesionales comprendan la importancia del escrutinio cuidadoso y la investigación científica para validar los tratamientos efectivos.

¡Sea cuidadoso!

Mientras los esfuerzos para comprender el autismo continúan, y como se promueve la búsqueda de mejoras en los tratamientos, incumbe a los padres, profesionales y a todas las partes interesadas, mantener un sentido responsable de cuál es la actualidad en los campos de relevancia. Lo siguiente puede servir como una guía útil mientras que uno intenta navegar exitosamente a través de la abundante información que es continuamente generada, mientras se llevan a cabo intentos para llenar el a menudo desconcertante vacío que puede ser el autismo:

• Sea cauteloso con abordajes y terapias que no han sido investigadas, replicadas o con pruebas de campo. Los estudios de caso único pueden ser a menudo engañosos dado a que dos casos no son idénticos, y la naturaleza variable del trastorno puede significar que el cambio ocurrió coincidentemente con la experiencia de un tratamiento particular. Con tratamientos farmacológicos y similares, los ensayos ciegos son esenciales para la demostración confiable de los efectos y contra-efectos.

• Tenga cuidado de las promesas que son demasiado grandiosas, abordajes que están de moda, y tratamientos que representan estilo por sobre sustancia, o personalidad por sobre contenido. Si una terapia parece haber surgido de la nada, no como una continuación de esfuerzos previos, teoría o investigación, entonces se aconseja cautela.

• Sea razonable y recuerde que cada día Ud experimenta la complejidad que es el autismo, y que conceptualizaciones y tratamientos demasiado simplistas pueden, como mucho, producir simples resultados.

• Sea un consumista crítico. No crea todo lo que lee u oye. Considere la derivación de información y busque material adicional al igual que confirmación de otras fuentes independientes.

Revistas científicas revisadas por pares médicos, psicólogos y educadores a menudo representan fuentes confiables. Fuentes no revisadas o no editadas deberían ser abordadas con reserva y cautela. Estos es verdad particularmente en la era de internet. Aunque la world wide web es una fuente tremenda de información, apoyo y de intercambio virtual, a menudo no cuenta con una supervisión crítica de lo que es diseminado. Incluso libros publicados pueden meramente representar las opiniones pseudo-científicas de sus autores.

• Sea sensible a medida que busca tratamientos y recursos, repartiendo su tiempo basado en el sentido que tenga de su hijo o cliente, lo que parece tener sentido, y lo que ha sido demostrado que mejor atiende sus necesidades.

• Considere explicaciones alternativas para los resultados positivos que sean reportados. Esto incluye cosas tales como el efecto placebo y la dirección mal interpretada de la causalidad. Explicaciones alternativas serán discutidas con mayor detalle más adelante.

• Cuando Ud. encuentre profesionales que parecen pregonar un tratamiento no probado, no permita que ellos lo hagan sentir descalificado para evaluar o cuestionar afirmaciones. Si ellos reaccionan con desdeño a su escepticismo, Ud. debería buscar una segunda opinión consultando con otro profesional.

Diseño de investigación

La investigación más cuidadosa en autismo utiliza metodología científica. Ninguna investigación de ciencia social es científicamente perfecta, ni capaz de probar más allá de una pizca de duda de que un tratamiento es efectivo o que es la causa de un trastorno psicológico. Sin embargo, el uso de una metodología científica ayuda a reducir el nivel de interferencia e incrementa la credibilidad y convencimiento respecto a los hallazgos en investigación. En la investigación de tratamientos para el autismo, el método científico incluye la manera en que los sujetos son seleccionados y asignados a los tratamientos, la objetividad y consistencia de las mediciones utilizadas, y el diseño científico que es utilizado para exhibir la efectividad del tratamiento, al igual que la utilización de procedimientos de control para determinar qué es responsable de producir los efectos. Utilizar un diseño experimental es esencial para identificar si es el tratamiento u otros factores los que producen las mejoras del participante. Existen muchos factores que pueden ser responsables del efecto además del tratamiento en sí mismo (Campbell, D.T., Stanley, J.C., Gage, N.L., 1963). Los siguientes son algunos factores extraños comunes que pueden llevarnos sacar falsas conclusiones:

1• El **Efecto Placebo** es cuando las personas perciben o incluso experimentan una mejora cuando no participó ningún tratamiento (Campbell, et. al., 1963). Un ejemplo común es la mejora experimentada por algunos miembros del grupo «pastilla de azúcar» en investigación médica de doble-ciego. Esto ocurre a menudo debido a las expectativas. Nosotros esperamos y creemos que la intervención llevará a un cambio. Bajo cualquiera de las condiciones es difícil ser un observador objetivo. Pero cuando sabemos que nuestro niño se encuentra comenzando una nueva intervención, nos tornamos observadores sesgados y atendemos selectivamente a la evidencia que es consistente con nuestra expectativa. Queremos ver una mejora porque hemos invertido tiempo, dinero, esfuerzo y emociones con el tratamiento. En consecuencia, nosotros realmente creeríamos que el tratamiento ha producido un cambio, incluso de no ser así.

Existen muchas estrategias de investigación para eliminar el efecto placebo. Algunas veces implica que algunos clientes reciban el tratamiento y otros no. Sin embargo, aquellos que juzgan si hubo un cambio no son consientes de quien se encuentra recibiendo tratamiento realmente (EJ., están «ciegos»). Otra manera de reducir el efecto placebo es utilizar una medición objetiva de manera de validar que un cambio realmente ocurrió. Utilizando la investigación científica y el diseño experimental, el efecto placebo puede ser eliminado.

2• **Variables de confusión**. A menudo cuando al comenzar un nuevo tratamiento cambian a la vez otras cosas. Si un niño comienza una dieta (EJ., libre de gluten, libre de caseína), puede coincidir con un incremento significativo en la estructura de la vida diaria y pueden ocurrir cambios sutiles en la clase de interacción padre e hijo (Campbell, et. al., 1963). Mayores expectativas a menudo producen una nueva etapa de esfuerzo consciente. En aquellos momentos los padres tienden a volverse más conscientes respecto a asuntos del comportamiento y proveen diferentes consecuencias . También hay cambios en rutinas. Por lo tanto, el mejoramiento en un niño puede no deberse estrictamente por la dieta, pero sí por todos estos otros cambios, estos eventos no específicos. Adicionalmente, los padres han tenido que invertir tanta energía y trabajo en preparar la comida, que pueden llegar a estar extra vigilantes en cuanto a la aparición de un cambio positivo, y tienden a pasar por alto las indicaciones negativas.

3• La **Maduración** es algunas veces un factor que puede ser responsable del cambio (Campbell, et. al., 1963). Mientras el tiempo pasa pude haber un cambio positivo que ocurre simplemente por el curso natural del desarrollo, y esto puede suceder con o sin intervención. Si un tratamiento ocurre por un periodo extendido de tiempo, debemos tener en consideración que el mejoramiento podría haber ocurrido aún sin haber realizado nada. Un buen diseño experimental puede controlar esta variable.

4• La mayoría de los niños reciben **Múltiples Tratamientos** (Campbell, et. al., 1963). Por ejemplo, además de ABA, ellos podrían estar involucrados en terapia del lenguaje, T.O., vitaminas, y/o dietas especiales. Entonces, ¿Cuál es el tratamiento o la combinación de tratamientos realmente responsable por el cambio? Es probable que uno atribuya el cambio de la conducta al tratamiento en el que uno más crea. Si uno cree firmemente en ABA, entonces es probable que uno crea que las mejoras se deben a ABA.

5• Un fenómeno bien conocido es llamado «**Regresión a la media**». Este término describe la tendencia de un fenómeno a ocurrir a niveles extremos para rápidamente retornar hacia un rango más típico (Campbell, et. al., 1963). Niños con TEA podrían estar exhibiendo conductas extremas cuando comienzan el tratamiento. De hecho, estos extremos pueden ser la razón por la cual los padres han buscado tratamiento. Sí han exhibido una tasa alta de conductas disruptivas como agresión, rabietas, y desobediencia es probable que pronto retornen a un nivel más moderado.

De cierta forma, cuentan con una sola dirección (hacia abajo). Por lo tanto, puede no ser el tratamiento el responsable, sino simplemente la tendencia promedio de los comportamientos.

La «maldición» de la revista de deportes Sports Illustrated es un ejemplo bien conocido de la «regresión a la media». La maldición es que una vez que la foto de un atleta aparece en tapa de Sports Ilustrated, su rendimiento pasa a deteriorarse rápidamente. Sin embargo, una explicación más científica es que un nivel tan alto de rendimiento (cualquiera sea la hazaña para ponerlos en la portada) no puede continuar manteniéndose. ¡No se debe a que hayan aparecido en la portada! Su rendimiento hubiera vuelto a un nivel más típico incluso si no aparecieran en la portada.

6• Las **Observaciones sesgadas** pueden ocurrir cuando atendemos selectivamente a la información disponible (Campbell, et.al., 1963). Si hemos adoptado una teoría como propia, podemos llegar a estar más convencidos de sus méritos cuando observamos algo que es consistente con nuestra creencia, y tendemos a no percatarnos de aquellos eventos que podrían negar nuestra teoría porque no los buscamos. La reputación, sea esta de una persona o un producto, puede sobrevivir mucho tiempo ya que influencia en las percepciones de las personas. La industria publicitaria desarrolla nuestra tendencia a no ser científicos en la manera de recolectar e interpretar información.

El uso de controles de diseños experimentales para estas posibles explicaciones alternativas de los cambios observados, puede ayudarnos a eliminarlas, mientras que permite identificar de manera confiable los tratamientos e intervenciones que realmente hacen la diferencia.

Multiples interpretaciones

Estamos continuamente intentando identificar lo que es efectivo para nuestros niños. Cuando la relación entre los eventos antecedentes y las consecuencias parecen poco claras y complicadas, procedemos con cautela. Sin embargo, cuando la conexión parece bastante obvia, nosotros podríamos encontrarnos satisfechos al haber identificado una explicación plausible y no consideramos otras interpretaciones posibles. El pensamiento crítico requiere la apertura hacia una variedad de posibilidades, al igual que una dosis saludable de escepticismo en cuanto a lo que puede parecer el factor causal obvio. Puede haber otros factores operando en paralelo con el primero que captó nuestra atención.

Nos encontramos constantemente observando eventos y buscando relaciones causales. No siempre somos objetivos cuando formamos conclusiones, y podemos ser guiados por nuestro sistema de creencias y lo que hemos leído o escuchado por parte de los profesionales. Por ejemplo, un padre puede haber observado que cuando su niño se encuentra angustiado y luego recibe presión profunda, el niño rápidamente para de llorar. Quizás esto haya sido aconsejado por un profesional. Observando el cambio deseado en la conducta del niño, es probable que el padre continúe utilizando esta estrategia y gane confianza en la creencia que niños con TEA poseen dificultades integrando u organizando los estímulos sensoriales, y que la Terapia de Integración Sensorial (TIS) puede ayudarlos a manejar la situación. Sin embargo, ¿Qué otras explicaciones podrían pueden existir respecto a que el niño paró de llorar? ¿Podría haber otros factores causales además de aquel que parece más obvio?

Los siguientes son eventos que pueden tener lugar en la vida de un estudiante con TEA. La primera interpretación listada es que la mayoría de nosotros pensaría primero y la que puede parecer más obvia, o la que cuenta con mayor «apoyo». Como Ud. verá, sin embargo, hay otras posibilidades que pueden ser tan válidas como la interpretación más sostenida.

Evento
1• El niño se encuentra llorando
2• Un procedimiento de Integración Sensorial (EJ., presión profunda, compresión conjunta, cepillado) es administrado.
3• El niño cesa de llorar.

Posibles interpretaciones
1• El procedimiento de IS asiste al estudiante en la integración de la estimulación abrumadora.
2• La IS llama la atención del estudiante y es la atención la que produce el cambio de comportamiento.
3• Durante el tiempo que se brinda IS, el estudiante es capaz de evitar una actividad que no le gustaba.
4• La IS distrae al estudiante de aquello que lo estaba molestando.
5• La IS es empleada como un procedimiento de manejo del estrés reactivo.
6• Los procedimientos de IS son placenteros, y el sollozo es una manera aprendida de acceder a la experiencia placentera. Datos certeros revelarían si la IS debería ser utilizada proactiva o reactivamente.

Evento
1• El niño se encuentra calmo.
2• El niño come dulces (EJ., caramelos, gaseosa, torta)
3• El niño parece tornarse «hiperactivo»

Posibles interpretaciones
1• El azúcar causa hiperactividad
2• Los adultos asumen que los niños se tornan hiperactivos ante la ingesta de azúcar, por lo tanto las observaciones son prejuzgadas.
3• El azúcar es brindado durante eventos divertidos y no estructurados (EJ., torta y helado en un cumpleaños). El alto nivel de estimulación y la falta de estructura podrían ser los verdaderos culpables.
4• El niño raramente recibe azúcar y por lo tanto se encuentra entusiasmado.
5• Los padres reaccionan diferencialmente porque esperan que el niño vaya a «tirar abajo las paredes», entonces no ponen los mismo limites como lo harían normalmente.

Evento
1. El niño exhibe conductas características del TEA.
2. El niño comienza el Tratamiento X.
3. El niño parece mejorar.

Posibles interpretaciones
1. El tratamiento es responsable de la mejora.
2. Otro tratamiento que coincidió con el Tratamiento X puede estar causando la mejora.
3. El niño se encuentra recibiendo otros tratamientos y puede ser la combinación de los dos tratamientos lo que está produciendo los resultados positivos.
4. El niño se encuentra recibiendo demasiada atención.
5. El tratamiento ha resultado por un incremento de estructura.
6. El niño se encuentra más ocupado.
7. Las observaciones de las mejoras se encuentran sesgadas debido a expectativas esperanzadoras.
8. Variación natural (y típica) en el rendimiento, ocurrió casualmente.
9. Maduración.

Evento
1. El niño se encuentra calmo.
2. El maestro le hace usar al niño una remera manga larga.
3. El niño comienza a llorar.

Posibles interpretaciones
1. El niño es defensivo al tacto (EJ., encuentra a la ropa dolorosa quizás por algún trastorno orgánico en el sistema sensorial).
2. El niño posee rituales en cuento a la ropa y una de las «reglas» del niño ha sido rota.
3. No se trataba de la remera, sino simplemente de que el niño quería atención.
4. El niño «disfruta» de las batallas por el control.
5. Cuando el niño comienza a llorar, la maestra le quita la ropa y viste al niño con su vestimenta preferida.

Evento
1. El niño está agitado.
2. El niño se balancea.
3. El niño se calma.

Posibles interpretaciones
1. El balanceo ayudó al estudiante a «integrar y asimilar» la estimulación sensorial.
2. El niño disfrutó del balanceo y por lo tanto se calma.
3. El estudiante fue capaz de evitar actividades no favoritas durante el balanceo vestibular.
4. El estudiante está recibiendo atención y por lo tanto se encuentra feliz.
5. El estudiante se ha quedado absorto con la actividad auto-estimulatoria y olvida aquello que era angustiante.

Evento
1• Se produce un ruido fuerte (EJ., avión, sirena, campana de la escuela)
2• El estudiante se cubre los oídos.

Posibles interpretaciones
1• El estudiante padece de «hipersensibilidad auditiva» (EJ., el ruido es doloroso y existe una causa subyacente «orgánica»).
2• Al estudiante no le gusta el ruido pero no hay una causa «orgánica» o subyacente.
3• Situaciones ruidosas son típicamente evitadas y entonces el estudiante no ha contado con la oportunidad de aprender a adaptarse a los ruidos de la vida diaria.
4• El estudiante cubre sus oídos no solamente para bloquear el ruido, sino para evitar escuchar demandas.
5• El ruido interfiere con la auto-estimulación del estudiante y es por lo tanto irritante para él.

Evento
1• Los niños con TEA poseen altas tasas de constipación comparado con sus pares.

Posibles interpretaciones
1• Los niños con TEA poseen trastornos gastrointestinales, los cuales indican problemas metabólicos que causan el TEA.
2• Si las tasas de constipación fueran comparadas con pares que no tienen TEA, podría surgir que no hay una diferencia significativa.
3• Los niños con TEA poseen patrones de alimentación inusuales, los cuales resultan en una constipación.
4• Los niños con TEA poseen habilidades de baño rudimentarias (EJ., retención del intestino) lo cual resulta en constipación.

Evento
1• El niño rinde mejor con actividades visuales en vez de con actividades auditivas.

Posibles interpretaciones
1• Los niños con TEA son aprendices visuales y por lo tanto se deberían usar estrategias viuales.
2• Actividades auditivas requieren mayor atención.
3• Estrategias visuales son más fáciles de aprender.
4• Estrategias visuales son más fáciles de enseñar.
5• Asumimos que esto es verdad y entonces utilizamos estrategias visuales, y por lo tanto los niños cuentan con menos práctica con estrategias auditivas.
6• Deberíamos exponer a los niños a tareas que requieran procesamiento auditivo de manera que el niño se desarrolle mejor en esta habilidad.

Evento
1• El rendimiento de los estudiantes en un test de inteligencia no refleja acertadamente la habilidad del estudiante.

Posibles interpretaciones
1• El test no es acertado o el examinador no es calificado.
2• El estudiante se encuentra ansioso cuando es evaluado.
3• El estudiante puede haber aprendido conceptos parcialmente, pero no ha
aprendido las palabras o el formato que es utilizado en el test de C.I.
4• Las habilidades pueden no haber sido aprendidas independientemente, y el estudiante es dependiente de las instigaciones.
5• Aunque el estudiante puede ejecutar habilidades en ciertas situaciones, las
habilidades no se encuentran lo suficientemente generalizadas. Debido a la falta de fluidez en las habilidades que están siendo evaluadas, el bajo C.I predice correctamente que el estudiante tendrá dificultades para aprender en ámbitos áulicos tradicionales.

Evento
1• Los pares, con inclusión total, son amistosos con el estudiante con TEA.

Posibles interpretaciones
1• La inclusión facilita el desarrollo de amistades.
2• Los pares están demostrando sensibilidad pero no consideran al estudiante como un verdadero amigo.
3• Los estudiantes consideran al niño como alguien a quien deberían prestar atención especial.
4• Los pares reciben atención extra por jugar con el niño.
5• Ciertos pares disfrutan interesarse por otros.

Evento
1• El estudiante aprueba todas las materias en la escuela.

Posibles interpretaciones
1• El ámbito escolar es el apropiado y el estudiante es capaz de aprender en una clase tradicional.
2• Las evaluaciones no son tan exigentes como con otros alumnos.
3• Al estudiante se le ha enseñado previamente las habilidades requeridas.
4• La curricula en los primeros grados se encuentra basada en habilidades
concretas en vez de en abstractas.
5• El estudiante recibe asistencia que guía el rendimiento.

Evento
1• Un consultor está observando en un aula.
2• El estudiante exhibe conductas disruptivas.
3• El maestro reporta que el estudiante tiene un día «inusual».

Posibles interpretaciones
1• El estudiante de verdad tiene un día inusual.
2• La presencia de una persona adicional es angustiosa para el estudiante.
3• La presencia de una persona adicional es angustiosa para el maestro y causa que éste se distraiga y sea menos efectivo que lo habitual.
4• El estudiante está perturbado porque el maestro ha alterado algunas de las rutinas debido a la observación.
5• En realidad es un día típico, pero el maestro es más consciente de la conducta problemática por la observación. En otros días, el maestro no está tan en sintonía con las conductas problemáticas, y no las nota tanto.
6• Es un día típico pero el maestro se encuentra avergonzado e inventa excusas.

Evento
1• El estudiante esta bostezando y no participando.
2• El maestro o los padres comentan que el estudiante está cansado.

Posibles interpretaciones
1• El estudiante no durmió lo suficiente.
2• El estudiante está aburrido o desmotivado.
3• El estudiante está evitando una actividad.
4• El estudiante está ejecutando una auto-estimulación.

Evento
1• Un niño de cuatro años con TEA lee.

Posibles interpretaciones
1• El niño padece «hiperlexia».
2• El niño lee al mismo nivel que otros niños de cuatro años, pero parece ser hiperlexico porque el personal no espera que el niño con TEA posea muchas habilidades avanzadas.
3• El niño puede decodificar bien, pero no posee la comprensión de lo que se encuentra leyendo.
4• El niño se auto-estimula con cartas y palabras, y por lo tanto se encuentra altamente motivado para desarrollar esta habilidad.

La correlación no implica causación

Cuando se intenta determinar la efectividad de tratamientos para el autismo, al igual que las potenciales causas del trastorno, típicamente podrían utilizarse dos tipos de investigación. La primera, intenta establecer la relación causal entre las variables, involucra la presentación sistemática del supuesto factor causativo y el examen de lo que pasa posteriormente. También involucra un control o situación de comparación en la cual el supuesto factor no es presentado, pero los resultados son igualmente examinados (Campbell, et.al., 1963). Excepto por la presencia de la variable causal, las dos condiciones son bastante similares. De esa manera, cualquier diferencia en los resultados puede ser atribuida a (EJ., confirmada como causada por) el supuesto factor. Tal control experimental es necesario para establecer la causa, y es utilizado a menudo para demostrar que un tratamiento particular ha «causado» los beneficios esperados, Campbell, et. al.,1963.

Como fue citado previamente en este capítulo, con la excepción de ABA, poca o ningún tipo de investigación se ha llevado a cabo para examinar la efectividad de los tratamientos del autismo. Muy frecuentemente, si la investigación se lleva a cabo, es de tipo asociativa o correlacional. Eso es, un tratamiento ha sido presentado y un cambio también es observado, lo cual lleva a la conclusión de que existe una conexión entre los dos. El problema con esto es que la correlación no demuestra causación (Campbell, et.al., 1963). Cuando dos factores ocurren juntos, incluso con alguna consistencia, a menudo no es claro cuál de los dos causa al otro. Es más, existe la posibilidad de que alguna tercera variable haya causado ambos factores. Tome por ejemplo, un individuo que se encuentra ejercitándose más y durmiendo mejor. Podríamos inferir que está durmiendo mejor debido a que se ejercita más. Sin embargo, es posible de que lo opuesto sea cierto, EJ., está ejercitándose más porque duerme mejor y tiene más energía. Una tercera posibilidad es que ha parado de comer pizza con pepperoni como snack nocturno. Debido a su cambio en su conducta alimenticia, ahora se encuentra durmiendo mejor, se siente menos lento e hinchado y ejercitarse requiere menos esfuerzo. En ese caso la tercera variable es responsable de producir el cambio en ambos factores. Aunque los primeros dos factores se encuentran correlacionados, ninguno de ellos causa al otro, otro ejemplo de cómo la correlación no es igual a la causación.

Respecto a la investigación de la causa o causas del autismo, este asunto se torna incluso más complicado. Obviamente, uno no puede manipular el supuesto factor causal en un intento de producir autismo. El control experimental no es deseado aquí. La poca investigación que existe, intenta utilizar lo que en esencia es un abordaje correlacional en una tentativa de determinar la causa. Mientras que no podemos apoyarnos en correlación para probar la causación, este es un buen ejemplo de que debemos aprender lo que podamos de la técnica menos confiable. Afortunadamente, hay factores que pueden fortalecer nuestra confianza en tales relaciones, y ayudarnos en la evaluación de investigación sobre la causa del TEA.

Cuando una relación correlacional es fuerte, esto es, cuando una variable es hallada consistentemente en conjunción con la otra, entonces una asociación entre ambas puede ser inferida más confiablemente. Por ejemplo, con gemelos que son idénticos, si uno de ellos padece TEA, entonces existe una alta probabilidad de que el otro también vaya a padecer TEA (una correlación elevada). En contraste, con mellizos, si uno de ellos tiene TEA, la posibilidad de que el segundo también lo tenga es considerablemente más bajo (una correlación baja). Esto indica firmemente que la genética es un factor en la causa del autismo. Sin embargo la naturaleza de tal relación es compleja y todavía no muy bien comprendida.

Cuando variables correlacionadas ocurren en el orden temporal correcto (la supuesta causa precede al supuesto efecto), y existe una relación consistente y fuerte, entonces el potencial de causalidad es más probable. En el ejemplo de la genética y el autismo, es posible que la anormalidad genética preceda al autismo, en vez de que el autismo causa una mutación en la composición genética del individuo.

Finalmente, el consuelo que tenemos con la posibilidad de causalidad entre dos variables se ve fortalecida por su valor predictivo. Esto es, cuando esa variable «causal» es identificada como presente, existe una elevada posibilidad y consistente de que el «efecto» también esté presente. A la inversa, si la variable causal no se encuentra presente, esto debería predecir que el efecto tampoco se encuentra presente. Hasta ahora, no hay ninguna variable conocida, incluyendo la estructura genética específica, que consistentemente preceda el desarrollo de autismo, y que cuando se encuentra ausente podemos estar seguros de que el autismo no se desarrollara.

El ojo crítico y el proceso analítico

Como fue mencionado previamente, la información correlacional ha sido generada en investigación para examinar la efectividad del tratamiento sumado a investigaciones sobre las causas del autismo. En tales casos, Se debería tener prudencia a la hora de arribar a conclusiones sobre si un tratamiento causó un resultado particular. Sin embargo, muchos supuestos estudios interesados en el tratamiento no son del tipo correlacional. En vez de ello, pretenden ser de una naturaleza científica, diseñada para demostrar la causa (tratamiento particular) y el efecto (mejora en un área o aéreas de funcionamiento).

Es recomendable que uno examine, a cada nivel de un estudio, las hipótesis, elementos de procedimiento, y las supuestas relaciones. Mientras que ningún estudio es perfecto, al final la pregunta es: «¿acaso el estudio llevo a cabo un trabajo convincente en cuanto a la demostración de que el tratamiento era responsable del cambio, y de que no eran otros factores (hipótesis alternativas) las responsables por el efecto?» no es suficiente con mostrar un resultado positivo. Cualquier reporte de individuos progresando merece ser noticia; sin embargo, para que haya beneficios al campo del tratamiento del autismo, para un estudio es necesario presentar evidencia convincente de lo que fue y no fue responsable de aquellos efectos. Esa es la única manera por la que podemos aprender cómo obtener los mismos efectos positivos para otros individuos.

Para ser capaz de tener confianza en la afirmación de un investigador, se requiere rigor en los métodos de cómo se condujo la investigación. Para determinar el nivel de rigor, uno puede examinar los siguientes elementos y consideraciones: características del participante y como son seleccionados; objetivos que son considerados y que tan significativos y válidos son; medidas utilizadas y de hecho qué miden; cómo se recolectan los datos y que tan objetivo o subjetivo esto es; la solidez de los diseños experimentales que son utilizados en un intento de mostrar qué es responsable de los efectos, y para controlar variables alternativas; que resultados son reportados (o excluidos) y que tan honestamente son presentados y representados; si las conclusiones parecen reflejar acertadamente los datos obtenidos, si evitan la especulación desenfrenada, y abiertamente reportan las fallas y limitaciones del estudio. Cada uno de estos elementos reduce las chances de que otros factores sean responsables por los efectos, y que nos ayuden a descartar hipótesis alternativas.

La confiabilidad también puede ser mejorada examinando tanto como el investigador manejó su hipótesis principal y que tan seriamente tuvo en consideración las hipótesis alternativas. También hay señales a tener en cuenta que indicarían que un investigador está yendo más allá de lo que sus datos realmente muestran. Estas señales incluyen:

• Posiciones con un fuerte programa, y las cuales nacen de «movimientos» políticos.

• Posiciones que sustituyen la correlación por causación.

• Posiciones que son muy orientadas a un factor y que descarta de plano la posibilidad de que múltiples factores se encuentren operando.

• Análisis que no muestran una evaluación adecuada de hipótesis alternativas o no proveen ninguna explicación en cuanto a porqué un factor particular fue descartado.

• Una «casa de naipes» construida en base a una suposición detrás de otra, a menudo individualmente débil y altamente tentativas.

• La «tan repetida mentira», la cual nunca ha podido ser sostenida y que deriva su credibilidad meramente por haber sido repetida frecuentemente.

• Sustitución de ataque a las hipótesis alternativas por relaciones fuertes establecidas.

• Ataque a las hipótesis alternativas en carácter de prepotentes, en vez de evaluar las hipótesis en sí.

Como dijimos anteriormente, ningún estudio es perfecto. Pero mientras más fuertes y estables sean los elementos antes mencionados, más confianza podremos tener con los hallazgos de un estudio. La replicación de un estudio y sus efectos sólo suma a nuestra confiabilidad (Sidman, 1960). Mientras que la publicación en una revista académica de pares puede adherir a nuestra confianza, no ofrece garantía de solidez. Algunas revistas son más rigurosas que otras, mientras que algunas que muestran rigor experimental, les puede faltar relevancia clínica. Uno debería traer un ojo crítico al análisis, y al buen consumismo a todo estudio que uno encuentre, no importa que prometedor o intuitivos sean los hallazgos. Existen demasiadas complicaciones con nuestras decisiones de tratamiento como para no hacerlo.

Referencias bibliográficas

Allgood, N. (2005). *Parents' perceptions of family-based group music therapy for children with autism spectrum disorder.* - Music Therapy Perspectives 23(2): 92-99.

Bernard-Optiz, V., Ing, S., & Kong, T. Y. (2004). *Comparisons of behavioural and natural play interventions for young children with autism.* - Autism 8(3): 319-333.

Bondy, A., & Frost, L. (2001). *The picture exchange communication system.* - Behavior Modification 25(5): 725-744.

Bondy, A., & Frost, L. (2002). *A picture's worth: PECS and other visual communication strategies in autism.* - Bethesda, MD, Woodbine House.

Bondy, A., Tincani, M., & Frost, L. (2004). *Multiply controlled verbal - operants: An analysis and extension to the Picture Exchange Communication System.* - Behavior Analyst 27(2): 247-261.

Bondy, A. S., & Frost, L. A. (1993). *Mands across the water: A report on the application of the Picture Exchange-Communication System in Peru.* - Behavior Analyst 16(1): 123-128.

Bondy, A. S., & Frost, L. A. (1994). *The picture exchange communication system.* - Focus on Autistic Behavior 9(3): 1-19.

Cafiero, J. (1998). *Communication power for individuals with Autism.* - Focus on Autism and Other Developmental Disabilities 13(2): 113-121.

Campbell, D.T., Stanley, J.C., & Gage, N.L. (1963). *Experimental and quasi experimental designs for research.* - Boston, MA, Houghton, Milfflin and Company.

Carr, E. G., Kologinsky, E., & Leff-Simon, S. (1987). *Acquisition of sign - language by autistic children: III. Generalized descriptive phrases.* - Journal of Autism and Developmental Disorders 17(2): 217-229.

Cermak, S. A., & Mitchell, T. W. (2006). *Sensory Integration. In Treatment of language disorders in children.* - R. J. McCauley, & Fey, M. E. Baltimore, MD, Paul H Brookes: 435-469.

Charlop-Christy, M. H., Carpenter, M., Le, L., LeBlanc, L. A., & Kellet, K. (2002). *Using the picture Exchange communication system (PECS) with children with autism: Assessment of PECS Acquisition, speech, socialcommunicative behavior, and problem behavior.*
Journal of Applied Behavior Analysis 35(3): 213-231.

Charlop-Christy, M. H., Carpenter, M. H. (2000). *Modified Incidental Teaching sessions; A procedure for parents to increase spontaneous speech in their children with autism.* - Journal of Positive Behavioral Interventions 2(2): 98-112.

Crozier, S., Tincani, M. J. (2005). *Using a modified social story to decrease disruptive behavior of a child with autism.* Focus on Autism and Other Developmental Disabilities 20(3): 150-157.

Delano, M., & Snell, M. E. (2006). *The effects of social stories on the social engagement of children with autism.* - Journal of Positive Behavioral Interventions 8(1): 29-42.

Duker, P. C., Wells, K., Seys, D., Rensen, H. (1991). *Brief report: Effects of fenfluramine on communicative, stereotypic, and inappropriate behavior of autistic type mentally handicapped individuals.* - Journal of Autism and Developmental Disorders 21(3): 355-363.

DuVerglas, G., Banks, S. R., Guyer, K. E. (1989). *Clinical effects of fenfluramine on children with autism: A review of the research.* - Annual Progress in child psychiatry and child development: 471-482.

Gharani, N., Benayed, R., Mancuso, V., Brzustowicz, L. M., & Milloning, J. H. (2004). - Association of the homeobox transcription factor, ENGRAILED 2, 3, with autism spectrum disorder. Molecular Psychiatry 9(5): 474-484.

Greenspan, S. I., & Wieder, S. (2000). *A developmental approach to difficulties in relating and communicating in autism spectrum disorders and related syndromes. Autism Spectrum Disorders: a Transactional Developmental Perspective.* - A. M. Wetherby, & Prizant, B. M. Baltimore, MD, Paul H Brookes Publishing: 279-306.

Greenspan, S. I., & Wieder, S., & Simmons, R. (1998). *The child with special needs: Encouraging intellectual and emotional growth.* - Reading, MA, Addison-Wesley/Addison Wesley Longman.

Gutstein, S. E., & Sheely, R. K. (2002). *Relationship Developmental Intervention with Young Children: Social and Emotional Development Activities for Asperger Syndrome, Autism, PDD, and NLD.* Philadelphia, PA, Jessica Kingsley Publishers.

Handen, B. L., Hofkosh, D. (2005). *Secretin in children with autistic disorder: A double blind, placebo-controlled trial.* - Journal of Developmental and Physical Disabilities 17(2): 95-106.

Haring, T. G., Neetz, J. A., Lovinger, L., Peck, C., et-al. (1987). *Effects of fourmodified incidental teaching procedures to create opportunities for communication.* - Journal of the Association for Persons with Severe Handicaps 12(3): 218-226.

Hart, D. (2005). *Writing and developing Social Stories*. - Education Psychology in Practice 21(1): 79-80.

Hedges, D., & Burchfield, C. (2005). *The placebo effect and its implications*. - Journal of Mind and Behavior 26(3): 161-180.

Jacobson, J. W., Foxx, R. M., & Mulick, J. A. *Controversial Therapies for Developmental Disabilities: Fad, Fashion, and Science in Professional Practice. J. W. Jacobson, Foxx, R. M., & Mulick, J. A. Mahwah, M. J.* - Lawrence Erlbaum Associates: 363-383.

Jayachandra, S. (2005). *Is Secretin effective in treatment for autism spectrum disorder (ASD)?* - International Journal of Psychiatry in Medicine 35(1): 99-101.

Josefi, O., & Ryan, V. (2004). *Non-directive play therapy for young children with autism: A case study*. - Clinical Child Psychology and Psychiatry 9(4): 533-551.

Kane, A., Luiselli, J. K., Dearborn, S., & Young, N. (2004-2005). *Wearing a weighted vest as intervention for children with autism/pervasive developmental disorder: Behavioral assessment of stereotypy and attention to task*. - Scientific Review of Mental Health Practice 3(2): 19-24.

Kaplan, R. S., & Steele, A. L. (2005). *An analysis of Music Therapy program goals and outcomes for clients with diagnoses on the Autism Spectrum*. - Journal of Music Therapy 42(1): 2-19.

Koegel, R. L., O'Dell, M. C., & Koegel, L. K. (1987). *A Natural Language teaching paradigm for nonverbal autistic children*. - Journal of Autism and Developmental Disorders 17(2): 187-200.

Kozloff, M. A. (2005). *Fads in general education: Fad, fraud, and folly. Controversial Therapies for Developmental Disabilities: Fad, fashion, and science in professional practice.*

J. W. Jacobson, Foxx, R. M., & Mulick, J. A. Mahwah, NJ, Lawrence Erlbaum - Associaties: 159-173.

Kroeger, K. A., & Nelson, W. M. III. (2006). *A language programme to increase the verbal production of a child dually diagnosed with Down Syndrome and autism*. - Journal of Intellectual Disability Research 50(2): 101-108.

Landreth, G. L., Sweeny, D. S., Ray, D. C., Homeyer, L. E., & Glover, G. J. (2005). *Play therapy interventions with children problems: Case studies with DSM-IV-TR*. **Lanham, MD, Jason Aroson.**

Laski, K. E., Charlop-Marjorie, H., & Schreibman, L. (1988). *Training parents to use the natural language paradigm to increase their autistic children's speech.* - Journal of Applied Behavior Analysis 21(4): 391-400.

LeBlanc, L. A., Esch, J., Sidener, T. M., Firth, A. M. (2006). *Behavioral language interventions for children with Autism: Comparing Applied Verbal Behavior and Naturalistic Approaches.* - Analysis of Verbal Behavior 22: 49-60.

Leibowitz, G. (1991). *Organic and Biophysical theories of behavior.* - Journal of Developmental and Physical Disabilities 3(3): 201-243.

Leventhal, B. L., Cook, E. H., Morford, M. R., et-al. (1993). *Clinical and neurochemical effects of fenfluramine in children with autism.* - Journal of Neuropsychiatry and Clinical Neurosciences 5(3): 307-315.

Levy, S. E., & Hyman, S. L. (2005). *Novel treatments for Autistic Spectrum Disorders.* Mental Retardation and Development Disabilities Research Reviews 11(2): 131-142.

MacDuff, G. S. Krantz, P. J., MacDuff, M. A., & McClannahan, L. E. (1988). *Providing Incidental teaching for autistic children: A rapid training procedure for therapists.* - Education and Treatment of Children 11(3): 205-217.

Martineau, J., Barthelemy, C., Rouz, S., Garreau, B., & LeLord, G. (1989). *Electrophysiological effects of fenfluramine or combined vitamin B-Sub 6 and magnesium on children with autistic behavior.* - Developmental Medicine and Child Neurology 31(6): 721-727.

Maurice, Catherine (1999). *«ABA and us: One parent's reflections on partnership and persuasion.»* - Address to Cambridge Center for Behavioral Studies Annual Board Meeting, Palm Beach, Florida, November, 1999.

McGee, G. G., Krantz, P. J., & McClannahan, L. E. (1985). *The facilitative effects of incidental teaching on preposition use by autistic children.* - Journal of Applied Behavior Analysis 18(1): 17-31.

McGee, G. G., Krantz, P. J., & McClannahan, L. E. (1986). *An extension of incidental teaching procedures to reading instruction for autistic children.* - Journal of Applied Behavior Analysis 19(2): 147-157.

McGee, G. G., Krantz, P. J., Mason, D., & McClannahan, L. E. (1983). *A modified incidental teaching procedure for autistic youth: Acquisition and generalization of receptive object labels.* - Journal of Applied Behavior Analysis 16(3): 329-338.

McGee, G. G., Morrier-Michael, J., & Daly, T. (1999). *An incidental teaching approach to early intervention with autism.* - Journal of the Association for Persons with Severe Handicaps 24(3): 133-146.

Mesibov, G. B. (1995). *Facilitated Communication: A warning for pediatric psychologist.* Journal of Pediatric Psychology 20(1): 127-130.

Mesibov, G. B. (1997). *Formal and informal measures on the effectiveness of the TEACCH programme.* - Autism 1(1): 25-35.

Mesibov, G. B., Shea, V., & Schopler, E. (2005). *The TEACCH Approach to Autism Spectrum Disorder.* - New York, NY, Springer Science & Business Media.

Miranda-Linne, F., & Melin, L. (1992). *Acquisition, generalization, and spontaneous use of color adjectives: A comparison of incidental teaching and traditional discrete trial procedures for children with autism.* - Research in Developmental Disabilities 13(3): 192-210.

Miranda, P. (2003). *Toward a functional augmentative and alternative communication for students with autism: Manual signs, graphic symbols, and voice output communication aids.* - Language, Speech, and Hearing Services in Schools 34(3): 203-216.

Murphy, C., Barnes-Holmes, D., Barnes-Holmes, Y. (2005). *Derived manding in children with autism: Synthesizing Skinner's verbal behavior with relational frame theory.* - Journal of Applied Behavior Analysis 38(4): 445-462.

Nichols, S. L., Hupp, S. D., Jewell, J. D., Zeigler, C. S. (2005). *Review of Social Story interventions for children diagnosed with autism spectrum disorders.* - Journal of Evidence Based Practices for Schools 6(1): 90-120.

Normand, M. P., & Knoll, M. L. (2006). *The effects of a stimulus-stimulus paring procedure on the unprompted vocalizations of a young child diagnosed with autism.* Analysis of Verbal Behavior 22: 81-85.

Paczynski, M. (1997). *A novel therapy for autism?* - Journal of Autism and Developmental Disorders 27(5): 628-630.

Pierce, K., & Schriebman, L. (1997). *Multiple peer use of pivotal response training social behavior of classmates with autism: Results from trained and untrained peers.* Journal of Applied Behavior Analysis 30(1): 157-160.

Rogers, S. J. (2005). *Play Interventions for young children with Autism Spectrum Disorders. In Empirically Based Play Interventions for Children.* - L. A. Reddy, Files-Hall, T. M., & Schaefer, C. E. Washington DC, American Psychological Association: 215-239.

Rose, M., & Torgerson, N. G. (1994). *A behavioral approach to vision and autism.* Journal of Optometric Vision Development 25(4): 269-275.

Rimland, B. (1993). «*Beware The Advozealots: Mindless Good Intentions Injure the Handicapped.*» - Autism Research and Review International 7(4): pg. 3

Rust, J., & Smith, A. (2006). *How should the effectiveness of social stories to modify the behaviour of children on the autistic spectrum be tested? Lessons from the literature.* - Autism 10(2): 125-138.

Scahill, L., & Martin, A. (2005). *Psychopharmacology. In Handbook of autism and pervasive developmental disorders:Assessment, interventions, and policy.*

F. R. Schopler, E., Mesibov, G. B., & Hearsey, K. (1995). *Structured teachingin the TEACCH system. In Learning and cognition in Autism.* - E. Schopler, & Mesibov, G. New York, NY, Plenum Press: 243-268.

Schreibman, L., & Koegel, R. L. (1996). *Fostering self-management: Parent-delivered pivotal response training for children with autistic disorder.* - In Psychological Treatments for Child and Adolescent Disorders: Empirically Based Strategies for Clinical Practice. E. D. Hibbs, & Jensen, P. S. Washington DC, American Psychological Association: 525-552.

Schreibman, L., Stahmer, A. C., Pierce, K. L. (1996). *Alternative applications of pivotal responce training: Teaching symbolic play and social interaction skills.* - In Positive Behavioral Support: Including People with Difficult Behavior in the Community. L. K. Koegel, Koegel, R. L., & Dunlap, G. Baltimore, MD, Paul H Brookes Publishing: 353-371.

Sidman, M. (1960). *Tactics of scientific research.* - Oxford, England, Basic Books.

Stahmer (1999). *Using Pivotal response training to facilitate appropriate play in children with autistic spectrum disorders.* - Child Language Teaching and Therapy 15(1): 29-40.

Stahmer, A. C. (1995). *Teaching symbolic play skills to children with autism using pivotal response training.* - Journal of Autism and Developmental Disorders 25(2): 123-141.

Strong, G., & Winter, E. C. (2006). *Teaching Children with autism and related spectrum disorders: An art and a science.* - Child Care in Practice 12(2): 185-187.

Sundberg, M., & Michael, J. (2001). *The benefits of Skinners analysis of verbal behavior to teach mands for information.* - Behavior Modification 25(5): 698-724.

Sundberg, M., Loeb, M., Hale, L., & Eigenheer, P. (2001-2002). *Contriving establishing operations to teach mands for information.* - Analysis of Verbal Behavior 18(15-29).

Tincani, M. (2004). *Comparing the Picture Communication System and Sign Language Training for Children with Autism.* - Focus on Autism and Other Developmental Disabilities 19(3): 152-163.

Tincani, M., Grozier, S., & Alazetta, L. (2006). *The Picture Exchange Communication System: Effects on Manding and Speech Development for School-Aged Children with Autism.* - Education and Training in Developmental Disabilities 41(2): 177-184.

Varley, C. K. & Holm, V. A. (1990). *A two-year follow-up of autistic children treated with fenfluramine.* - Journal of the American Academy of Child and Adolescent Psychiatry 29(1): 137-140.

Volkmar, F., Paul, R., Klin, A., & Cohen, D. Hoboken, NJ, John Wiley & Sons, Inc. 2: 1102-1117.

Whipple, J. (2004). *Music Intervention for children and adolescents with Autism: A meta-analysis.* - Journal of Music Therapy 41(2): 90-106.

Wieder, S., & Greenspan, S. I. (2003). *Climbing the symbolic ladder in the DIR model through floor time/ interactive play.* - Autism 7(4): 425-435.

Yodel, P., & Stone, W. L. (2006). *Randomized comparison of two communication interventions for preschoolers with Autism Spectrum Disorders.* - Journal of Consulting and Clinical Psychology 74(3): 426-435.

CAPITULO 8

COMPARANDO ABORDAJES DE TRATAMIENTO

Si uno fuera a buscar información en Internet sobre TEA, encontraría literalmente cientos de tratamientos publicados como altamente efectivos. Algunos incluso garantizan curas. Mientras que algunos «tratamientos» pueden parecer cómicos, la situación es de hecho trágica, dado que aquellos que se encuentran desesperados pueden desperdiciar sus valorados recursos al igual que el tiempo de su niño con la esperanza de que algo funcione. Muchos otros de los llamados tratamientos parecen plausibles. Especialmente, con rasgos apasionados, convincentes, y con indicio de seudo-investigación.

Es esencial hacer el recuento de varios tratamientos e indagar si hay investigación científica que apoye sus afirmaciones de efectividad. Uno debe ser un consumidor prudente. En el capítulo 6: tratamientos alternativos para trastornos del espectro autista: ¿qué es ciencia?, hemos presentado una lista de abordajes de tratamientos que han sido utilizados con TEA. Es una larga lista y ciertamente no completa, pero hay algunas que han sido ampliamente adoptadas que requieren una examen más profundo para determinar si de hecho merecen la presunción de beneficio que se les ha concedido. Sentimos que la adopción de un abordaje de tratamiento debe basarse en una decisión realmente informada. En este capitulo examinaremos de nuevo brevemente ABA, al igual que Floor Time, Integración sensorial, TEACCH, e Intervención para el Desarrollo de Relaciones (DIR).

Análisis comparativo limitado

El tipo de investigación que realmente compara diferentes abordajes, en un estilo de intervenciones opuestas, es extremadamente limitado. Los estudios comparativos de largo plazo sobre programas de tratamiento separados para individuos con TEA son extremadamente difíciles de llevar a cabo. Tales estudios requerirían (junto con otros elementos de diseño) la asignación aleatoria de participantes para completar los programas de tratamiento, llevados a cabo por verdaderos representantes de los distintos abordajes. Ética y prácticamente, tales esfuerzos serían casi imposibles de cumplir. Más comunes son estudios que se conforman con el examen comparativo de los procedimientos en los que difieren (típicamente con la referencia de un área problema particular) dos o más abordajes. Tales estudios han sido llevados a cabo, por ejemplo, para evaluar distintas estrategias de instigación y enseñanza (Gast, Ault, Wolery, Doyle, & Belanger, 1988; Leaf, McFadden, Tyrell, Sheldon, & Sherman, 2007; Soluaga, Leaf, Taubman, & McEachin, (2008); Tekin & Kircaali-Iftar, 2002). Sin embargo, los estudios a menudo son llevados a cabo (en ambos abordajes) por quienes apoyan sólo uno de los procedimientos. No es una sorpresa que los hallazgos sean favorables para la intervención preferida del autor.

Es importante observar, sin embargo, que no siempre es necesario llevar a cabo tal análisis comparativo para concluir que un abordaje es superior a otro. Por ejemplo, si un abordaje demuestra efectividad a largo plazo utilizando una metodología científica firme, y otro abordaje no puede proveer tal evidencia, entonces seria valido llegar a una conclusión. En este capitulo examinaremos algunos de los abordajes de uso generalizado en el sistema escolar para ayudar a elegir un tratamiento del que pueda esperarse un beneficio educacional significativo.

ABA

Dos estudios de los 60´s dieron un indicio sobre como ABA se iba a comparar con otros abordajes y mostrar que el concepto de análisis comparativo procedural no es nuevo. Lovaas, Freitag, Gold y Kassorla (1965), y Lovaas y Simmons (1969) llevaron a cabo comparaciones entre ABA y psicoanálisis en el tratamiento de conductas auto-lesivas (CAL). Los datos revelaron que las auto-lesiones se incrementaron cuando se administró a los niños «atención positiva». El tratamiento psicoanalítico era inefectivo, pero por contraste los procedimientos ABA resultaron en la eliminación de las CAL.

El resultado del estudio de 1987 llevado a cabo por Lovaas (discutido en detalle en el capitulo «2») podría ser considerado como cercano a uno de largo plazo, y con análisis de comparación de programas. En ese estudio, Lovaas utilizó una comparación de 3 grupos.

GRUPO 1	GRUPO 2	GRUPO 3
ABA intensivo solamente	Educación especial tradicional, Terapia del lenguaje, Terapia ocupacional y escaso ABA	Servicios eclécticos tradicionales brindados por los distritos

Los datos mostraron que el resultado del grupo 1 (solamente ABA) fue significativamente mejor que los otros dos grupos que recibieron un abanico más amplio de tratamientos.

Otro tipo de estudio de comparación programática fue llevado a cabo por Eikeseth, Smith, Jahr and Eldevick (2002). Ellos compararon un abordaje intensivo de ABA versus un abordaje «ecléctico». Ellos definieron como ecléctico a la incorporación del Proyecto TEACCH (Schopler, Lansing & Waters, 1983), terapias senso-motoras (Ayres, 1972) y ABA. Los resultados sugirieron que los niños lograron mejoras más significativas utilizando el abordaje de ABA puramente. Sin embargo, estos artículos deben ser interpretados con más cuidado. Aunque de alguna manera representan lo más cercano a análisis comparativos en la literatura actual, sus limitaciones, y el potencial para el sesgo, reducen las conclusiones que podamos sacar y asumen la efectividad comparativa del estilo de abordajes opuestos.

Ha habido otros esfuerzos notables para realizar comparaciones legítimas: New York State Department of Health Early Intervention Clinical Practice Guideline Report of Recommendations, 1999; A Report of The American Surgeon General, (Department of Health and Human Services, 1999);
Committee on Educational Interventions For Children With Autism:
National Research Council, 2001. Las tres han indicado que ABA es la «mejor intervención». American Surgeon General reportó:

1• ABA fue efectivo en la reducción de conductas disruptivas y el incremento del aprendizaje, comunicación y la conducta social apropiada.

2• Un seguimiento exhaustivo de la intervención ABA encontró que casi la mitad del grupo experimental, pero casi ninguno de los niños en el grupo control fueron capaces de participar en una escolarización normal.

Además, el reporte del Departamento de Salud de Nueva York no mostró evidencias que apoyen la eficacia de una cantidad de metodologías utilizadas, incluyendo a Floor Time, Secretina, Dietas e Integración Sensorial.

Smith (1999) llevó a cabo una revisión de 12 estudios publicados por colegas, de resultados en los cuales la intervención temprana fue administrada a niños con TEA. Lo siguiente muestra los progresos de CI de los participantes en los artículos revisados:

GANANCIA CI	
Lovaas (grupo de tratamiento intensivo)	22 - 31
Otras investigaciones ABA	7 - 28
Modelo de Denver (Modelo de escuela de juego)	4 - 9
TEACCH	7 - 3

Fue imposible para Smith llevar a cabo un análisis comparativo dado que había una variación tremenda de edad en los pacientes, edad de inicio del tratamiento, criterio diagnóstico, duración del tratamiento al igual que medidas de evaluación. No obstante, es relativamente claro que la intervención conductual (ABA) obtuvo los mejores resultados. Finalmente, los dos reportes más comúnmente citados que tienen por objeto ser revisiones comparativas – Dawson & Osterling (1997) y Prizant & Rubin (1999)- son seriamente defectuosos en su conclusión de favorecer un abordaje ecléctico para el tratamiento de TEA (Ver capitulo 5 eclecticismo). Algunos puntos que merecen ser mencionados aquí son:

• Aunque se esfuerzan en convencernos de que todos los abordajes que han examinado poseen algún grado de credibilidad, ellos actualmente atribuyen que la metodología científica de investigación más robusta fue utilizada por Lovaas y sus colegas.

• Ocho de los diez abordajes emplearon estrategias ABA, la cual era una característica central del programa de intervención de Lovaas. (los autores pasaron por alto el hecho de que Lovaas utilizó ABA más intensamente que cualquiera de los otros abordajes).

• La investigación de Lovaas tuvo el seguimiento más intensivo.

• La investigación de Lovaas también cuenta con la efectividad mejor documentada.

Floor Time

Floor Time tiene su fundamento filosófico en la teoría psicoanalítica. De acuerdo a la teoría, la raíz del autismo es la inhabilidad de los padres para conectarse significativamente con sus niños. Esto es un retroceso a Bettleheim (1967), periodo durante el cual el TEA no era bien comprendido. La investigación actual indica claramente que el TEA posee una base orgánica en vez de psicológica (Mesibov, Adams & Schopler, 2000). Es interesante notar que Floor Time fue desarrollado originalmente con una población totalmente diferente y fue extendida a autismo sin validación empírica.

Debido a su fundamentación psicoanalítica, es recomendado que la mayoría de la intervención sea administrada por los padres, de manera de desarrollar el lazo faltante y necesario (Greespan & Wieder, 2000). La intervención adicional puede ser administrada por individuos capaces de proveer una instrucción consistente y la construcción de relaciones. El abordaje en si mismo no proporciona una curricula o enseñanza sistemática de metas por medio de las cuales desarrollar el potencial del estudiante. Otra vez, esto es producto de su filosofía de base que sostiene que una vez que el estudiante puede interactuar y comunicarse de una manera significativa, será capaz de aprender del ambiente. Adicionalmente, de nuevo viniendo de la perspectiva psicoanalítica, Floor Time ve a la terapia como el arte ve la ciencia. Por lo tanto la intervención puede ser difícil de replicar y depende enormemente de procesos clínicos no específicos.

No hay evidencia científica que apoye la eficacia de Floor Time. El único estudio que Greenspan y Wieder (1997) llevaron a cabo posee fallas metodológicas fatales. Aunque Greenspan reportó resultados casi idénticos a Lovaas, el criterio que utilizó nunca fue especificado. Por lo tanto, uno no tiene absolutamente ninguna idea qué fue lo considerado como «mejor resultado». En comparación con el estudio de Lovaas, esta categoría fue definida operacionalmente en términos de CI, ámbito escolar y síntomas clínicos.

La segunda falla metodológica fatal de la investigación fue que el individuo que categorizó a los niños fue un colega de Greenspan. En otras palabras, no hubo esfuerzo de garantizar una medida no sesgada.

El tercer problema con el estudio es que las evaluaciones se basaban en revisiones retrospectivas de caso. esto implica revisar registros de caso una vez que el tratamiento ha concluido. en otras palabras, nunca se llevo a cabo una evaluación real. Los problemas aparejados con las revisiones retrospectivas es que lo que lo que se mide (EJ., CI, habilidades sociales, rendimiento conductual) no se establece antes de tiempo (antes que comience el tratamiento). En estudios de resultados legítimos, tales decisiones son siempre tomadas previamente, y el tratamiento luego tiene éxito o fracasa basado en aquellos criterios predeterminados de éxito. En la revisión retrospectiva lo que es medido es determinado en el mismo momento. Es muy fácil que el sesgo entre a formar parte. Eso es, lo que se ve bien en los archivos es reportado y lo que no se ve bien es dejado a un lado. Quién es incluido y qué es incluido en la revisión a menudo esta basado puramente en lo que hace que un abordaje se vea favorable.

Cuarto, no fue un estudio científicamente controlado porque no hubo ningún grado de asignación aleatoria a la condición de tratamiento. No hay manera de saber si los niños en el grupo control poseían las mismas características de aquellos que recibieron Floor Time. Pueden estar comparando manzanas y con naranjas.

Quinto, el estudio no fue revisado por pares. Además, el estudio apareció en la revista del propio Dr. Greenspan. Este «estudio» es un ejemplo paradigmático de metodología, diseño pobre, y seudo-investigación.

Si uno fuera a aceptar el estudio de Greenspan por su aparente valor, uno concluiría que es un abordaje bastante efectivo. Sin embargo, cuando es analizado críticamente se torna extremadamente difícil sacar alguna conclusión. The American Surgeon General (2000) no reconoció Floor Time como efectivo, y The New York State Department of Health Early Intervention Clinical Practice Guideline Report of Recommendations (1999) similarmente reportó que no había ninguna evidencia que documente su efectividad. Uno debe preguntarse como Dawson y Osterling (1997) concluyeron que Floor Time era igualmente efectiva que ABA.

Ciertamente acordamos con la posición de Greenspan de que es crítico trabajar en habilidades sociales y conversacionales en el contexto más natural posible. Buenos programas ABA han adherido a esta filosofía mucho antes que Greenspan comience a trabajar con niños con TEA. Sin embargo, también puede ser necesario que estas habilidades sean desarrolladas en un contexto más artificial. Hay niños para los cuales es necesario trabajar en un ambiente más estructurado de manera de recibir una práctica concentrada que ayude a construir fluidez. Cuando la fluidez progrese, la estructura puede ser sistemáticamente desvanecida y el niño puede exitosamente pasar a las demandas de un contexto de aprendizaje natural. La intervención debe ser individualizada para corresponder mejor las necesidades del estudiante.

A pesar de las diferencias filosóficas de base, existen otras diferencias significativas entre ABA y Floor Time. Estas diferencias llevarían a estrategias de tratamiento muy diferentes. Mientras que alguien que utiliza Floor Time aceptaría la auto-estimulación, y quizás incluso la refuerce, quienes intervienen con ABA no castigarían la conducta. Y mientras que un terapeuta de Floor Time detestaría» entrometerse» con el niño, un conductista haría todo lo posible para interrumpir las conductas autoestimulatorias por sus efectos perjudiciales. Sería virtualmente imposible utilizar ambos procedimientos, tal y como fueron desarrollados de manera que se mantengas sus respectivas raíces teóricas. Se encuentran en conflicto directo y su implementación combinada sería no solo confusa para el niño, sino que también operaría con ambos propósitos y potencialmente volvería inefectivos a ambos tratamientos.

Integración sensorial

Integración Sensorial (IS) es un abordaje que la mayoría de los niños con TEA reciben en los EE.UU. Mucha gente se sorprende de saber que no existen datos empíricos que apoyen la teoría o la efectividad del tratamiento de IS. La teoría, al igual que los procedimientos, están basados en la especulación, en el mejor de los casos, y son contrarios a ABA.

Por ejemplo, ¿Cual es la recomendación común hecha por un terapeuta de IS cuando un niño exhibe rabietas? La estrategia típica es aplicar una presión profunda, o por medio de compresión de las articulaciones o un chaleco con pesas (Kane, Luiselli, Dearborn, & Young, 2004). En efecto, el niño típicamente deja de llorar. Esto por supuesto refuerza la creencia que la «presión profunda» ayudo al niño a integrar la estimulación sensorial. Sin embargo, como fue discutido en el capitulo de Pensamiento Critico, puede haber una cantidad diferente de razones por las cuales el niño puede haber dejado de llorar (EJ., recibió atención, evitación de la tarea, distracción, etc.). Es más, dado a que los niños a menudo disfrutan los masajes, como muchos adultos y niños «típicamente desarrollados», la presión profunda puede haber servido solo para reforzar la rabieta.

INTEGRACIÓN SENSORIAL	ABA
Dietas sensoriales son esenciales El niño necesita auto-estimularse A menudo se utiliza cuando el estudiante se encuentra agitado	Dietas sensoriales pueden ser nocivas Al niño le «gusta» auto-estimularse Utiliza manejo del estrés previo a la agitación

Los asuntos «sensoriales» y las respuestas a input sensorial manifestados por niños con TEA no son muy diferentes de aquellos sin TEA. No es sorprendente que niños con TEA disfruten de la presión profunda. También todas las personas dispuestas a gastar una gran cantidad de dinero en masajes. ¿Y quien no disfrutaría recostarse sobre algo confortable?

Estas preferencias sensoriales comunes pueden ser explicadas por la «teoría del aprendizaje». Desde una edad temprana, por medio de asociaciones (EJ. Condicionamiento pavloviano), la «presión profunda» se encuentra asociada con otros eventos agradables, tal como comer, ser mimado y cuidado por los padres. Similarmente, no es sorprendente que los niños disfruten de luces, girar, saltar y balancearse. Una vez más, lo mismo sucede con la mayoría de los niños y adultos. Productos con tales características se encuentran fácilmente disponibles en la mayoría de las tiendas, y no porque son llevadas para atender a niños con TEA. Obviamente, la medida por la cual tales conductas sensoriales son buscadas por los niños con TEA, y el grado que interfieren con el aprendizaje y el comportamiento adecuado puede resultar altamente problemático. Sin embargo, hasta la fecha no existe evidencia de que el mal funcionamiento sensorial subyacente es la causa del funcionamiento autista.

Generalmente, mucho de lo que los integradores sensoriales reportan como validación de su teoría puede ser representado por una interpretación conductual. La diferencia, sin embargo, es que los procedimientos basados en ABA cuentan con una amplia investigación demostrando su efectividad. Sin embargo, virtualmente no hay investigaciones reportadas en revistas de colegas que demuestren la efectividad de la IS. Si bien existen algunos estudios, una vez más contienen fallas metodológicas fatales las cuales inhiben enormemente cualquier interpretación de apoyo. Además, investigación abocada a la teoría subyacente de la IS, la teoría del arousal, ha mostrado ampliamente no ser certera (Cummins, 1991; Gresham, Beebe-Frankenburger & Mac Millan, 1999; Hoehn & Baumeister, 1994; Shaw, Powers, Albelkop & Mullis, 2002).

En una revisión profunda de la IS, Steven Shaw (2002) escribió: «*no hay evidencia que la terapia de IS es o ha sido un tratamiento efectivo para niños con discapacidades de aprendizaje, autismo, o cualquier otra discapacidad del desarrollo. Este no es uno de esos casos comunes en los cuales no hay suficiente información sobre la cual efectivamente evaluar el tratamiento. No existe ningún estudio que utilice un diseño de investigación de calidad (EJ. Asignación aleatoria de los sujetos, emparejamiento de los grupos, consideración de los efectos de maduración, evaluadores ciegos en las condiciones de tratamiento) que encuentre a la terapia de IS como efectiva en la reducción de cualquier conducta o el incremento de conductas deseadas. Existe evidencia suficiente por la cual se puede realizar un veredicto. Y el veredicto es que, a pesar de la atracción intuitiva y los testimonios entusiastas, la terapia de IS no es un tratamiento efectivo.*» (pagina 2)

Pero ciertamente la mayoría de los niños disfrutan de la IS. La misma resulta atractiva para muchos niños. ¿Quien no querría jugar con juguetes geniales? Y la mayoría de quienes practican IS saben como interactuar de manera divertida y atractiva. Pero la diversión de ninguna manera asegura el beneficio terapéutico.

SIN SENTIDO

Organismos de financiación apoyan la Integración Sensorial, sin embargo, no financian ABA debido a que es «inefeciva» y «experimental».

Teacch

TEACCH, desarrollado por el Dr. Eric Schopler, es un sistema de apoyo de la cuna a la tumba basado en la afirmación de que los déficits mayores en autismo son discapacidades de toda la vida (Mesibov, Shea, & Schopler, 2005; Schopler, 2001). Un aspecto central de TEACCH es llevar a cabo cambios y adaptaciones en el ambiente (Mesibov, et. Al., 2005). Las aulas son organizadas para limitar las distracciones y proveer a los estudiantes con claves visuales claras en cuanto a las rutinas. Existe un énfasis en cuanto a los horarios, sistemas de trabajo, y el uso de materiales visuales.

Aunque ambos ABA y TEACCH se encuentran basados comportamentalmente, se fundan en premisas sustancialmente diferentes. TEACCH se en cuentra basado en la hipótesis que uno debe realizar adaptaciones para un niño con TEA (Mesibov, et.al., 2005; Schopler 2001). Mientras que ABA se basa en la premisa que mediante la intervención el niño necesita aprender como acomodar el ambiente. Aunque se puede necesitar de cambios, no se da de forma automática, y solo es considerado como último recurso.

Las premisas que difieren se encuentran basadas en distintos puntos de vista del trastorno. TEACCH es pensado como un abordaje de «la cuna a la tumba». Aunque el personal de TEACCH ciertamente cree que los niños con TEA pueden progresar, parece que también creen que la gran mayoría de los estudiantes con TEA permanecerán significativamente deteriorados. Por lo tanto se sostiene que, de acuerdo con la filosofía de TEACCH, las adaptaciones deben ser mantenidas durante toda la vida del estudiante. ABA posee un punto de vista diferente del trastorno. ABA cree que el TEA no necesariamente debe ser un trastorno que dure toda la vida. Naturalmente, esto se basa en una cantidad de factores, incluyendo edad de inicio de la intervención, calidad e intensidad de la intervención, y la habilidad cognitiva del niño a pesar de estos factores, nuestra concepción es que los estudiantes son capaces de alcanzar un buen funcionamiento con calidad y sin la necesidad de grandes adaptaciones.

Dado que TEACCH se basa en la premisa de que lo más probable es que una persona siempre se encontrará un tanto deteriorada, sus objetivos son mucho más modestos. Mantenerse ocupado, quizás prepararse para vivir en grupo y trabajar en un taller protegido, pueden ser los objetivos. Por lo tanto, TEACCH es implementado a menudo con arreglos por los cuales los estudiantes son mantenidos ocupados en tareas aparentemente sin sentido. Tenemos que ofrecer a los estudiantes el aprendizaje de completar la tarea los mas rápido posible de manera de proseguir a la siguiente tarea sin sentido. Esto no provee la oportunidad de aprender conceptos apropiados o habilidades significativas en profundidad.

Adicionalmente, ABA y TEACCH tienden a definir independencia de manera diferente. Independencia desde una perspectiva de TEACCH significa completar tareas libres de contacto humano (Schopler, 2001). La compleción de la tarea puede involucrar muchas asistencias estructurales (EJ., horarios y materiales que guían el rendimiento), pero ningún humano asiste. Mientras que dentro de un marco de ABA, independencia significa rendimiento sin ayudas indebidas de materiales, estructura o lo que sea, y puede involucrar mucho contacto social apropiado con otros en el rendimiento de aquellas conductas.

TEACCH ciertamente cuenta con una gran oferta. La utilización de procedimientos y tareas visuales para mantener a los estudiantes ocupados puede ser un importante adjunto al programa ABA. Sin embargo, ABA utiliza estrategias visuales cuando mejor responde a las necesidades del estudiante. A menudo, existe un mito de que ABA solo usa estrategias auditivas. Ciertamente, es nuestra meta que un estudiante pueda procesar la información auditivamente. Pero cuando un niño no es capaz de llevarlo a cabo, se emplearían estrategias visuales naturales. Sin embargo, un objetivo podría ser utilizar estrategias visuales para ayudar al estudiante a convertirse en un procesador auditivo. También debería notarse, que aunque los niños con TEA puedan preferir estrategias visuales, hay una cantidad significativa de niños que prefieren la estimulación auditiva. Es más, es crítico que los estudiantes eventualmente puedan procesar información mediante ambas modalidades. Creemos que con una intervención efectiva la mayoría de los niños pueden aprender a procesar la información de manera auditiva.

También existen semejanzas entre TEACCH y ABA. Ambos son conductuales y por lo tanto utilizan contingencias para reforzar conductas apropiadas, al igual que corregir conductas disruptivas. Ambos abordajes utilizan estrategias de enseñanza sistemáticas. Y ambos creen en la colección de datos. Sin embargo, debido a la diferencias filosóficas de base y metas, como ABA e IS, también puede haber un choque entre ABA y TEACCH.

Intervención para el desarrollo de relaciones (RDI)

IDR, desarrollada por el Dr. Steven Gutstein, es un abordaje relativamente reciente en el campo del tratamiento del autismo. RDI propone que el déficit básico en el autismo involucra a la experiencia compartida (Gurstein & Sheely, 2002). Incluye muchas actividades atractivas diseñadas para facilitar la experiencia compartida, y por lo tanto el desarrollo de relaciones. El «resultado» de investigaciones son reportadas con afirmaciones de que RDI provee efectos dramáticamente positivos impactando no sólo en los aspectos relacionales, sino también en la esencia general del autismo, con una gran reducción de síntomas autistas. Esta pseudo-investigación una vez más involucra la revisión retrospectiva de casos, y se encuentra cargado con todos los sesgos respecto a selección de sujetos, medidas elegidas, comparaciones llevadas a cabo, y áreas de interés. Más problemático es la envergadura de las afirmaciones hechas (EJ., que este abordaje es para todos los individuos con autismo, y que la efectividad general ha sido demostrada).

Mientras que los interesantes ejercicios de RDI podrían ciertamente ser incorporados dentro de un programa ABA, enfocándose en habilidades sociales avanzadas y áreas sociales de relación, nunca serviría como un simple sustituto, como fue afirmado, para la amplitud del foco (EJ., en lenguaje, juego, socialización, auto-ayuda, áreas cognitivas, etc.) esencial en el tratamiento del autismo, ni para el amplio trabajo necesario para producir resultados positivos.

¿Qué sigue?

Seguramente es probable que un tratamiento nuevo aparezca en el horizonte, incluyendo componentes encantadores, ofreciendo aparentemente explicaciones lógicas para las causas del autismo, y ofreciendo evidencia en cuanto a los resultados del abordaje. De hecho, nos deberíamos sorprender si esto no ocurre. Nuestro consejo de examinar críticamente tales afirmaciones no debería ser interpretado como que no apoyamos la búsqueda de una mayor comprensión de las causas y el tratamiento del trastorno autista. De hecho, es nuestra ferviente esperanza que la investigación cautelosa continuará avanzando en las causas de prevención, tratamiento y cura del autismo. Sin embargo, no podemos sobre-enfatizar lo que es igualmente una responsabilidad crítica de profesionales y padres. Y eso es para diferencias, a pesar de los efectos obstaculizadores de la esperanza y el deseo, entre las ofertas rápidas, simples, fáciles y atrayentes que constantemente aparecen en escena.

Referencias bibliográficas

Ayers, A.J. (1972). *Sensory integration and learning disorders.* - Los Angeles: Western Psychological Services.

Bettleheim, B. (1967). *The Empty Fortress.* - New York, The Free Press.

Cummins, R.A. (1991) *Sensory integration and learning disabilities: Ayres' factor analysis reappraised.* - Journal of Learning Disabilities, 24, 160-168

Dawson, G. & Osterling, J. (1997). «*Early intervention in autism: Effectiveness and common elements of current approaches.*» - In Guralnick (Ed.) The effectiveness of early intervention: Second generation research. (pp. 307-326) Baltimore: Brookes

Department of Health and Human Services (1999). *Mental Health: A Report of the Surgeon General.* - Rockville, MD: Department of Health and Human Services, Substance Abuse and Mental Health Services Administration, Center for Mental Health Services, National Institute of Mental Health.

Eikeseth, S., Smith, T., Jahr, E., & Eldevik. S. (2002). «*Intensive behavioral treatment at school for 4 to 7-year-old children with autism: A 1 year comparison controlled study.*» - Behavior Modification 26(1): 49-68.

Gast, D. L., Ault, M. J., Wolery, M., Doyle, P. M., & Belanger, S. (1988). *Comparison of constant time delay and the system of least prompts in teaching sight word reading to students with moderate retardation.* - Education and Training in Mental Retardation, 23, 117-128.

Greenspan, S. and Wieder, S. (1997). *Developmental Patterns and Outcomes in Infants and Children with Disorders in Relating and Communicating: A Chart Review of 200 Cases of Children with Autistic Spectrum Diagnoses.* - Journal of Developmental and Learning Disorders 1(1) 87-141.

Greenspan, S. I., & Wieder, S. (2000). *A developmental approach to difficulties in relating and communicating in autism spectrum disorders and related syndromes. Autism spectrum disorders: A transactional developmental perspective.* - A. M. Wetherby, & Prizant, B.M. Baltimore, MD, Paul H Brookes Publishing: 279-306.

Gutstein, S. E., & Sheely, R.K. (2002). *Relationship Developmental Intervention with young children: Social and emotional development activities for Asperger Syndrome, autism, PDD, and NLD.* - Philadelphia, PA, Jessica Kingsley Publishers.

Kane, A., Luiselli, J.K., Dearborn, S., & Young, N. (2004-2005). «*Wearing a Weighted Vest as Intervention for Children with Autism/Pervasive Developmental Disorder: Behavioral Assessment of Stereotypy and Attention to Task.*» - Scientific Review of Mental Health Practice 3(2): 19-24.

Leaf, J.B., Tyrell, A., McFadden, B., Sheldon, J.,. & Sherman, J.A. (2007) *COMPARISON OF SIMULTANEOUS PROMPTING AND NO-NO-PROMPT FOR TEACHING TWO-CHOICE DISCRIMINATION TO THREE CHILDREN DIAGNOSED WITH AUTISM.* - Paper presented at the meeting of the Association of Behavior Analysis, San Diego, CA.

Lovaas, O. I., Freitag, G., Gold, V. J., & Kassorla, I. C. (1965). *EXPERIMENTAL STUDIES IN CHILDHOOD SCHIZOPHRENIA: ANALYSIS OF SELF-DESTRUCTIVE BEHAVIOR.* - Journal of Experimental Child Psychology, 2(1), 67-84.

Lovaas, O. I., & Simmons, J. Q. (1969) *MANIPULATION OF SELF-DESTRUCTION IN THREE RETARDED CHILDREN.* - Journal of Applied Behavior Analysis, 2(3), 143-157.

Lovaas, O.I. (1987). *BEHAVIORAL TREATMENT AND NORMAL EDUCATIONAL AND INTELLECTUAL FUNCTIONING IN YOUNG AUTISTIC CHILDREN.* - Journal of Clinical and Consulting Psychology, 55(1) 3-9.

Mesibov, G. B., Adams, L. W., Schopler, E. (2000). *AUTISM: A BRIEF HISTORY.* - Psychoanalytic Inquiry, 20, 637-647

Mesibov, G. B., Shea, V., & Schopler, E. (2005). *THE TEACCH APPROACH TO AUTISM SPECTRUM DISORDER.* - New York, NY, Springer Science + Business Media.

New York State Department of Health. (1999). *CLINICAL PRACTICE GUIDELINE: REPORT OF THE RECOMMENDATIONS AUTISM/ PERVASIVE DEVELOPMENTAL DISORDERS.* - Assessment and intervention for young children (ages 0-3). Albany: Author.

Prizant, B. & Rubin, E. (1999). *«CONTEMPORARY ISSUES IN INTERVENTIONS FOR AUTISM SPECTRUM DISORDERS: A COMMENTARY.»* - Journal of the Association for Persons with Severe Handicaps. 24(3): 199-208.

Schopler, E. (2001). *TREATMENT FOR AUTISM: FROM SCIENCE TO PSEUDO-SCIENCE OR ANTI-SCIENCE. THE RESEARCH BASIS FOR AUTISM INTERVENTION.* - E. Schopler, Yirmiya, N., & Shulman, C. New York, NY, Kluwer Academic/Plenum Publishers: 9-24.

Schopler, E., Lansing, J. & Waters, L. (1983). *INDIVIDUALIZED ASSESSMENT AND TREATMENT FOR AUTISTIC AND DEVELOPMENTALLY DISABLED CHILDREN: VOL. 3.* - Teaching activities for autistic children. Austin: TX: Pro-Ed.

Shaw, S.R. (2002). *A SCHOOL PSYCHOLOGIST INVESTIGATES SENSORY INTEGRATION THERAPIES: PROMISE, POSSIBILITY, AND THE ART OF PLACEBO.* - National Association of School Psychologist Newsletter, October, 1-7.

Shaw, S.R., Powers, N.R., Abelkop, S., & Mullis, J. (2002). *SENSORY INTEGRATION THERAPY: PANACEA, PLACEBO, ORPOISON?* - Paper presented to the annual convention of the National Association of School Psychologists, Chicago, IL.

Smith, T. (1999). *Outcome of early intervention for children with autism.* Clinical Psychology: Science and Practice, 6, 33-49.

Soluaga, D., Leaf, J. B., Taubman, M. T., McEachin, J. J. (2005) *A Comparison of Constant Time Delay Versus a Lovaas-Type Flexible Prompt Fading Procedure.* - Paper presented at the meeting of the Association for Behavior Analysis, 2005 Annual Convention, Chicago, IL.

Soulaga, D., Leaf, J.B., Taubman, M., McEachin, J, Leaf, R.B. (2008) *A comparison of Constant Time Delay vs. a Lovaas-type Flexible Prompt Fading procedure. Research in Autism Spectrum Disorders (In Press).*

Tekin, E., & Kircaali, I.G. (2002). *Comparison of the effectiveness and efficiency of two response prompting procedures delivered by sibling tutors.* - Education and Training in Mental Retardation and Developmental Disabilities 37(3): 283-299.

CAPITULO 9

HOGAR VS ESCUELA: ¿DE QUE LADO ESTÁ?

Por Ron Leaf

Los profesionales que han dedicado sus carreras al campo del trastorno del espectro autista (TEA), sea en diagnóstico, etiología o tratamiento, frecuentemente poseen opiniones fuertes las cuales desafortunadamente pueden ser contradictorias. Incluso aquellos con el mismo sistema de creencia filosófica, tal como ABA, frecuentemente cuentan opiniones increíblemente diversas. Estos desacuerdos usualmente pasan a ser contenciosos. Se convierte en una turba y una guerra ideológica. Si ud no está de acuerdo con mi perspectiva, entonces ud es el enemigo. Sí ud apoya a un padre, entonces ud debe ser un adversario de las escuelas. Si ud apoya a la escuela, entonces ud no se preocupa por los niños.

¿Por qué sucede esto? ¿Es posible que cada situación sea diferente y que por lo tanto el consejo que sirve para un estudiante puede no ser un consejo correcto para otros estudiantes? ¿Es posible que a veces los padres se encuentren equivocados y el camino correcto sea un tanto diferente de lo que un padre se encuentra buscando? Si ud no está de acuerdo con el padre, ¿Acaso significa que ud es un enemigo de los padres? Sabemos que es posible que los distritos escolares estén equivocados ¿Sí nosotros desafiamos su recomendación quiere decir que somos enemigos de la escuela?

Quizás no se trata de un asunto sobre de que lado se encuentra cada uno. Estamos convencidos de que en la mayoría de las situaciones todos verdaderamente se preocupan por el niño. Por lo tanto todos deberíamos estar del mismo lado. Se trata solo de un asunto de diferentes creencias y perspectivas. Adentrarse en esta guerra solamente intensifica una situación ya complicada. Frecuentemente somos encasillados como «pro-padres» o «pro-escuela». Cuando abogamos porque un niño reciba intervención en el hogar, la escuela pública nos etiquetará como «pro-padres», al que ellos consideran equivalente a «anti-escuela». A la inversa, cuando recomendamos que un niño reciba intervención en la escuela, los padres nos estigmatizan como «pro-escuela», por lo tanto «anti-padres». No creemos que seamos ni anti-padres, ni anti-escuela. Colocar a todos dentro de uno de estos dos campos crea una dicotomía absurda. Forzar a la gente a elegir bandos limita las opciones. No se debería tratar sobre estar del lado de la escuela o el lado de los padres, pero si del lado del niño. Con optimismo somos todos «pro-niño».

Todos deberíamos esmerarnos para hacer lo mejor para el niño y proveer el programa que lo ayudará a alcanzar la mejor calidad de vida. A veces esto puede significar que un niño reciba asistencia exclusivamente en el hogar; a veces sería apropiado que la intervención ocurriera solamente en la escuela. Frecuentemente, sin embargo, un estudiante con TEA necesita prestaciones en ambos ambientes.

Pensamos que encasillar es extremadamente peligroso y divisivo. No sirve a los padres, ni a las escuelas, o más importante, a los niños. Todos debemos trabajar en colaboración para servir a las necesidades de los niños. «Autism partership» es el nombre que hemos elegido para nuestra agencia por nuestra convicción de que trabajar colaborativamente con todos los involucrados en el tratamiento de un individuo, es vital para el éxito del tratamiento y la calidad de vida de todos. Desafortunadamente, muy frecuentemente tal colaboración no ocurre.

En una reunión con una escuela, hemos sido realmente amonestados por ¡«abogar» por un niño!

Aunque todos, incluyendo al personal del distrito escolar, acordaban en que los servicios que nosotros recomendábamos eran necesarios, fuimos etiquetados como adversarios porque nos encontrábamos abogando por prestaciones que costaban más de lo que el distrito estaba acostumbrado a pagar. Debímos recordarles que todos deberían estar abogando por el niño. Desafortunadamente, este no es un incidente aislado. Hemos recibido recientemente una carta de un director de educación especial que nos criticó por ser «partidarios de la familia», lo cual realmente significa «del niño». Aunque todos pueden contar con diferentes perspectivas y opiniones sobre que puede resultar beneficioso, las decisiones deberían estar basadas en las necesidades del niño y no en los sesgos o prejuicios de los padres y la escuela.

En otra reunión, un padre declaró que nos habíamos «vendido» porque nuestra opinión era que sería beneficioso para el niño asistir a la escuela una breve jornada al día. ¿Análisis Conductual Aplicado (ABA) en las escuelas? ¡Es herejía! ¿Acaso no sabemos que ABA nos debería suceder en las escuelas? ¡Son el enemigo! ¡La intervención debería ocurrir exclusivamente en el hogar! Y sí ABA debe brindarse en la escuela, entonces solamente debería ser luego de años de intervención exclusiva en el hogar, y luego por períodos mínimos de tiempo. A regañadientes, podría ser posible incrementar un poco con los años.

La resistencia a la intervención ABA en las escuelas se encuentra frecuentemente basada en opiniones infundamentadas que son promovidas en conferencias, en Internet, en artículos no científicos, mal interpretación de la investigación y generalmente folklore.

Folklore

la prolífica investigación llevada a cabo por el Dr. Ivar Lovaas en UCLA es frecuentemente utilizada como el fundamento de que el hogar es la locación en la cual los niños reciben intervención ABA (Lovaas, 1987; McEachin, Smith y Lovaas, 1993). La investigación es frecuentemente interpretada como sí no se apoyara la intervención en el ámbito escolar. Aunque puede haber ciertos prejuicios contra los servicios de educación especial durante aquella era, podemos definitivamente afirmar que había una gran voluntad para que los niños recibieran educación en las escuelas. Basamos estas afirmaciones en la investigación publicada al igual que en nuestra propia experiencia como clínicos en el Proyecto Autismo Joven de la UCLA.

Uno de los objetivos primarios del programa de UCLA era integrar a los niños en las escuelas lo antes posible. Una vez que los niveles de las conductas disruptivas de los niños eran manejables, y poseían buenas habilidades atencionales, eran inscritos en preescolar. Esto ocurría frecuentemente dentro del primer año de intervención y a veces a los meses del inicio del tratamiento. Pero no existía un tiempo prefijado. El momento de entrada a preescolar estaba basado en las necesidades y habilidades individuales del niño.

Aunque la investigación llevada a cabo en UCLA es frecuentemente utilizada como justificación para mantener a los niños fuera de la escuela, la investigación actualmente brinda evidencias sobre la importancia de la intervención en el ámbito escolar. Esto puede no ser obvio del reporte publicado porque no fue particularmente enfatizado. Sin embargo, la exposición en Lovaas (1987) sobre que «la intrervencion ocurría en el hogar, en la comunidad y en la escuela» (Página 5), significa exactamente lo que dice: el hogar no era el único lugar donde se brindaba la intervención.

Debido a nuestra experiencia en UCLA, nos ha sorprendido cuando nuestro trabajo con escuelas ha sido visto como controversial y a veces incluso visto como «anti-ABA». En realidad nos han enseñado a aprovechar a la escuela como un componente crítico del tratamiento. Sin embargo, para que la intervención en la escuela sea efectiva, el personal del distrito debe recibir un entrenamiento intensivo, abarcativo y constante en intervención ABA (Petursdottir & Sigurdarodttir, 2006; Smith, Parker, Taubman, & Lovaas, 1992; Smith, 2001). Mucho del contenido de este y nuestro otro libro (Leaf, Taubman, & McEachin, 2008) tiene por objetivo promocionar la viabilidad de ABA de calidad en el ámbito escolar. Y uno de los temas que nosotros enfatizaremos repetidamente es que escuelas y padres deben trabajar cooperativamente.

La posición de Autism Partnership

El objetivo general de la intervención es incrementar el nivel de funcionamiento del niño de manera que pueda disfrutar del más alto nivel de independencia posible. Creemos totalmente que los niños a los cuales servimos, solo se beneficiarán del tratamiento si hay una colaboración y consistencia entre todas las personas involucradas. Además creemos que es imperativo que las asociaciones sean creadas de acuerdo a los intereses de todas las partes, incluyendo a padres, escuelas y cualquier otro profesional que trabaje con niños. Sólo entonces podremos estar seguros de un esfuerzo coordinado para la ayuda al mejoramiento de la calidad de vida de cada niño/a y alcanzar un nivel alto de independencia global.

SENTIDO
Incluso el mejor programa escolar no reemplaza la intervención en el Hogar similarmente.
Incluso el mejor programa del Hogar no reemplaza una intervención escolar.

Es importante comprender que los beneficios de un programa del hogar ejemplar no niegan la necesidad de una experiencia de aprendizaje en grupo. Similarmente, el mejor ámbito escolar no descarta la necesidad de intervención en ambientes hogareños y comunitarios. Una intervención integral requiere de la colaboración e integración de esfuerzos entre todos los individuos que trabajan y se ven involucrados con la vida del niño.

El objetivo es que los niños deberían recibir intervención en el ambiente más natural y menos especializado que sea posible. Para niños por debajo de los tres años, esto significa que la preponderancia del tratamiento debería ocurrir en el hogar. Naturalmente, alguna intervención ocurriría en la comunidad también (EJ., el parque, una clase de «Mami y Yo», McDonald's, hogar de los abuelos, etc.).

Hay circunstancias, sin embargo, en las cuales el ámbito de la escuela no sería el apropiado. Por ejemplo, si un niño presenta altas y severas tasas de conductas problemáticas, tales como agresión, gritos, auto-estimulación, persistente y severo incumplimiento o inatención, entonces la escuela no sería todavía la opción apropiada. Adicionalmente, el niño necesita poseer habilidades básicas tales como, responder a instrucciones, comprensión de contingencias y aprendizaje de instigaciones y feedback. También sería importante para los estudiantes contar con alguna preparación en ser capaces de aprender en ambientes con distracciones antes de formar parte de una situación de aprendizaje en grupo.

Es más, el niño debería ser lo suficientemente grande como para que asistir a la escuela tenga sentido. Algunas veces, los programas escolares son diseñados para un niño de 3 años que asiste seis horas por día, cinco días a la semana. Esta no es una manera muy natural de estructurar el día de un niño joven. Según nuestro punto de vista, esto constituiría un ambiente restrictivo.

Es mejor si el aprendizaje de un niño logra generalizarse durante todo el día e incorpora el ritmo natural de alternación entre actividad y descanso, y aún les permita recibir varias horas de intervención intensiva. Por ejemplo, si un niño requiere una siesta, queremos acomodar esto sin reducir el monto de instrucción que recibe en el día. Frecuentemente esto puede ser alcanzado con un programa de tipo hogareño. Otro factor que podría indicar a la intervención en el hogar como la mejor alternativa, es si una niño padece alguna condición médica u otras necesidades especial que pueden ser mejor atendidas en un ambiente más cómodo, familiar y hogareño.

El ámbito educacional debería ser suministrado en el ambiente menos especializado que permita al niño alcanzar los mejores objetivos a largo plazo. Hay un continuo de opciones de ámbitos educacionales disponibles, y por lo tanto es esencial evaluar cuidadosamente cual ámbito mejor satisface las necesidades del niño individual. Existen ventajas y desventajas con cada potencial marco, y un número de factores que deben ser considerados al momento de tomar una determinación. No es necesario comenzar automáticamente en un ámbito especializado. Similarmente el equipo no debería descartar automáticamente un ámbito no inclusivo. Hay momentos en los cuales un marco más especializado servirá mejor a las necesidades de niño, y le permitirá al mismo obtener eventualmente un nivel más alto de independencia.

Muy frecuentemente, las decisiones respecto al ámbito son tomadas como blanco o negro: O un marco altamente especializado o una inclusión total. Sin embargo, hay un continuo de opciones que deberían ser consideradas de manera de atender mejor las necesidades de los niños.

El equipo debería considerar lo que se proyecta para proporcionar la mejor oportunidad para avanzar rápidamente habilidades en tantos dominios como sea posible. Una vez dentro de un marco, se necesita de una evaluación continua para determinar la oportunidad más temprana de avanzar exitosamente hacia un ámbito menos especializado y más «típico», sin sacrificar la tasa de progreso de niño. Además, no siempre es necesario que un niño avance solo un nivel a la vez. Por ejemplo, con un progreso extraordinario y las circunstancias correctas, un niño podría avanzar directamente de una clase individual a una colocación con inclusión total. También es importante no disponer una línea del tiempo arbitraria (EJ. Al comienzo del PEI) al momento de considerar el progreso. Algunas veces el desafío adicional, un ambiente más estimulante, presencia de pares típicos, o la disposición aumentada de reforzadores significativos, permitirán a un niño ser inmediatamente más exitoso en un ámbito más inclusivo (aunque más desafiante). Esto podría ser verdad incluso cuando la adaptación de un niño todavía no ha sido completamente satisfactoria en el ámbito actual (menos desafiante y más especializado).

Frecuentemente encontramos una resistencia tremenda a que los niños reciban asistencia ABA en las escuelas por parte de los padres, al igual que por parte de la comunidad educacional. Obtener la aceptación de ambos bandos puede tornarse extremadamente difícil. Los padres a menudo no ven el valor de que sus niños con TEA asistan a la escuela. Existe comúnmente una preocupación realista de que acordar respecto a cualquier monto de tiempo en un aula es el primer paso hacia el alejamiento de una intervención basada en el hogar. Este temor se deriva de la desconfianza. Algunas veces se encuentra basado en que la escuela no es capaz de proveer educación de calidad. En otras ocasiones se encuentra basado en un malentendido de cómo un ámbito escolar encaja con un programa ABA intensivo.

Así mismo, las escuelas son habitualmente escépticas sobre como ABA puede encajar dentro de un aula, y son desconfiados de aquellos que abogan por al método. El escepticismo se encuentra basado frecuentemente en malos entendidos de la investigación, o sus experiencias negativas con intentos de implementar ABA. Para que los padres y las escuelas puedan trabajar como una asociación que garantice que los niños reciban una educación apropiada y significativa, es importante que comprendan el rol positivo que las escuelas pueden jugar en hacer ABA accesible a la mayor cantidad de niños, al igual que comprendiendo y atendiendo la resistencia tanto en el bando de los padres como de las escuelas.

Referencias bibliográficas

Lovaas, O.I. (1987). *Behavioral Treatment and normal educational and intellectual functioning in young autistic children.* - Journal of Clinical and Consulting Psychology, 55(1), 3-9.

Leaf, R., Taubman, M., McEachin, J. (2008). *It's Time for School. Building Quality ABA Educational Programs for Children with Autism Spectrum Disorders.* - NY: DRL Books

McEachin, J.J., Smith, T., & Lovaas, O.I. (1993). *Long-Term outcome for children with autism who received early intensive behavioral treatment.* - American Journal on Mental Retardation, 97(4), 359-372.

Petursdottir, A.L., & Sigurdarodttir, Z.G. (2006). *Increasing the skills of children with Developmental disabilities through staff training in behavioral teaching techniques.* Education and Training in Developmental Disabilities, 41(3), 264-279.

Smith, T. (2001). *Discrete trial training in treatment of autism.* - Focus on Autism and Other Developmental Disabilities, 16(2), 86-92.

Smith, T., Parker, T., Taubman, M., Lovaas, I.O. (1992). *Transfer of staff training from Workshop to group homes: A failure to generalize across settings. Research in Developmental Disabilities.* - Special Issue: Community-based treatment programs: Some Problems and Promises, 13(1), 57-71.

CAPITULO 10
RESISTENCIA PARENTAL

Desde el advenimiento del tratamiento conductual intensivo temprano, muchas familias han llegado a un progreso significativo asociado con la intervención basada en el hogar. El movimiento hacia el hogar como la ubicación de los servicios fue impulsado por la investigación, tal como Lovaas (1987), la cual demostró resultados impresionantes por parte de una intervención que evitó el abordaje tradicional hacia la educación. En muchos aspectos, la intervención temprana basada en el hogar fue una reacción contra lo que los padres percibían como un diseño inadecuado dentro del sistema educativo.

Los padres tienen toda la razón para ser escépticos en cuanto a que sus niños asistan a la escuela. A menudo, desde su primera exposición a profesionales, a los padres se les ha brindado mala información en torno a asuntos tales como diagnóstico, tratamiento y pronóstico. Cuando los padres se encuentran con el sistema educativo, su escepticismo no se ve aliviado frecuentemente debido a una falta de información clara, y a planes de educación poco convincentes. Las preocupaciones sobre el ambiente apropiado, nivel de habilidad de los maestros y prioridades educativas, tienden a no ser tenidas en cuenta muy seriamente y por lo tanto los padres se ven forzados a tomar una posición de adversario. Además, a los padres frecuentemente, partidarios confiables les han dicho, que el hogar es el ambiente educativo óptimo y que por lo tanto, asistir a la escuela debería ser visto con extrema precaución. Y cuando a los padres se les dice que su niño no tiene derecho a una mejor educación (esto es, todas las escuelas requieren proveer servicios adecuados), la respuesta natural es enojo y frustración. La resistencia es comprensible.

Históricamente, las escuelas no han brindado educación intensiva efectiva para niños con TEA. Incluso utilizando los criterios menos exigentes (EJ., adecuados), las escuelas no han estado a la altura de proveer beneficios educativos significativos. No obstante, no estamos dispuestos a darnos por vencidos con el sistema, dado a que observamos ventajas claras para los niños que asisten a la escuela. Tal como el sistema educativo necesita comprender los beneficios de la intervención hogareña, los padres similarmente deben reconocer las potenciales ventajas de la escuela.

El modelo de preparación

El Modelo de Preparación intenta identificar los criterios necesarios para que un estudiante sea exitoso en un ámbito determinado.

Un niño, sólo es promovido a un ámbito menos estructurado cuando ha sido demostrado que él es totalmente competente en todas las áreas que son consideradas como habilidades prerrequisitas. La intención es, solo colocar a un niño en una nueva situación de aprendizaje cuando existe un alto nivel de confianza en cuanto a que se encuentra evolutivamente listo para progresar a un nivel más alto de desafíos. Desafortunadamente, el resultado de una adherencia estricta a tal modelo es que los estudiantes pueden ser retenidos en un nivel más estructurado más tiempo del necesario. Este modelo ha sido promovido por algunos representantes de ABA, y cuando los padres adoptan este modelo, ellos tienden a aferrarse a la intervención basada en el hogar, incluso cuando tiene sentido comenzar a transitar por la escuela.

Algunas veces los profesionales y los padres insisten en una línea de tiempo. Por ejemplo, una regla de oro es que el niño debe completar dos años de terapia en el hogar previo a que el ámbito escolar sea considerado. Algunas veces el criterio para la entrada a la escuela es el dominio de un gran número de habilidades. Aunque estamos de acuerdo con que ciertas habilidades son esenciales, con frecuencia un niño es capaz de beneficiarse del ámbito escolar mucho antes de que el dominio de habilidades sea alcanzado en múltiples áreas. Quienes adhieren al Modelo de Preparación generalmente no suelen manifestar directa y abiertamente que son la antiescuela. Existe frecuentemente un reconocimiento reacio a que en el futuro estará bien pasar al menos algún tiempo en la escuela. Sin embargo, hasta que un niño se encuentre completamente «listo», no se considera cambiar de ámbito. Desafortunadamente, un estudiante puede ser indefinidamente considerado «no listo» para un ámbito escolar.

Claramente, los niños estarán listos para participar en la escuela en distintas etapas de la intervención. Por lo tanto es importante considerar las conductas y habilidades que son absolutamente esenciales previas a la entrada al aula. Obviamente, algún nivel de control conductual es necesario. Lo niños no podrán ser exitosos si exhiben conductas disruptivas frecuentes y severas. Tales conductas no solo serían peligrosas para otros niños, sino que interferirían enormemente con la capacidad del niño para aprender. Además, las conductas disruptivas pueden estigmatizar al niño y por lo tanto reducir el beneficio social que la escuela puede ofrecer.

Esto no significa que las conductas disruptivas de los niños deben ser completamente eliminadas antes de que puedan participar en el ámbito escolar. La investigación ha demostrado que los problemas de conducta pueden ser manejados efectivamente en un dispositivo grupal (Barrish, Saunder, & Wolf, 1969; Harris & Sherman, 1973; Taubman, Brierley, Wishner, Baker, McEachin, & Leaf, 2001). En algunos casos, los problemas de conducta pueden ser reducidos más efectivamente en un formato instruccional de grupo que en un formato 1:1. Por ejemplo, las conductas disruptivas que tienen por función la búsqueda de atención pueden ser fácilmente ignoradas en un formato grupal en donde la atención del maestro puede volverse hacia otros estudiantes de la clase que se están comportando apropiadamente. Es más difícil ignorar conductas disruptivas en un formato de uno a uno, cuando la mera presencia de uno puede contar con efectos reforzantes en la conducta que uno se encuentra intentando extinguir.

Adicionalmente, es necesario que los niños demuestren algunas habilidades básicas para aprender en el ambiente de la escuela. Por ejemplo, deben ser capaces de tolerar y procesar información en un ambiente ruidoso y con distracciones. Sin embargo, no es necesario que las habilidades atencionales sean perfectas, o que los estudiantes sean capaces de aprender en situaciones de grupo previo al comienzo de la experiencia de aula. Tampoco es necesario para un niño contar con un lenguaje amplio o habilidades sociales para comenzar un programa escolar. Estas son todas habilidades que pueden ser sistemáticamente desarrolladas al mismo tiempo que Ud. está trabajando en habilidades relacionadas con la escuela, como encontrar su cubículo, esperar en línea, recitar el juramente de lealtad, etc. Un programa de intervención en el hogar necesita enfocar en las habilidades necesarias para desarrollar la habilidad del niño para aprender en ambientes normales, y no ser dependiente de formatos especialmente adaptados que minimizan el nivel de distracción.

SIN SENTIDO
Aquellos que son más elocuentes al insistir en que la intervención debería ocurrir exclusivamente en el hogar, también insisten, con vehemencia, en la inclusión cuando los niños finalmente comienzan a asistir a la escuela. Ellos comienzan predicando un modelo de preparación, pero luego saltan a un modelo completamente opuesto. Argumentan por la inclusión en base a un ámbito Menos Estructurado, pero pierden de vista el hecho que ser relegado a recibir educación en el hogar coloca al niño mucho mas fuera de la corriente que ser designado a un ámbito de educación especial.

SENTIDO
Hay pasos intermedios que pueden facilitar el éxito futuro de mejor manera en un ámbito menos estructurado. Ser abierto a todas las opciones permitirá seleccionar un plan que pueda finalmente resultar en un nivel más alto de competencia, mayor libertad y éxito en ámbitos regulares.

Prioridad

Muy a menudo el objetivo predominante de la intervención ABA es la adquisición del lenguaje y habilidades académicas. Las habilidades sociales y la flexibilidad comportamental no son vistas como prioridades y no son áreas que sean abordadas de una manera sistemática y comprensiva. Muchas veces se piensa que las habilidades sociales emergerán por sí solas, mediante el mero proceso de exposición. El termino socialización es tomado para dar cuenta simplemente de estar en las inmediaciones con otros niños. Frecuentemente, las escuelas nos son vistas como el mejor ambiente para que los niños adquieran estas habilidades. El valor de la escuela es visto principalmente como el lugar donde se proporciona la exposición social, y resaltado como la meta a dirigirse más adelante con el programa del niño. La escuela no es reconocida por las oportunidades que brinda en cuanto a hacer más válido el progreso académico y la generalización del progreso comportamental.

Esta perspectiva es verdaderamente desafortunada. Primero, es importante que los déficits sociales de un niño sean abordados en los inicios del proceso de tratamiento. Nunca debería ser el caso de que las habilidades sociales sean colocadas al «fondo». Es mediante la adquisición temprana de habilidades sociales que los niños desarrollan la habilidades de avanzar socialmente por su cuenta. Mientras más uno espere, más amplia será la brecha, y más difícil será apartar a un niño de su egocentrismo. Además, los pares pequeños aceptan más a menudo jugar con niños diagnosticados con TEA, que más tarde con la experiencia escolar y, por lo tanto, pueden hacer las cosas más fáciles.

Otra razón para la exposición social temprana, es que las oportunidades de construcción de fluidez en el lenguaje son a menudo realzadas mediante el contacto con otros niños. La tasa de adquisición de los niños es aumentada y su lenguaje se torna más natural como resultado de práctica adicional brindada por medio de las interacciones.

Otras ventajas la asistencia temprana en la escuela incluye la oportunidad para la amistad, facilitación del lenguaje natural, y aprendizaje a través de contingencias sociales. La aprobación por parte de los pares puede volverse una motivación significativa. Cuando los niños se interesan por sus pares, podemos desvanecer el apoyo adulto y las contingencias artificiales.

Además, la escuela puede proveer a los niños numerosas oportunidades de desarrollo de habilidades en varios dominios de aprendizaje (Leaf & Mountjoy, 2008). Además de habilidades académicas, de lenguaje y sociales existen habilidades de aprendizaje observacional y grupal, habilidades de auto-ayuda, habilidades de trabajo independiente, habilidades recreativas, y habilidades de ubicación que promuevan la independencia y la integración

CREENCIA DE QUE EL PERSONAL ESCOLAR ES INCAPAZ DE BRINDAR UN EDUCACIÓN EFECTIVA

No hay duda de que la educación de los niños ha sufrido porque el personal de la escuela carece de entrenamiento adecuado. Es comprensible que los padres adopten el punto de vista de que el personal de la escuela es incapaz de proveer una educación efectiva. Pero, no es el caso de que pasando automáticamente a programas para el hogar se haya obtenido una mejor educación para los niños con TEA. En cualquier caso, una intervención efectiva requiere entrenamiento de personal para enseñar a los niños a realizar progresos significativos en una variedad de ámbitos. Nosotros definitivamente no creemos que los padres deberían darse por vencidos con la escuela. Tal como en los programas hogareños, con entrenamiento, consulta y apoyo hemos presenciado como personal escolar prevee una educación ejemplar.

Los maestros poseen muchos de los prerrequisitos que facilitarían su devenir como profesionales ABA calificados. Primero, los maestros se han comprometido profesionalmente con la enseñanza de los niños. Segundo, los maestros han aprendido muchas de las habilidades que son críticas para brindar una intervención efectiva. Por ejemplo, los maestros poseen conocimiento y experiencia en la implementación de los planes de estudios académicos, y comprenden los abordajes prácticos. Finalmente, los maestros poseen conocimiento sobre el desarrollo del niño y de qué habilidades son esperables a qué edad. Estas son todas aéreas de habilidades que pueden llevar a una valiosa contribución a un programa ABA.

Aunque la mayoría de los maestros no han recibido entrenamiento formal en ABA, muchos de ellos verdaderamente utilizan los principios de ABA incluso sin el conocimiento de qué es ABA. Buenos maestros, entrenadores e instructores desarman habilidades en pequeñas partes (EJ., análisis de tareas), trabajan en una habilidad específica hasta que es aprendida (EJ., dominio), asisten a los estudiante sí es necesario (EJ., instigación), proveen múltiples oportunidades de practicar (EJ., ensayos concentrados) y hacen el aprendizaje divertido y emocionante (EJ., ellos lo hacen atractivo y reforzante). Porque esos conceptos son familiares para ellos, ellos pueden fácilmente identificarse con ABA. Cuando ellos reciben entrenamiento formal, pueden perfeccionar sus conocimientos por llegar a comprender el proceso de aprendizaje con mayor profundidad. Familiarizarse con la teoría que subyace en ABA, los ayuda a comprender porque procedimientos de enseñanza que les son familiares funcionan, y ayudan a un maestro a ser más sistemático.

Creencia de que los niños no pueden aprender en grupos

La instrucción uno a uno es el principal formato de enseñanza que Autism Partnership utilizó en las primeras etapas de la intervención. Como fue discutido previamente, es importante cambiar lo más rápido posible hacia formatos educativos más naturales, tales como instrucción de grupo. Naturalmente, algún grado de formato uno a uno siempre puede ser necesario. Por ejemplo, incluso algunos estudiantes universitarios que se encuentran con dificultades en un área particular pueden requerir tutoría individual. A menudo, los adultos también se benefician de instrucción directa. Lecciones de Golf, danza o computación pueden ser más efectivas que una instrucción grupal.

Sin embargo, cuando es posible aprender en grupo, hay existen múltiples beneficios. Además de ser más natural, aprender en un ámbito grupal puede ser más eficiente. También, las habilidades de aprendizaje observacional de los estudiantes, se ven enormemente mejoradas por medio de tal instrucción. Desde que se hacen responsables por prestar atención, incluso cuando el maestro no se encuentra interactuando con ellos directamente, ellos se vuelven más capaces de aprender incidentalmente por fuera de la instrucción formal. Los niños cuentan con la oportunidad de observar las contingencias que sus pares reciben, lo cual puede ayudar su aprendizaje de conductas apropiadas. Aprender mientras se está rodeado de pares, ayuda allanar el camino hacia la tolerancia, interés, y la interacción con los pares fuera de clase.

Para aquellos que necesitan mayor convencimiento, hay una vasta literatura que muestra la eficacia de la instrucción grupal y el aprendizaje observacional para la enseñanza de niños con desarrollo típico (Jahr & Eldevik, 2002). Adicionalmente, existen numerosas investigaciones demostrando aprendizaje grupal exitoso en niños con TEA (Kamps, Walker, Maher, & Rotholz, 1992; Kamps, Walker, Locke, Delquadri, & Hall, 1990; Polloway, Cronin & Patton, 1986; Handleman, Harris, Kristoff, Fuentes, & Alessandri, 1991; Schoen & Ogden, 1995; Shelton, Gast, Wolery, & Winterling, 1991).

Comprendiendo la perspectiva del maestro

A menudo, la integridad y los motivos de los educadores han sido cuestionados. Además, sus habilidades han sido escudriñadas y desafiadas. A pesar de que han elegido una carrera admirable, con frecuencia no son tratados como profesionales respetables. Si ellos no poseen las habilidades necesarias para educar a niños con TEA, no se debe a falta de interés o deseo de hacer lo mejor. Como los padres, los maestros deben tolerar una embestida continua de información errada y contradictoria. De forma continua, se les dice que deben emplear una plétora de técnicas educacionales, muchas veces con un tremendo énfasis, pero sin una pizca de demostración científica de efectividad.

La Resistencia de los educadores hacia nuevas técnicas es ciertamente comprensible. Después de todo, ¿porqué deberían ellos creer que ABA más diferente que la vasta colección de procedimientos que se les ha dicho que producirían resultados asombrosos? Y a menudo, el entusiasmo que rodea a ABA no es muy diferente que otra estrategia educativa. Además, es extremadamente laborioso y abrumador cuando hay muchos estudiantes con sus propias demandas y PEI. Desafortunadamente, los maestros han recibido un entrenamiento limitado en TEA y ABA. Han sido adoctrinados con la creencia que el TEA es un trastorno serio que dura toda la vida, y los padres con expectativas altas se encuentran negando la severidad de la condición de sus niños y están siendo poco realistas. Por lo tanto, cuando se encuentran con un partidario imperioso, su reacción refleja es de resistencia. Los maestros precisan la oportunidad de participar en el entrenamiento de manera que se les pueda ayudar a comprender los fundamentos de una educación efectiva. Más importantemente, ellos necesitan recibir un apoyo y entrenamiento continuo para ayudarlos a emplear estrategias educacionales ABA de forma práctica. Y necesitamos ser sensibles a la difícil situación de los maestros y comprender su resistencia. Las expectativas de los maestros y los administradores necesitan ser realzadas. Será esencial para los educadores reconocer las enormes capacidades de los estudiantes con TEA, y que los resultados de sus estudiantes será enormemente mejorada por medio de su apertura y voluntad a emplear un abordaje de educación sistemática. Y, aunque ellos seguramente encuentren fanáticos de ABA (similares a los de otras disciplinas), ellos no deberían rechazar ABA categóricamente.

REFERENCIAS BIBLIOGRÁFICAS

Barrish, H.H., Saunder, M., & Wolf, M.M. (1969). GOOD BEHAVIOR GAME: EFFECTS OF INDIVIDUAL CONTINGENCIES FOR GROUP CONSEQUENCE ON DISRUPTIVE BEHAVIOR IN A CLASSROOM. - Journal of Applied Behavior Analysis, 2(2), 119-124.

Handleman, J.S., Harris, S.L., Kristoff, B., Fuentes, F., & Alessandri, M. (1991). A SPECIALIZED PROGRAM FOR PRESCHOOL CHILDREN WITH AUTISM. - Language, Speech and Hearing Services in Schools, 22, 107-110.

Harris, V.W., & Sherman, J.A. (1973). USE AND ANALYSIS OF THE "GOOD BEHAVIOR GAME" TO REDUCE DISRUPTIVE CLASSROOM BEHAVIOR. - Journal of Applied Behavior Analysis, 6(3) 405-417.

Jahr, E., & Eldevki, S. (2002). TEACHING COOPERATIVE PLAY TO TYPICAL CHILDREN UTILIZING A BEHAVIOR MODELING APPROACH: A SYSTEMATIC REPLICATION. - Behavioral Interventions, 17(3), 145-157.

Kamps, D.M., Walker, D., Locke, P., Delquadri, J., & Hall, R.V., (1990). A COMPARISON OF INSTRUCTIONAL ARRANGEMENTS FOR CHILDREN WITH AUTISM SERVED IN A PUBLIC SCHOOL SETTING. Education and Treatment of Children, 13, 197-215.

Kamps, D.M., Walker, D., Maher, J., & Rotholz, D. (1992). ACADEMIC AND ENVIRONMENTAL EFFECTS OF SMALL GROUP ARRANGEMENTS IN CLASSROOMS FOR STUDENTS WITH AUTISM AND OTHER DEVELOPMENTAL DISABILITIES. - Journal of Autism and Developmental Disorder, 22, 277-293.

Leaf, R.B., & Mountjoy, T. (2008). ADVANTAGES OF SCHOOL SETTINGS. IN LEAF, R.B., TAUBMAN, M, & MCEACHIN, J.J. (EDS.) IT'S TIME FOR SCHOOL: BUILDING QUALITY ABA EDUCATIONAL PROGRAMS. - New York, NY: DRL Books, (2008).

Lovaas, O.I. (1987). BEHAVIORAL TREATMENT AND NORMAL EDUCATIONAL AND INTELLECTUAL FUNCTIONING IN YOUNG AUTISTIC CHILDREN. - Journal of Clinical and Consulting Psychology, 55(1), 3-9.

Polloway, E.A., Cronin, M.E., & Patton, J.R. (1986). THE EFFICACY OF GROUP VERSUS ONE-TO-ONE INSTRUCTION: A REVIEW. - Remedial and Special Education, 7, 22-30.

Schoen, S.F., & Odgen, S. (1995). IMPACT OF TIME DELAY, OBSERVATIONAL LEARNING, AND ATTENTIONAL CUING UPON WORD RECOGNITION DURING INTEGRATED SMALL-GROUP INSTRUCTION. Journal of Autism and Developmental Disorders, 25, 503-519.

Schreibman, L., & Koegel, R.L. (1982). MULTIPLE-CUE RESPONDING IN AUTISTIC CHILDREN. Advances in Child Behavioral Analysis & Therapy, 2, 81-99.

Shelton, B.S.,, Gast, D.L., Wolery, M., & Winterling, V. (1991) *THE ROLE OF SMALL GROUP INSTRUCTION IN FACILITATING OBSERVATIONAL AND INCIDENTAL LEARNING.* - Language, Speech and Hearing Services in Schools, 22, 123-133.

Taubman, M., Brierley, S., Wishner, J., Baker, D., McEachin, J., & Leaf, R.B. (2001). *THE EFFECTIVNESS OF A GROUP DISCRETE TRIAL INSTRUCTIONAL APPROACH FOR PRESCHOOLERS WITH DEVELOPMENTAL DISABILITIES.* - Research in Developmental Disabilities, 22(3), 205-219.

Tingstrom, D.H., Sterling-Turner, H.E., & Wilczynski, S.M. (2006). *THE GOOD BEHAVIOR GAME* . Behavior Modification, 30(2), 225-253.

CAPITULO 11
RESISTENCIA ESCOLAR

Tanto como los padres son resistentes al análisis conductual aplicado (ABA), en las escuelas, distritos escolares a menudo son igualmente resistentes. Existe una cantidad de razones por la cual estos parecen rechazar la metodología ABA en las aulas:

1• Ellos creen en su abordaje y han recibido entrenamiento en otros método que creen son efectivos.

2• Tienen una mirada negativa basada en las primeras prácticas de ABA.

3• Se les ha brindado una gran cantidad de desinformación por parte de profesionales, e incluso han recibido información distorsionada de profesionales ABA que son pobremente calificados.

4• Ellos ven al TEA como una condición crónica y por lo tanto creen que cambiar las prácticas educacionales no harán una diferencia.

Tales razones pueden ser afirmadas no directamente. Frecuentemente escuchamos razones como las siguientes:

«¡Estamos preparados!»

En el pasado, el personal de la escuela a menudo contaba con un conocimiento extremadamente limitado en cuanto al TEA. Habitualmente existía un punto de vista muy pesimista sobre el potencial de un niño. La escuela estaba generalmente compuesta por tareas relativamente sin sentido, con el único propósito de mantener a los estudiantes ocupados, y por lo tanto sin ocasionar problemas. Sí se dictaban programas educacionales, eran de acuerdo a un «modelo tradicional» de educación, por lo cual los niños recibían una versión diluida de el plan de estudio tradicional.

Los distritos escolares a menudo afirman que se encuentran bien formados para la educación de niños con TEA. Aunque pueden no utilizar ABA, sostienen que son exitosos con sus niños. Con frecuencia, mientras los niños no sean agresivos y mantengan habilidades que han adquirido, se encuentran satisfechos con el status quo y no ven razón alguna para cambiar. Generalmente, administradores y maestros poseen una definición de progreso «significativo» que es un tanto pobre. (Ver capitulo 14, Progreso significativo)

Incluso a aquellos maestros que intentan utilizar técnicas instruccionales ABA, les falta el entrenamiento necesario para producir resultados significativos. Su implementación de ABA es a menudo incompleta y carece del nivel de individualización necesario para emplear un abordaje efectivo. Generalmente han recibido un entrenamiento limitado en ABA. Además, el entrenamiento puede ser llevado a cabo por alguien que no posee la experiencia, un aficionado, en ABA aplicada en niños con discapacidades.

«¡Nosotros tomamos el paquete de un día»

Nosotros recibimos una llamada del distrito escolar pidiendo por un entrenamiento de un día para sus maestros. Cuando a la directora de Educación Especial se le brindó el precio de la consulta, ella estaba encantada. Cuando se le preguntó porqué se encontraba tan feliz, ella respondió que pagando la consulta de un día, ella ahorraría miles de dólares. Ella continuó explicando que su distrito estaba enfrentando un gran número de demandas legales, todas excediendo los U$S 100.000. por lo tanto participando del entrenamiento de UN día, su personal podría ser entrenado, pasarían a ser legalmente defendibles y por lo tanto se ahorrarían una enorme cantidad de dinero. ¡Ella realmente creía que todo solamente se solucionaría con un entrenamiento de un día!

Desafortunadamente, esta no se trata de una experiencia aislada. Nosotros recibimos llamadas con esas demandas de manera continua. Por ejemplo, luego de una semana de entrenamiento, ¿podríamos «certificar» que el personal se encuentra «entrenado» en ABA? ¿Acaso puede el personal volverse «experto» en ABA luego de unas pocas semanas de entrenamiento? Esta clase de sentimientos parecen reflejar una falta de conocimiento en cuanto a qué tan complejo puede ser ABA.

El entrenamiento en métodos de enseñanza efectivos es análogo a convertirse en un chef gourmet, en un agente policial, o incluso a volar un avión jumbo. Uno no puede convertirse en experto con solo un día, una semana o incluso un mes de entrenamiento. Requiere entrenamiento global e intensivo con un apoyo constante para volverse un profesional ABA efectivo. Para implementar un tratamiento ABA de calidad, se requiere no sólo la comprensión de principios del comportamiento, sino también una practica supervisada aplicando esa metodología.

Luego de que el personal ha participado de un taller didáctico en el cual aprenden los fundamentos de ABA, a menudo ellos creen que se encuentran preparados para emplear ABA en sus clases y que no necesitan del taller práctico para aprender las técnicas de enseñanza ABA. La ironía es que mientras más entrenamiento ellos reciben, más se dan cuenta de que tan complicado es suministrar un tratamiento efectivo.

El Consejo Nacional de Investigación (2001) sugirió lo siguiente:

1• Entrenamiento en el cual los participantes reciban información actualizada en cuanto al curso del autismo y estrategias educacionales efectivas.
2• Oportunidades prácticas para ejercitar habilidades.
3• Consulta constante.
4• Actitudes administrativas y apoyo es algo crítico en el mejoramiento de las escuelas.

«ABA no es efectivo»

La falta de efectividad probada es a menudo la razón fundamental citada para no emplear ABA. Los resultados positivos del PAJ de UCLA son vistas como sospechosas por supuestas fallas metodológicas. En realidad, las afirmaciones en cuanto a una metodología defectuosa han demostrado ser enormemente infundadas (Baer, 1993; Lovaas, Smith & McEachin, 1989). Además, incluso profesionales que han discutido debilidades metodológicas no han negado la efectividad del tratamiento ABA (Mesibov, 1993). Pero muchos profesionales de la educación permanecen obstinados en su creencia de que ABA posee una limitada, sí es que tiene, efectividad. A menudo los siguientes argumentos serán realizados:

1• «No ha habido replicaciones de la investigación de Lovaas». De hecho ha habido una serie de estudios de replicaciones parciales:
Anderson, Avery, DiPietro, Edwards, & Christian, 1987
Birnbrauer and Leach, 1993
Sallows & Graupner, 1999
Sheinkoph and Siegel, 1998
Smith, Groen and Wynn, 2000
Cohen, Amerine-Dickens and Smith, 2006

Estas investigaciones han demostrado la efectividad del modelo de UCLA. Los niños alcanzaron mejoras sustanciales en habilidades de múltiples áreas (EJ., lenguaje, CI, conducta, etc.). sin embargo, los resultados no fueron tan impresionantes como en el estudio original. Esto puede deberse a una menor cantidad de horas (EJ., un promedio de 18-25 horas versus un promedio de 40); una duración reducida del tratamiento un personal menos entrenado. Para un discusión más completa en cuanto a la generalización de los hallazgos del Proyecto de Autismo de UCLA, por favor vea el Capitulo 2.

2• «No hay estudios globales que demuestren la efectividad de ABA.» De hecho hay una cantidad de estudios que han demostrado la efectividad de ABA con diversos niños:
Fenske, Zalenski Krantz and McClannahan, 1985.
Handleman, Harris, Celeberti, Lilleht and Tomcheck, 1991
Harris, Handleman, Gordon, Kristoff and Fuentes, 1991
Harris, Handleman, Kristoff, Bass and Gordon, 1990
Hoyson, Jamieson and Strain, 1984
Koegel, Koegel, Shoshan and McNerney, 1998
McGee, Daly and Jacobs, 1994

3• «La evidencia de que ABA es efectivo es un tanto limitada y no ha superado la prueba del tiempo.» DeMyer, Hingtgen y Jackson (1981) identificaron más de 200 estudios llevados a cabo entre 1970 y 1980 que han demostrado la efectividad de ABA en el tratamiento del autismo. Matson y sus colegas realizaron una revisión global de la literatura de 1980 hasta 1996 e identificaron más de 550 artículos en revistas revisadas por pares que demostraron la efectividad de ABA en el tratamiento del autismo (Matson, Bernavidez, Compton, Paclawskyj and Baglio, 1996).

4• «No existe ningún análisis comparativo que muestre que ABA es más efectivo que algún otro abordaje». Ha habido en efecto algunos estudios comparativos, principalmente enfocando ABA vs. Un modelo ecléctico (Lovaas 1987; Eikeseth, Smith, Jahr and Eldevik, 2002; Howard, Sparkman, Cohen, Green, and Stanislaw, 2005). Aunque ese tipo de investigación no es abundante, ha habido varias revisiones a gran escala de distintos procedimientos en un intento de identificar la «mejor intervención». Tres de tales revisiones han sido llevadas a cabo: New York State Department of Health Early Intervention Clinical Practice Guideline Report of Recommendations, 1999; A Report of The American Surgeon General, 1999; Committee on Educational Interventions For Children With Autism: National Research Council, 2001. Mientras que estos no son análisis comparativos, proveen un fuerte apoyo a la efectividad de ABA. Y como hemos discutido hay un cuerpo de investigación sustancial que demuestra resultados únicamente favorables para el tratamiento ABA del TEA.

Quizás Catherine Maurice (2002) lo dijo mejor:

«¿Porqué es este tópico de intervención conductual intensiva temprana, su valor, y su habilidad para producir recuperación en al menos algunos niños es todavía objeto de «acalorados debates?» ¿Cuántas décadas más le tomara a las organizaciones aceptar la evidencia que ya existe? Es sorprendente para mi que varios educadores especiales y psicólogos continúen exigiendo más datos para justificar el valor de la intervención conductual intensiva, y hasta hoy no han producido datos para validar abordajes tales como terapia de juego, nurseries terapéuticos, educación especial y psicoterapia. ¿En cuanto más debate debemos involucrarnos, mientras generaciones de niños con autismo no saben que hacer? (paginas 4-5).

"Los resultados de ABA no se mantienen en el tiempo»

ABA es a menudo rechazado porque es vista como una estrategia de enseñanza con beneficios a largo plazo limitados. Los siguientes son comentarios típicos:

1• «¡No generaliza! Seguro los estudiantes pueden aprender habilidades en situaciones específicas, pero el aprendizaje difícilmente se transfiere a situaciones más naturales.»

2• «Ud. Nunca puede deshacerse del reforzamiento, uno a uno o enseñanza artificial.»

3• «La efectividad no durará y con el tiempo ocurrirá una regresión».

4• «Las habilidades que son aprendidas son robóticas».

Generalización, durabilidad, y conductas de aspecto natural son ampliamente dependientes del empleo de una intervención ABA de calidad (Stokes & Baer, 1977). Profesionales ABA habilidosos reconocen que es crítico emplear estrategias que faciliten la generalización mediante la utilización sistemática de una variedad de instrucciones, materiales y consecuencias. Comprenden que el desvanecimiento de procedimientos es crítico para facilitar la independencia, y eso es esencial para trabajar en una variedad de situaciones, tales como la escuela.

Condenar a un abordaje debido a una aplicación pobre es injustificado. Sería similar a sugerir que una cirugía de bypass no es efectiva porque hay un cardiocirujano a cuyos pacientes les ha ido mal. No se trata de que ABA es un método inefectivo. Los resultados son dependientes de una implementación correcta y de la habilidad del profesional. Ser un terapeuta efectivo requiere pericia que sobreviene mediante entrenamiento, práctica supervisada y educación continua. Como fue afirmado previamente, existen cientos de artículos científicos que han aparecido en revistas revisadas por pares que demuestran que ABA puede producir excelentes resultados, con una buena generalización y resultados durables para estudiantes de todas las edades.

«ABA ES DESACTUALIZADO»

A lo largo de los últimos 30 años ha habido avances tremendos en el campo de ABA. Ha habido tanto una evolución en la filosofía, como un refinamiento de procedimientos de tratamiento. Estos cambios han sido responsables por el mejoramiento sustancial de la calidad de vida de estudiantes con TEA. Aquellos individuos que enfrentaron la difícil situación de pasar su vidas enteras en ambientes especializado, ahora son más capaces de disfrutar de una mejor calidad de vida. Los programas actualmente emplean estrategias conductuales globales que están basadas en abordajes positivos, prácticos y proactivos. La evolución del abordaje conductual ha sido instrumental en la colocación exitosa de estudiantes con TEA en ámbitos menos restrictivos.

«ABA ES IRRESPETUOSO PARA LOS ESTUDIANTES»

A menudo oímos de personas que o no comprenden la complejidad de ABA, o lo quieren desacreditar, afirman que es como entrenamiento de perros con niños. También lo ven como antinatural y mecanicista en su aplicación. Sin embargo, tenemos el mayor respeto por los niños a los cuales les enseñamos, es debido a ese respeto que nos encontramos constantemente buscando la manera más efectiva de ayudar a niños a aprender.

La teoría conductual nos provee una hoja de ruta que le permite al estudiante descubrir el placer de aprender, y ganar confianza en su habilidad descifrar como funciona el mundo.

«ABA ES EXPERIMENTAL»

Las administraciones frecuentemente utilizarán la justificación de que no apoyarán ABA debido a que es considerada nueva y experimental. Además, afirmarán que existe evidencia empírica limitada que demuestra su efectividad. Aunque el enorme interés en ABA es reciente, la intervención ABA no es un procedimiento nuevo. Lovaas (1987) y McEachin, Smith y Lovaas (1993) son citadas como las únicas dos investigaciones que muestran la efectividad de la intervención conductual con niños con TEA. De hecho, ABA se basa en más de 50 años de investigaciones científica con individuos afectados por una amplia gama de trastornos conductuales y del desarrollo. Desde principio de los 60's, una vasta investigación ha probado la eficacia de la intervención conductual con niños, adolescentes y adultos con autismo.

La investigación ha mostrado que ABA es efectivo en la reducción de conductas disruptivas típicamente observadas en sujetos con TEA, tales como auto-lesiones, rabietas, desobediencia y auto-estimulación. También se ha demostrado que ABA es efectivo en la enseñanza de habilidades comúnmente deficientes tales como comunicación compleja, y habilidades sociales, de juego y auto-ayuda. Más de 30 años atrás, Lovaas u sus colegas (Lovaas, Koegel, Simons & Long, 1973) publicaron un estudio global demostrando que una intervención ABA intensiva puede ser exitosa en el tratamiento de múltiples conductas a través de varios niños.

Aunque el trabajo de Lovaas es el más frecuentemente citado, existe más evidencia de que el tratamiento ABA intensivo puede resultar en un beneficio sustancial (EJ., Anderson et. al, 1987; Birnbrauer & Leach, 1993; Fenske et al., 1985; Harris et. al, 1991; Hoyson et al., 1984; Maurice, 1993; Perry, Cohen, & DeCarlo, 1995; Sheinkorpf & Siegel, 1998; Smith, 1993; Smith, Eikeseth, Klevstrand & Lovaas, 1997). Harris y Handleman (1994) revisaron varios estudios de investigación que mostraban que más de 50% de los niños con TEA que participaron de programas globales preescolares utilizando ABA fueron exitosamente integrados en clases no-especiales, muchos de ellos requirieron poco tratamiento simultaneo.

«ABA ES PUNITIVO»

Hay individuos que continúan con la visión de que la intervención ABA es un abordaje aversivo. Esto a veces parece basarse en la exposición a películas y lecturas de largo tiempo atrás en las a clases de psicología. Aunque durante las primeras épocas de los tratamientos algunas veces se utilizaron métodos punitivos incluso entonces la mayoría del tratamiento involucraba la utilización de reforzamiento positivo. En los últimos 15 años la mayoría de la intervención ha utilizado solamente prácticas positivas. De hecho, cuando nos encontramos con el termino «intervención conductual positiva», a menudo respondemos «¿Acaso hay de otro tipo?».

Afortunadamente en todos los campos hay crecimiento y evolución. Condenar a una disciplina por sus primeros tiempos es injusto. Por ejemplo, hace 25 años la cirugía del corazón era extremadamente cruda en comparación con lo que se realiza hoy. Sin embargo, los pioneros se encontraban dispuestos a crear las bases. Ciertamente no condenaríamos hoy a los neurocirujanos debido a las lobotomías llevadas a cabo en tiempos pasados.

Aquellos que continúan viendo a ABA como punitivo quizás han tenido la desafortunada experiencia de observar conductistas que persisten en la utilización de procedimientos desactualizados. Aunque continúan habiendo algunos «profesionales» que utilizan métodos punitivos innecesariamente, la vasta mayoría de profesionales utiliza solamente abordajes conductuales positivos.

«ABA POSEE UNA EDAD LÍMITE»

Los críticos de la intervención conductual afirmarán que ABA es solamente efectivo con niños jóvenes. Por lo tanto, es irrelevante para la gran mayoría de sus estudiantes. Ellos citan a menudo la investigación de Lovaas como su evidencia. El estudio de Lovaas, sin embargo, no mostró que ABA es inefectivo con niños mayores. Ni siquiera intentó comparar la intervención a través de niños de diferentes edades.

Es razonable que mientras mayor sea un niño al comienzo del tratamiento, más duro será cerrar la brecha del desarrollo.

Sin embargo, no hay evidencia que indique que los niños mayores de cuatro que reciben una intervención ABA intensiva no puedan alcanzar resultados positivos. En efecto, existe una amplia evidencia de que la intervención conductual puede ser efectiva en todas las edades. Simplemente no conocemos los limites de lo que los niños que se encuentran en la mayor edad del rango podrán alcanzar. De hecho la mayoría de la investigación en ABA ha sido realizada con niños mayores, adolescentes y adultos. Se ha mostrado a ABA ser efectiva en la reducción de conductas disruptivas y en la enseñanza de habilidades críticas en niños mayores. Los adolescentes y adultos han sido capaces de aprender habilidades de comunicación, auto-ayuda, vacacionales y de independencia por medio de procedimientos de enseñanza y estrategias de intervención basadas en ABA.

Aunque no conocemos la edad exacta en la cual alcanzar el «mejor resultado» ya no es una posibilidad, existe probablemente una «ventana de oportunidad» para el mejor resultado. Ninguno discutiría contra la afirmación de que un tratamiento temprano es mejor para todos los trastornos y condiciones. Sin embargo, es absurdo utilizar esto como una justificación para no proveer intervención a adolescentes y adultos. Aunque los resultados probablemente se deterioren a medida que se avanza en la edad, existe evidencia convincente de que ABA es efectivo con poblaciones mayores, simplemente no tan efectivas como con niños más jóvenes (Fenske, Zalenski, Krantz, and McClannahan, 1985).

SIN RECHAZO, SIMPLEMENTE RESISTENCIA

Algunas veces las escuelas no rechazan abiertamente ABA y solamente muestran Resistencia. Sin adherir a ABA completamente, lo ven como parcialmente efectivo. A menudo presentarán algunas de las salvedades discutidas más arriba, tal como que solo es útil para ciertas cosas, no generaliza, o que no es un abordaje muy natural, pero al menos no rechazan su utilización.

A menudo ABA es visto como un abordaje bastante estrecho. Por ejemplo, es muy común la creencia de que ABA solo puede emplearse en situaciones uno a uno. Por lo tanto, puede solo ocurrir por un tiempo limitado del día en el aula. O también se cree que ABA es solamente efectivo para la enseñanza de habilidades conversacionales básicas, o habilidades académicas elementales. Como resultado, existe el concepto errado de que ABA no es realmente útil para la enseñanza de habilidades de juego, sociales o de conversación avanzada. Algunas veces la perspectiva que se tiene de ABA es que es solamente útil para estudiantes muy deteriorados. Por lo tanto, ABA es juzgado como inapropiado para niños con son considerados como de «alto» funcionamiento.

Debido a esta perspectiva las escuelas frecuentemente emplean ABA de una manera extremadamente limitada. Por ejemplo, el Plan de Educación Individual (PEI) de un niño especificará que ABA/EED debería ser suministrada una hora por día. O el PEI puede especificar que solo puede suministrarse bajo un formato de enseñanza de uno a uno. O que puede ser utilizada solamente en sesiones retiradas, para reducir las distracciones. Este abordaje estrecho a menudo se deriva de un malentendido de ABA, como difiere de la Enseñanza mediante Ensayo Discreto y como utilizar ABA más efectivamente.

Un cadillac o un chevy

A menudo los administradores del distrito escolar, al igual que los abogados, limitarán el acceso a la intervención ABA diciendo que la ley no requiere que ellos provean un programa «Cadillac». En otras palabras, el distrito solo requiere proveer un programa adecuado. No hay obligación legal para proveer un programa educacional óptimo.

A medida que uno aprecia esto, esto es censurable por los padres. Imagine que se le diga que un programa educativo que puede ser positivo para su niño, permitiendo que viva con una calidad de vida más alta, ¡no es una obligación legal! Diferencias en la calidad del programa puede significar la diferencia de que su hijo eventualmente asista a la universidad, se case y trabaje independientemente, versus permanecer viviendo y severamente involucrado en ámbitos restrictivos. Evocaría el mismo enojo que uno sentiría si un empleado de seguro médico nos informa a un padre que sólo están dispuestos a proveer una cirugía «común», y por lo tanto su niños puede permanecer sustancialmente deteriorado y contar con una calidad de vida comprometida.

Desde nuestra perspectiva, mientras el «Cadillac» no es requerido, el «Cacharro» tampoco es aceptable. Además de los aspectos morales, buscar excusas para no proveer servicios efectivos es un disparate por una cantidad de razones:

1• Las administradoras destinan una gran cantidad de dinero en proveer bufés de capacitaciones. Brindando un entrenamiento concentrado en abordajes basados en evidencia, muy probablemente gastarán menos dinero y generarán más pericia

2• Con el entrenamiento adecuado y la supervisión experta constante, los distritos podrían utilizar su planta de paraprofesionales. Lo que se necesita, sin embargo, es personal y administradores receptivos, al igual que capacitadores y supervisores experimentados.

3• Proveer un programa superior, sin embargo, podría resultar realmente en ahorros significativos directos e indirectos a largo plazo. Por ejemplo:
 a. Menor tiempo dedicado a reuniones con padres enojados
 b. Un cambio de personal reducido. Un staff de trabajo entrenado más efectiva y eficiente, mayor satisfacción laboral.
 c. Menos proporción de personal (con entrenamiento, el personal aprende como proveer instrucción individualizada de grupo que sea efectiva).

d. Otros servicios caros pueden ser reducidos o eliminados
e. COSTOS REDUCIDOS DE LITIGACIÓN Y ARREGLOS

Finalmente, la dicotomía entre una intervención ordinaria y una de alta calidad es a menudo falsa. Muy frecuentemente los distritos están intentando presentar su cacharro roto como un vehiculo servible y confiable. Si realmente implementaran el criterio para una Educación Pública Libre y Apropiada, habría una marcada mejora. Y no tomaría mucho más proveer realmente un programa superior. La diferencia entre el «cadillac» y el «Chevy» no se trata tanto de la cantidad de horas empleadas, como lo es la calidad del personal y la frecuencia de supervisión. Desafortunadamente, raramente estos son los asuntos discutidos.

Resolución???

Estamos convencidos que los padres y distritos aspiran a la misma meta: que los niños sean exitosos. Sin embargo, existe una falta de consenso sobre cómo llegar a esta meta. Gran parte de los problemas parecen nacer de información divergente, semántica y una comunicación pobre. Esto algunas veces resulta en falta de confianza e inhabilidad para trabajar cooperativamente. Conceptos erróneos comunes de ABA parecen solamente interferir con este proceso. Quizás la resolución puede comenzar con una comprensión común de ABA.

Referencias bibliográficas

Anderson, S.R., Avery, D.L., DiPietro, E.K., Edwards, G.L., & Christian, W.P. (1987). *Intensive home-based intervention with autistic children*. - Education and Treatment of Children, 10, 352-366.

Baer, D.M. (1993). *Quasi-random assignment can be as convincing as random assignment*. - American Journal on mental Retardation, 97(4), 373-375.

Birnbrauer, J.S., & Leach, D.J. (1993). *The Murdoch early intervention program after two years*. - Behaviour Change, 10, 63-74.

Cohen, H., Amerine-Dickens, M., & Smith, T. (2006). *Early Intensive Behavioral Treatment: Replication of the UCLA Model in a Community Setting*. - Journal of Developmental & Behavioral Pediatrics, 27 (2), 145-155.

DeMyer, M. K., Hingtgen, J. N., Jackson, R. K. (1981). *Infantile autism reviewed: A decade of research*. - Schizophrenia Bulletin, 7(3), 388-451.

Department of Health and Human Services (1999). *Mental Health: A Report of the Surgeon General*. - Rockville, MD: Department of Health and Human Services, Substance Abuse and Mental Health Services Administration, Center for Mental Health Services, National Institute of Mental Health.

Eikeseth, S., Smith, T., Jahr, E., & Eldevik. S. (2002). «*Intensive behavioral treatment at school for 4 to 7-year-old children with autism: A 1 year comparison controlled study.*» - Behavior Modification 26(1): 49-68.

Fenske, E.C., Zalenski, S., Krantz, P.J., McClannahan, L.E. (1985). *Age at intervention and treatment outcome for autistic children in a comprehensive intervention program*. Analysis and Intervention in Developmental Disabilities, 5, 49-58.

Handleman, J.S., Harris, S.L., Celiberti, D., Lilleht, E., & Tomcheck, L. (1991). *Developmental changes of preschool children with autism and normally developing peers*. Infant-Toddler Intervention, 1, 137-143.

Handleman, J. S., Harris, S. L. (1984). *Can summer vacation be detrimental to learning? An empirical look*. - Exceptional Child, 31(2), 151-157.

Harris, S. L., Handleman, J. S., Gordon, R., Kristoff, B., & Fuentes (1991). *Changes in cognitive and language functioning of preschool children with autism*. Journal of Autism and Developmental Disorders, 21(3), 281-290.

Harris, S. L., Handleman, J. S., Kristoff, B., Bass, L. & Gordon (1990). *Changes in language development among autistic and peer children in segregated and integrated preschool settings.* - Journal of Autism and Developmental Disorders, 20(1), 23-31.

Hoyson, M., Jamieson, B., & Strain, P.S. (1984). *Individualized group instruction of normally developing and autistic-like children: The LEAP curriculum model.*
Journal of the Division of Early Childhood, 8, 157-172.

Koegel, L. K., Koegel, R. L., Shoshan, Y., & McNerney, E. (1999). *Pivotal response intervention II: Preliminary long-term outcomes data.* - Journal of the Association for Persons with Severe Handicaps, 24(3), 186-198.

Lovaas, O. I., Koegel, R., Simmons, J. Q., & Long, J. S. (1973). *Some generalization and follow-up measures on autistic children in behavior therapy.* - Journal of Applied Behavior Analysis, 6(1), 131-166.

Lovaas, O. I., Smith, T., & McEachin, J. J. (1989). *Clarifying comments on the young autism study: Reply to Schopler, Short, and Mesibov.* - Journal of Consulting and Clinical Psychology, 57(1), 165-167.

Lovaas, O.I. (1987). *Behavioral Treatment and normal educational and intellectual functioning in young autistic children.* - Journal of Clinical and Consulting Psychology, 55(1), 3-9.

Matson, J. L., Benavidez, D. A., Compton, L. S., Paclawskyj, T., & Baglio (1996). *Behavioral treatment of autistic persons: A review of research from 1980 to the present.* REsearch in Developmental Disabilities, 17(6), 433-465.

Maurice, C. (2002). *Recovery: Debate diminishes opportunity.* - Association for Science in Autism Treatment Newsletter, Summer, 2002, 1-5.

Maurice, Catherine (1993). *Let me hear your voice. A family's triumph over autism.*
NY: Fawcett Columbine.

McEachin, J.J., Smith, T., & Lovaas, O.I. (1993). *Long-term outcome for children with autism who received early intensive behavioral treatment.* - American Journal on Mental Retardation, 97(4), 359-372.

McGee, G.G., Daly, T. & Jacobs, H.A. (1994). *The Walden preschool. In Preschool Education Programs for Children with Autism,* S.L. Harris and J.S. Handleman (Eds.). Austin, TX: Pro-Ed.

By Mesibov, G. B. (1993). *Treatment outcome is encouraging.* - American Journal on Mental Retardation, 97(4), 379-380

CAPITULO 12
¿DE TODOS MODOS DE QUIÉN ES EL PEI?

Cómo estaba destinado a ser

El concepto original del PEI era muy diferente del que frecuentemente observamos hoy. La idea era que el PEI sería desarrollado en reuniones colaboradoras con padres y maestros. Se suponía que serían reuniones informales de simple discusión sobre el tipo de metas que tendrían sentido. Las metas podrían ser anotadas en un pedazo de papel. No se trataría de un documento legal, sino simplemente una hoja de ruta. No toda meta a ser trabajada debía ser incluida. Y metas que estuvieran en el papel podían no ser trabajadas. Iban a ser reuniones cortas y positivas. Una que no incluía grabadoras, partidarios, abogados o administradores que no conocieran al niño. Los padres no se sentaban de un lado y el personal de la escuela en el otro. No era impulsado por la escuela, los padres o un equipo. Era impulsado por el niño. Iba a ser un proceso agradable y de inspiración.

De alguna manera termino así

Quienes toman las decisiones no se encuentran familiarizados con el niño. Los participantes sostienen nociones preconcebidas de lo que es un tratamiento efectivo. Quienes proveen los servicios actúan como si su intervención fuera el componente que es más o solamente importante de la intervención. Las recomendaciones son denegadas basadas en la política del distrito. Los padres realizan peticiones por múltiples servicios que no han sido científicamente validados. Las ofertas de locaciones son determinadas previamente a la reunión sin oportunidad de abrir discusión o aporte. Los padres son tratados como si realmente no entendieran las necesidades de su niño. Los maestros son tratados como si fueran incompetentes y despreocupados. Los padres fallan en demostrar apreciación por la cantidad inmensurable de horas que se dedicaron a su niño. El personal de instrucción es advertido en cuento a discutir o acordar con ciertos aspectos del programa del niño. Los padres insisten que su niño debería recibir una educación optima. Los administradores se vuelven a la defensiva en cuanto a la calidad de sus programas. Los participantes se tornan irrespetuosos y enojados. Los administradores entran y salen de las reuniones como si lo que estaba siendo discutido no fuese importante. Definitivamente esta no es la reunión de PEI que fue pensada por los redactores del Acto de Educación para Individuos con Discapacidades (IDEA[1]).

¿Por qué los padres solicitarían servicios que no creen que su niño realmente necesite? ¿Por qué un proveedor de servicios realiza una recomendación por servicios que no cree que sean necesarios? ¿Por qué los distritos escolares ofertan servicios que no creen sean apropiados? Confiando en que no sería así, es obligatorio a todos los miembros del equipo PEI entender estrategias efectivas para la educación de estudiantes con TEA, comprender mandatos educativos, estar familiarizado con servicios ofertados y disponibles, y más importante, comprender las necesidades únicas del niño. ¿Qué estaría UD. Solicitando si se tratara de su niño en las reuniones del PEI?

Hemos participado en cientos de reuniones de PEI para niños a los que tratamos. A menudo hemos establecido buenas relaciones tanto con la familia como con el distrito escolar y apreciamos el

---
[1] N.T.: Sigla en idioma Inglés.

lazo entre la escuela y el hogar. Trabajamos con niños de todas las edades. Trabajamos con niños mayores para quienes la mayoría de los servicios ocurre en la escuela. También servimos a niños menores de dos años y por lo tanto la terapia es llevada a cabo principalmente en el hogar.

Cuando se trabaja con niños muy jóvenes, el tratamiento frecuentemente comienza bien antes de que el distrito escolar se involucre. Tenemos la oportunidad de trabajar íntimamente con los miembros de la familia, ayudándolos a comprender mejor su rol en el tratamiento y como pueden mejor ayudar a su hijo. Un tratamiento efectivo incluye participación parental activa, pericia, al igual que participación en el proceso de terapia. Esta relación con los padres es inevitable y crítica para brindar una intervención efectiva para los niños. Debemos, sin embargo, mantenernos objetivos y mantener nuestro foco en lo que es necesario para el niño. Necesitamos considerar el aporte parental, pero también recomendar lo que la investigación y nuestra experiencia ha mostrado ser efectivo para cumplir con las necesidades de niño. El distrito escolar es frecuentemente cauteloso de las relaciones que tenemos con las familias, cuestionando si estamos actuando como la voz de los padres, y a menudo no considerando que se supone que ¡*TODOS* seamos la «voz» del niño!
También trabajamos en estrecha colaboración con muchos distritos escolares como quien provee el servicio, al igual que como asesor de aula. Contamos con la oportunidad de ayudar a los distritos escolares a capacitar al personal, desarrollar planes de estudios, y construir programas escolares efectivos. Vemos al personal de la escuela dedicando una tremenda cantidad de tiempo, esfuerzo, y recursos al desarrollo de programas apropiados que satisfagan las necesidades de los niños en sus distritos. Los padres son frecuentemente desconfiados de las relaciones que tenemos con el personal de la escuela, creyendo que nuestras recomendaciones están influenciadas por lo que el distrito quiere que digamos. Incluso hemos sido acusados de ser ¡«cómplices» de los distritos escolares!

Mientras que las filosofías y los abordajes difieran, no esperamos que todos los miembros del PEI estén de acuerdo con nuestros puntos de vista y recomendaciones. Si esperamos, sin embargo, que lo que compartimos sea respetuosamente considerado. A menudo nuestras recomendaciones no complacen ni a la escuela o la familia. Sin embargo reflejan, lo que creemos son las necesidades del niño. Construyendo relaciones de confianza podemos ser escuchados, y abrir la puerta para discusión productiva y esperemos, una buena educación. El TEA impacta en la vida de un niño de manera incalculable. Afortunadamente, con una intervención global e intensiva, las experiencias educacionales significativas son realizables. Nuestra experiencia nos ha mostrado repetidamente que aquellos niños que más se benefician de la educación son aquellos son lo suficientemente afortunados de contar con equipos dedicados de maestros, profesionales, administradores y padres que trabajan cooperativamente para atender sus necesidades. Nuestra experiencia nos ha mostrado que sin un equipo colaborativo, el progreso se ve seriamente comprometido.

Entramos de manera optimista a las reuniones de PEI en cuanto a un resultado favorable. Pero parece que la percepción de lo que constituye un resultado favorable para cada miembro del equipo es diferente. La mayoría de las reuniones del PEI comienzan de manera bastante positiva y, afortunadamente, muchas son finalizadas con satisfacción y un acuerdo mutuo de que el niño está recibiendo el apoyo que necesita. De alguna manera, nuestra experiencia con el proceso del PEI para niños con TEA se ha tornado cada vez más complicada, discordante, y legalmente enrevesada. Creemos que no tiene porqué ser de esta manera. Nuestra esperanza es que compartiendo nuestras experiencias con el proceso del PEI, podemos ayudar a los miembros de los equipos del PEI a ver otras perspectivas y considerar como pueden mejorar el proceso, y por lo tanto, satisfacer mejor las necesidades del niño.

Este capítulo no tiene la intención de servir como un tratado legal en el proceso del PEI, sino provocar reflexión en aquellos involucrados en el proceso, como para facilitar y crear un proceso más colaborativo.

El proceso PEI

El Acto de Educación para Todos los Niños Discapacitados (AETNM) de 1975, la ley federal que velaba por el servicio educativo para niños con discapacidades, fue renombrado en 1990 a Acto de Educación para Individuos con Discapacidades (IDEA[2]) , no casualmente, para reflejar el énfasis del niño **individual**. Bajo el IDEA, los niños con discapacidades tienen el derecho a una educación publica y gratuita apropiada (EPGA) compuesto de educación especial y servicios relacionados para atender las necesidades únicas del niño.

El camino por el cual una educación pública, gratuita y apropiada debe ser alcanzada es por medio del desarrollo de un Programa de Educación Individualizado (PEI)[3]. El PEI es un documento escrito que refleja las necesidades educacionales del niño, y la educación individual especial requerida para atender esas necesidades, una herramienta para identificar objetivos educativos y monitorear el programa de un niño, y un foro para la participación parental.
La meta del IDEA era asegurar que a los niños con necesidades de educación especial se les proveyera con las mismas oportunidades educativas de sus pares típicos. El PEI es el medio para el acceso educativo de niños con discapacidades. La creación y preparación de un documento significativo es esencial para garantizar que un niño reciba los servicios apropiados. El PEI comienza con la definición y presentación de los niveles actuales de rendimiento del niño,

---

Acto de Educación para Individuos con Discapacidades de 1990 (IDEA), 20 U.S.C. § 1400 et seq.; Regulación de Implementaciones, 34 C.F.R. 300 et seq. IDEA fue reautorizada con revisiones en 1997 por el Presidente Bill Clinton y luego en 2004 por el Presidente George W. Bush (Acto de Educación para Individuos con Discapacidades).
20 U.S.C. § 1401(9); 34 C.F.R. § 300.17
Bajo 20 U.S.C. § 1414(d)(1)(B); 34 C.F.R. § 300.321 (a) Las partes que se requieren para la asistencia a una reunión PEI incluye:
i. Los padres del niño;
ii. No menos que un maestro de educación regular (sí el niño participa o participará de un ámbito de educación regular);
iii. No menos de un maestro de educación especial del niño, o de ser apropiado, no menos de un prestador de educación especial del niño;
iv. Un representante de la agencia pública que:

a partir de los cuales se desarrollan las metas y objetivos para ayudar la enseñanza guiada, registrar el progreso. Y finalmente son determinados el sitio y los servicios que facilitaran el logro de aquellas metas y objetivos.

Idealmente, una reunión de PEI es un foro de discusión significativa por personas con conocimiento e interés en el niño[4]. Participar de una reunión colaboradora de PEI donde los miembros de equipo puedan abrirse y compartir sus ideas, desarrollar un programa efectivo basado en las necesidades del niño, y puedan irse con el deseo de trabajar juntos, sería idealmente el resultado de todas las reuniones de PEI. Lamentablemente, las reuniones de PEI se encuentran a menudo llenas de desconfianza, sintiéndose más como el primer paso hacia el Debido Proceso.

Dada la importancia y énfasis puesto en las necesidades individuales del niño, le incumbe a los miembros del equipo PEI, contar con el conocimiento de los tratamientos disponibles, y más importante aún, de las necesidades de ese niño en particular. Frecuentemente quienes toman las decisiones jamás han visto al niño, tienen la responsabilidad de cientos de otros estudiantes, teniendo en cuenta a aquellos fuera de las reuniones PEI, y probablemente se han sentado o se sentaran en miles de reuniones PEI. A la inversa, los padres de un niño viven cada aspecto de la vida de su niño. Ellos tienen la responsabilidad solo por su niño, y participaran solamente de aquellas reuniones PEI que involucren a su hijo o hija. La inversión en la educación de un niño puede sentirse fácilmente perdida en el anonimato. Obviamente la inversión emocional de la familia en el proceso PEI es significativamente más intenso que el grado de inversión de otros miembros del equipo.

Incluso grandes distritos escolares con acceso a una gran cantidad de recursos puede terminar tomando peores decisiones sobre como llevar a cabo el proceso PEI. Hemos encontrado uno de tales distritos donde la naturaleza y monto de información que puede ser compartida en las discusiones es severamente reducida. Adicionalmente, las normas de este distrito dictan que cualquier información brindada por un profesional que no pertenezca al distrito puede ser utilizada solamente para el propósito de determinar los niveles actuales de rendimiento. El contrato principal de este distrito afirma que la asistencia de un profesional que no pertenece al distrito a reuniones «actuando como un defensor de estudiantes» constituye o puede constituir un conflicto de intereses. Como profesionales que han elegido carreras de educación, esperaríamos que cada persona que asiste a una reunión PEI, abogue en nombre de los niños. Una discusión abierta entre personas al tanto del caso es la base fundamental por la cual un PEI debe ser desarrollado. Es

---

1) Sea calificado para supervisar la prestación de instrucción especialmente diseñada para atender las necesidades únicas de niños con discapacidades;
2) Sea un entendido sobre el plan de estudio educativo general; y
3) Sea un entendido en cuanto a la disponibilidad de recursos de la agencia pública

v. Un individuo que pueda interpretar las implicaciones instruccionales de resultados de evaluación…;
vi. A la discreción del padre o la agencia, otros individuos que poseen conocimiento o experticia especial en cuanto al niño,
vii. Cuando sea apropiado, el niño con discapacidad.

desconcertante cuando cualquier parte que responda por los intereses del niño intente limitar la información entre los miembros del equipo PEI. Conocimiento sobre el niño, conocimiento en cuanto al autismo, conocimiento sobre tratamientos disponibles, y confianza, son elementos esenciales para un PEI productivo.

Sentándonos en reuniones PEI, a menudo nos hemos preguntado si estamos hablando del mismo niño. Los niveles actuales de rendimiento están destinados a dar fundamento al desarrollo de metas y objetivos que reflejen las necesidades del niño, y de las expectativas razonables asociadas a ese niño. Es difícil reunirse para desarrollar y acordar metas y objetivos cuando no parece que el equipo está describiendo al mismo niño. Los distritos escolares nos acusan de sobre-enfatizar el déficit y enfocarnos en las debilidades del niño. Los padres tienden a vernos como sobre-enfatizando las fortalezas y por lo tanto minimizando las necesidades del niño. Siempre, el objetivo debe ser presentar un objetivo y una mirada balanceada sobre las fortalezas y debilidades del niño[5].

Cómo es tan importante celebrar el logro de un niño, requerido por IDEA para discutir las fortalezas el niño, también corresponde al equipo PEI evaluar y reconocer las áreas con necesidades si un niño va a realizar un progreso significativo. Mientras que acordamos que la atmósfera de una reunión PEI debería permanecer lo más positiva posible, es imperativo que las discusiones abiertas sobre las áreas con necesidades y recomendaciones de un niño dirigidas a aquellas, no sean vistas como argumentativas, negativas o adversarias, sino como las bases para un programa significativo. Instamos a aquellos responsables de manejar las reuniones PEI a permitir la discusión honesta y abierta.
Mientras los maestros de educación especial deben sentir frecuentemente el peso de la demanda de un padre o una recomendación para un sitio alternativo, la búsqueda de variantes o de servicios adicionales no es una acusación de fracaso educativo o incompetencia, sino más bien un reconocimiento de que un niño particular puede tener necesidades especiales (EJ., estilo de aprendizaje necesidades curriculares, excesos/déficit conductuales) que van más allá de las que pueden ser abordados efectivamente en un ámbito particular. El niño no debe ser despreciado a favor del deseo de parecer responsable por la enseñanza de habilidades y el abordaje de necesidades conductuales, las cuales no pueden ser enseñadas razonablemente o abordadas en una situación particular. El foco debe permanecer en la protección de las necesidades del niño.

Bajo 20 U.S.C. § 1414(d)(3)(A); 34 C.F.R. §300.324, IDEA 2004 reconoce la necesidad de consideraciones más amplias en el desarrollo de un PEI
   a)   Desarrollo de PEI
   1)   General. En el desarrollo del PEI de cada niño, el equipo PEI debe considerar:
   i.   Las fortalezas del niño;
   ii.   Las preocupaciones de los padres para mejorar la educación de su niño;
   iii.   Los resultados la evaluación inicial o más reciente del niño; y
   iv.   Las necesidades académicas, de desarrollo, y funcionales del niño.
          (20 U.S.C. 1414(d)(1)(B)).

Una perspectiva única: un clínico que es también un abogado

Yo (el autor de este capitulo) comencé a trabajar con niños con Trastorno del Espectro Autista (TEA) a finales de los 70's en UCLA en el Proyecto Autismo joven bajo la dirección del Dr. Ivar Lovaas. Luego de muchos años trabajando como un asesor conductual, decidí asistir a la facultad de leyes. Tuve mi primer acercamiento a IDEA y la ley de educación especial cuando tome una clase y comencé a investigar una investigación sobre las corrientes principales. El nombre Lovaas y programas basados en la investigación de Lovaas seguía apareciendo en mis búsquedas on-line. Allí es cuando me di cuenta que esta área se había convertido en un semillero de litigios. Me gradué poco tiempo después y comencé ejerciendo ley de educación especial, y representando a niños con necesidades especiales.

La mayoría de los casos que he representado involucraron a niños con TEA cuyos padres trataron de recibir financiamiento para programas intensivos basados en ABA. Ellos creían que las clases escolares que se les ofrecían no atendían las necesidades de sus niños, o creían que sus niños necesitaban servicios intensivos, pero no se encontraban listos para un aula. Luego de experimentar la frustración de ver como se les negaban a los niños servicios necesarios, observar a las familias tener que pelear por los servicios educativos que cumplan la necesidades de su niño, como es garantizado por IDEA, y ser testigo de los ataques brutales hacia individuos bien intencionados, tanto a padres como profesionales, deje de ejercer como abogado. Regresé al mundo de la clínica y me incorporé a Autism Partnership donde creo que puedo tener un rol más constructivo en la satisfacción de las necesidades de estos niños al estar directamente involucrado en su intervención en un ámbito clínico.

Cuando regresé a Autism Parthership mis responsabilidades incluyeron llevar a cabo evaluaciones, ayudar en el diseño y desarrollo de programas, asesoramiento escolar, proveer supervisión clínica, y asistir a reuniones PEI. Para la mayoría de los niños brindamos un ámbito áulico, al igual que una intervención directa e intensiva basada en ABA, los cuales son componentes críticos de sus programas. He contado con la oportunidad única de estar involucrado en la planificación desde tanto una perspectiva de abogado y la de un clínico que representa un servició no-público. Ingenuamente, no habría creído que las perspectivas fuesen muy diferentes. Después de todo, de cualquiera de ambas perspectivas uno pensaría que la misión es ayudar al niño. Como aprendí rápidamente, existe en efecto una diferencia, que resumiré a continuación:

ABOGADO	ASESOR
Espera que el niño se beneficie en el momento	Considera el desarrollo de la clase como un proceso que puede tomar tiempo
No se preocupan por la moral del personal	Debe construir una relación positiva con el personal
Destaca los déficits	Comienza enfatizando las fortalezas
Considera que todo es crítico	Debe dar prioridades y necesita dejar pasar algunas cosas

Considera que todo es crítico	Debe dar prioridades y necesita dejar pasar algunas cosas
Espera que la enseñanza mediante ensayos discretos sea aplicada como en el libro	Más interesado en que la enseñanza sea efectiva
Principalmente le importa que el Plan Conductual esté estipulado por escrito	Desea que el personal comprenda el proceso de analizar la conducta
Busca grandes cantidades de datos	Se conforma con una cantidad manejable de datos que sean significativos
No se preocupa de dónde provienen las fuentes	Debe trabajar con lo que se encuentra disponible

La dicotomía se me hizo clara cuando de un distrito escolar al cual le preveíamos asesoramiento escolar me pidieron que observase la clase de un niño cuyos padres demandaban un programa hogareño. La primera vez que retorné al aula como un asesor luego de ejercer leyes full time, me retiré de esa clase queriendo llamar a todos los padres y decirles que se presentaran inmediatamente al proceso. Pero...tomé un par de respiraciones profundas y me recordé a mi mismo que me encontraba allí porque la escuela reconocía la necesidad de cambiar y quería hacer mejor su programa. Me tomé un momento para aprender a balancear ambas la perspectiva legal y la perspectiva de consultas. La maestra apenas había comenzado a enseñar a principio de mes. Había participado de una capacitación práctica de 5 días y no había recibido aún una consulta de seguimiento. Ninguno de sus tres asistentes habían recibido ninguna capacitación, y dos de ellas no contaban con experiencia. Mi impresión inicial fue extremadamente positiva. La maestra estaba intentando implementar e incorporar estrategias basadas en ABA en todos los aspectos de la clase, ella había creado una buena estructura de clase, halló momentos de enseñanza, facilitó la interacción social, y era altamente receptiva y motivada. Como asesor no podría haber esperado ver más de una nueva maestra. Este era el comienzo de un programa de calidad.

Pero luego recordé que no me encontraba allí para asesorar en cuanto a la clase, sino para evaluar la «defensibilidad» de la clase para un niño particular. El personal de apoyo no estaba lo suficientemente entrenado, la maestra apenas comenzando a desarrollar a desarrollar planes de estudio, no había sistemas de recolección de datos, y todavía había un poco de tiempo desestructurado, especialmente en el mediodía. No estaba seguro de cuanto aprendizaje o instrucción sistemática estaba ocurriendo a lo largo del día en la escuela. Desde una perspectiva legal estaba pensando que esta familia definitivamente prevalecería, no debido a que el personal de instrucción no tuviera el potencial de convertirse en maestros efectivos, sino porqué el desarrollo de la clase es un proceso y esta clase no se encontraba aún en una etapa en la que pudiera atender la mayoría de las necesidades de sus estudiantes.

Algo así como un año y medio más tarde conté con la oportunidad de visitar de nuevo esa clase como parte de mi rotación regular de consulta. Era una clase completamente diferente. Había centros instruccionales, sistemas integrados de recolección de datos, planes de estudio individualizados y ni que hablar del personal de apoyo de la maestra. Había instrucción sistemática a lo largo del día. Era un programa de calidad, y por lo tanto «defendible».

Para un consultor, el tiempo está de tu lado. Ud puede determinar el paso para el cambio y aseguraría que el cambio conductual de parte del personal y el cambio estructural del programa es evolutivo. Desde una perspectiva legal, sin embargo, cada niño tiene el derecho a una educación apropiada sin tener que esperar a que la evolución ocurra. Uno no puede decirle a un padre o a un empleado judicial, «creemos que en cerca de uno, quizás dos, años estaremos cerca de una educación efectiva».

Cuando entro a un aula, en cualquier competencia, estoy buscando básicamente los mismos elementos, pero ahora como los veo, como los interpreto y como los priorizo puede ser muy diferente. Como un asesor de aula mi foco se encuentra, por lo menos inicialmente, en el personal de instrucción. Como abogado, abordo el aula con un ojo hacia el niño al cual represento. La prioridad principal es si al momento ese niño se está beneficiando de la clase. ¿Es el niño capaz de alcanzar metas y objetivos significativos de la instrucción disponibles en el presente? Mientras soy consciente del potencial impacto del personal de instrucción, como abogado era mi responsabilidad determinar si el personal se encontraba lo suficientemente capacitado, si eran conscientes y capaces de de atender las necesidades de ese niño en ese momento:

- ¿Se encontraba el aula razonablemente preparada para conferir el beneficio educativo?
- ¿Existen oportunidades de integración significativas?
- ¿Qué es lo que muestran los datos sobre el progreso de los estudiantes?
- ¿Es la proporción maestro-alumno suficiente para atender las necesidades del niño?
- ¿Hay planes conductuales y de estudio individualizados para cada niño?
- ¿Hay instrucción a lo largo del día?

Estas son preguntas que hago tanto como abogado como asesor escolar. Desde una perspectiva legal, a pesar de los esfuerzos hechos para desarrollar un ambiente de aprendizaje efectivo en algún momento del futuro, el énfasis se mantiene en ese momento en el tiempo. Como las deficiencias y debilidades en el aula están impactando el progreso de un niño se convierten en evidencia crítica en un caso. Como un consultor de aula, el foco esta en el proceso, por lo tanto si yo se, acepto que puede pasar mucho tiempo previo a que muchos de estos elementos importantes sean completamente logrados.

Sabiendo que el desarrollo áulico toma tiempo, el foco inicial de la consulta es la construcción de una relación con el personal de la clase y facilitar una atmósfera receptiva y colaboradora. Una consulta áulica exitosa requiere un gran esfuerzo y trabajo duro de parte del maestro. Considero que mi meta inicial es alcanzada cuando el personal nos quiere de vuelta. Mientras ejercía leyes, yo no debía preocuparme por mantener una relación constructiva con el equipo de enseñanza. Además, cuando se me pidió que observe una clase, fue hecho con la expectativa de que la misma debería estar brindando un ambiente de enseñanza efectivo basado en las necesidades de ese niño, y que debería ser así hoy. Como asesor, debo trabajar con lo que está disponible en el presente, incluyendo el número de estudiantes, la estructura física del lugar, la disponibilidad de personal de apoyo y material didáctico, y la experiencia del personal. El plan de asesoramiento es desarrollado alrededor de la etapa actual de la clase, la construcción y reforzamiento de las fortalezas existentes, mientras se trabaja sobre las limitaciones que no se pueden superar.

¿Qué es el IDEA?

Con IDEA, un niño con una discapacidad tiene el derecho a una «Educación Pública, Gratuita y Apropiada (EPGA)» medida para atender las necesidades únicas del niño. El estatuto en si mismo provee poca orientación sustantiva en cuanto a qué es lo que constituye un nivel «apropiado» de educación. Sabemos que la corte suprema[6] ha determinado que no se requiere que una escuela pública maximice el potencial de un niño, pero se requiere que desarrolle un PEI el cual sea «razonablemente calculado para posibilitar [al niño] recibir beneficios educativos.» Dada la orientación limitada suministrada por el estatuto y la vasta variabilidad de las necesidades de los niños en educación especial que se intentan proteger, no es sorprendente que los educadores, la corte y las familias hayan sido desafiadas a interpretar la referencia legal impuesta por IDEA.

Ambas enmiendas, la de 1997 y la de 2004 de IDEA reiteran el fuerte énfasis colocado en la participación parental en el proceso PEI. A pesar de su rol como miembros igualitarios del equipo PEI, para muchos padres el proceso PEI puede ser desalentador, desconocido e intimidante. El proceso PEI se encuentra orientado por lo requerimientos procedurales y sustantivos establecidos por IDEA y las regulaciones implementadas (34 Code of Federal Regulations (C.F.R. 300) et seq.). Mientras que, proporcionarles a los padres una copia de las garantías procesales en un formato fácilmente comprensible es un componente requerido por el proceso PEI, la comprensión y aplicación de los mandatos legales puede ser abrumador.

Debido a que trabajamos con niños viviendo en una amplia área geográfica, tenemos la oportunidad de participar en reuniones PEI en muchas escuelas públicas. La política del distrito, su interpretación de la ley y la información compartida en las reuniones PEI es tan variada como los distritos a los cuales brindamos nuestros servicios. Algunos distritos apoyan una intervención en distintos ámbitos, mientras que otros distritos insisten que todos los servicios educativos deben ser suministrados dentro de un ámbito escolar. Algunos distritos con los que trabajamos reconocen que hay niños que necesitan programas educacionales virtualmente durante 52 semanas por año. Otros distritos intentan rutinariamente limitar los servicios ofrecidos a las reuniones PEI a 40 semanas por año basados en la política del distrito. Trabajamos con distritos escolares donde los padres son animados a visitar varias clases previo a una reunión PEI. También trabajamos con un distrito escolar que prohíbe expresamente a los padres realizar algún tipo de observación de clases previo a la reunión PEI del niño basados en su interpretación de IDEA.

Se nos ha pedido ajustar nuestras recomendaciones educativas y terapéuticas de manera de no exceder lo que el distrito interpreta como los requisitos legales mínimos para una EPGA. A los padres y prestadores se les recuerda frecuentemente que la obligación legal de un distrito escolar no le da el derecho al estudiante a «un cadilac pero un Chevy útil». La analogía del auto, mientras

---

[6] Consejo de Educación de la Escuela Central de Hendrick Hudson Distrito v. Rowley, 102 S.Ct. 3034, 458 U.S. 176, 73 L.Ed.2d 690 (1982)

ilustrativa, hace poco para promover una atmósfera de interés, confianza, y actuación a favor de los intereses del niño. A menudo la política del distrito y/o la interpretación de un distrito de la ley son reflejadas en la información presentada al igual que en la oferta de locaciones y servicios. Dada a la poca experiencia de los padres con IDEA, la confianza de la familia en esta información se convierte en un elemento importante en la construcción de una relación de confianza. Las limitaciones impuestas a los servicios basados en la política e interpretación, y no en las necesidades individuales del niño, contribuye a la cautela de algunas familias sienten durante el proceso de PEI. A la inversa, el malentendido de los derechos proveídos por IDEA puede crear expectativas exageradas y llevar a demandar servicios que excedan cualquier interpretación razonable de las obligaciones educativas dispuestas por el estatuto.

Cuando los padres se encuentran decidiendo si debieran traer a un abogado a sus reuniones PEI, tienen que comprender que aumenta la percepción de que la reunión es el primer paso a un litigio y aprensión de hostilidad y desconfianza. Siempre esperamos que el proceso PEI pueda ser completado sin la necesidad de representación de ningún bando. Pero, desafortunadamente, en algunas áreas la disponibilidad de servicios a menudo parece contingente a la amenaza de iniciar un litigio como opuesto a las necesidades del niño.

No estamos seguros de cómo medir cuando el piso de oportunidad termina y la maximización del potencial comienza o exactamente cuando es el progreso legalmente suficiente. Pero, como sujetos dedicados a ayudas a los niños, esperamos que nuestra meta mutua sea asegurar que los niños aprendan las habilidades que necesitan para llevar una vida lo más productiva y feliz posible.

TEA Y EL PEI

El autismo es una discapacidad en virtud de la calificación de IDEA[7]. Las características que definen al TEA son un deterioro en el desarrollo en áreas de interacción social, comunicación y un repertorio limitado de actividades e intereses[8]. El criterio diagnostico para TEA incluye

---

[7]Bajo 20 U.S.C. 1401; 34 C.F.R. §300.8 el Autismo es definido como:
©) Autismo significa una significativa discapacidad del desarrollo que afecta la comunicación tanto verbal como no verbal y la interacción social, generalmente evidente antes de los 3 años, que adversamente afecta el rendimiento efucativo de un niño. Otras características frecuentemente asociadas con el autismo son la ejecución de actividades repetitivas y movimientos estereotipados, resistencia al cambio ambiental o cambio en rutinas diarias, y respuestas inusuales a experiencias sensoriales.

[8]DSM- IVR, Trastorno Autista 299.00

[9]Bajo las definiciones propuestas en 20 U.S.C. 1401(29); C.F.R. §300.39
a) 1) Educación especial significa instrucción especialmente diseñada, con nungun costo para los padres, para atender las necesidades únicas de un niño con una discapacidad, incluyendo:
I) Instrucción llevada a cabo en la clase, en el hogar, en el hospital e instituciones, y otros ámbitos…
 B) 3) Instrucción especialmente diseñada significa adaptar, como apropiado a las necesidades de un niño particular bajo esta parte, … el contenido, la metodología, o instrucción
   i) Para atender las necesidades únicas del niño con una discapacidad; y
   ii) para asegurar el acceso del niño al plan de estudios general…

déficit en áreas de conducta, comunicación, interacción social y juego. A partir de esto que las necesidades educativas para la mayoría de los niños con TEA deberían involucrar estas áreas. En consecuencia, las metas u objetivos típicamente necesitarán ser desarrolladas para atender a habilidades de conducta, socialización, comunicación y juego, con prestaciones implementadas para satisfacer aquellas necesidades. Como el funcionamiento cognitivo no es parte del criterio diagnostico, no debería sorprender que para muchos niños con TEA, el mayor déficit se extienda más allá del rendimiento académico.

Las enmiendas de IDEA DE 1997 y 2004 colocaron un gran interés en el desarrollo y progreso de niños con discapacidades en el plan de estudios de la educación general, EJ., el plan de estudios utilizado con pares no-discapacitados. No obstante, la responsabilidad de un distrito escolar no termina con metas, objetivos y servicios designados a aumentar el acceso al plan de estudios de la educación general. IDEA específicamente reconoce que hay algunos niños que poseen necesidades derivadas de su discapacidad que pueden no estar directamente relacionadas al plan de estudios de la educación general[9]. En consecuencia, un equipo PEI es requerido para considerar la educación especial y las prestaciones relacionadas que le permitirán al niño participar en actividades no-académicas y extracurriculares; aunque las metas y objetivos propuestas y los servicios recomendados en dominios no-académicos son rechazados a menudo por caer por fuera del alcance de la responsabilidad escolar. Le incumbe al equipo PEI considerar opciones de locación, servicios relacionados, y apoyo para atender ambos grupos de necesidades[10].

Una declaración que describe modificaciones de programas necesarios y/o del entorno debe ser incluida en el PEI[11]. Mientras que las adaptaciones del ambiente deberían ser consideradas y utilizadas apropiadamente, no deberían ser utilizadas como un sustituto de la instrucción. Hemos participado en numerosas reuniones PEI donde la utilización de adaptaciones fue enfatizada en lugar de instrucción en aquellas áreas que hubieran permitido al niño adquirir las habilidades para obviar la necesidad de cambios en el entorno. Por ejemplo, sentar a un niño al frente de la clase, más cerca de la maestra, incrementará la probabilidad de que el niño le preste

---

[10]Bajo 20 U.S.C. 1414(d)(1)(A); 34 C.F.R. §300.320 un PEI debe incluir:
2) i) Una declaración de metas anuales mensurables, incluyendo metas académicas y funcionales diseñadas para-
A) atender las necesidades del niño que resulten de la discapacidad para permitir que el niño se involucre y progrese en el plan de estudio general; y
B) Atender cada una de las otras necesidades educativas del niño que resulten de su discapadidad;...
4) Una declaración de la educación especial, prestaciones relacionadas, ayudas y servicios, basado en investigación revisada por pares en la medida de lo posible, para ser administrada al niño, o en nombre de él, y una declaración de las modificaciones del programa o apoyo para el personal de la escuela que se proveerá para permitir al niño:
i) Para avanzar apropiadamente para alcanzar las metas anuales;
ii) Involucrarse y progresar en el plan de estudios general de educación de acuerdo con el párrafo a) 1) de esta sección, y participar en actividades extracurriculares y no académicas; y
iii) Ser educado y participar con otros niños con discapacidades y no discapacitadas en las actividades descriptas en esta sección;...

[11]20 U.S.C. 1414 §(d)(1)(A): 34 C.F.R. §300.320(a)(6)(I)

atención; de la misma forma, colocar al niño lejos de una ventana disminuirá la probabilidad de que el niño se distraiga por cosas que sucedan fuera del aula. Estos cambios ambientales, aunque potencialmente exitosos, no pueden tomar el lugar de enseñar a un niño las habilidades que necesita para acceder a su ambiente de una manera independiente. A largo plazo, las metas desarrolladas y las estrategias diseñadas para enseñar las habilidades necesarias permitirán alcanzar un aumento en la independencia del niño.

Basados en recomendaciones generadas por el Comitee de Intervenciones Educativas para niños con Autismo (formado por la demanda de la Oficina de Programas de Educación Especial del Departamento de Educación de E.E.U.U), niños con TEA (del momento en que se sospecha el diagnostico) requieren el compromiso activo en un programa intensivo con una instrucción sistemática y repetida por un mínimo de 25 horas por semana, 12 meses al año (programa anual) con instrucción individual suficiente o de grupo reducido (no más de una razón de personal de 2:1). La pericia y participación de los padres, al igual que el entrenamiento, son componentes esenciales para un programa de intervención temprana. La currícula escolar puede atender adecuadamente las necesidades de la mayoría de los estudiantes. Sin embargo, dado a lo que actualmente se conoce en cuento a la educación de estudiantes con TEA, es probable que los modelos de educación tradicionales desarrollados hace décadas no sean elegidos como el modelo de educación de referencia para niños con el Trastorno del Espectro Autista. Sin embargo, adherir a una currícula escolar tradicional con un limitado debate en cuanto a prestaciones individuales escolares anuales, es una fuente común de contención en las reuniones PEI a las que atendemos. Parece que las recomendaciones de prestaciones del Consejo de Investigación Nacional OSEP debería ser un buen punto de partida para la discusión de servicios educativos para los niños con autismo.

El crecimiento del tratamiento del autismo se ha disparado. Con este crecimiento, han aparecido una amplia gama de opciones de tratamiento disponibles, muchas de las cuales no poseen evidencia empírica de eficacia, al igual que con una gran cantidad de prestadores faltos de experiencia y habilidad para implementar una intervención efectiva. Comprendiendo que no hay una respuesta correcta respecto al tratamiento del autismo, las diferencias filosóficas son inevitables. En algún punto del proceso, los miembros del equipo PEI pueden acordar o discrepar. Como prestadores de una intervención basada en ABA, estamos convencidos en nuestra creencia de la efectividad de este abordaje. Las diferencias filosóficas en el tratamiento del TEA guiaran las ofertas y recomendaciones de tratamientos. Sin embargo, las preferencias filosóficas no pueden reemplazar la necesidad de una validación o eclipsar las necesidades individuales del niño. En consecuencia, la reautorización de 2004 de IDEA requiere que la educación especial y los servicios asociados estén basados en investigaciones revisadas por colegas, en la medida de lo posible[12].

Es comprensible porqué los padres querrían investigar todas las opciones de tratamiento para

---

[12] 20 U.S.C. §1414 (d)(1)(A)(IV); 34 C.F.R.§300.320(a)(4)

su niño. Dada la realidad de un tiempo, fondos y recursos limitados disponibles, sigue siendo desconcertante porqué se realizarían demandas por tratamientos que poseen poco o ningún apoyo, que potencialmente socavan la efectividad de otros tratamientos, y claramente parecen más allá de la interpretación más amplia de un mandato educativo. La necesidad de intensidad en los servicios está bien establecida, pero la intensidad no está en números compartidos solamente. La credibilidad de los padres se ve realzada cuando los pedidos de prestaciones y locaciones están basados en metodologías de tratamiento que reflejen la necesidad de su niño. La credibilidad del distrito se ve enormemente realzada cuando las ofertas de locación y servicios están basadas en metodologías de tratamientos firmes, consistentes con guías de tratamiento empíricamente establecidas, que reflejen la necesidad del niño.

Mientras más colaborativo sea el proceso, más efectivo y significativo será el documento de PEI[13]. Reflejando muchas de las productivas y positivas reuniones PEI a las que hemos asistido, la confianza parece ser el factor constante en la creación de una atmósfera colaborativa. La confianza de la familia es la búsqueda de servicios apropiados para su niño. Confiar que los padres serán miembros comprometidos al equipo de tratamiento. Confiar que el distrito escolar recomienda y ofrece servicios basados en las necesidades de ese niño en particular. Confiar que el personal del distrito está entrenado y capacitado. Y confiar que los prestadores no están recomendando servicios basados en las demandas de la familia o las ganancias financieras de la agencia. Cada vez que nos sentamos en una mesa PEI, como padre, representante escolar, prestador, o consultor legal, debemos recordar que todos estamos allí en nombre del niño. Las siguientes, aunque simples, parecen ser algunos de los elementos que facilitan una relación de confianza:

1• Posicionarse a un lado de la política del distrito para las necesidades individuales del niño (es claro que invocar un política es una violación de IDEA)
2• Familiarizarse con el niño
3• Comprender el autismo y los tratamientos relacionados al autismo
4• Un equipo PEI completo
5• Discusión abierta
6• Atmósfera de apoyo
7• Demandar y ofrecer servicios que han superado el rigor científico
8• Adherir y comprender los procesos de la ley
9• Apreciación de los esfuerzos del personal de instrucción

Tener una conversación sobre como aprender a realizar ski acuático en una vacación de verano, ver a un niño realizar una obra en la escuela, escuchar a un estudiante explicar porque otro estudiante podría ausentarse de clase, oír sobre la primer visita del hada de los dientes, ver como se ilumina la cara de un niño cuando su mejor amigo arriba- estas situaciones podrían fácilmente ser dadas por sentado en la vida diaria de un niño de 6 años. Pero experimentar cuanto

---

[13] Un agradecimiento especial a Glenda McHale por brindarnos la oportunidad de trabajar con la epítome de profesionalismo, colaboración, pericia, y amor por los niños.

trabajo y esfuerzo colectivo le tomó a un grupo de padres maestros, profesionales conductistas, y más importante, un niño, confirma nuestra creencia de que con una intervención sistemática, intensiva e individuos calificados, las posibilidades no tienen límite. Tan arduo como el proceso PEI se puede convertir, los resultados pueden ser **asombrosos**. A menudo nos vemos enfrentados con el escepticismo y la desconfianza cuando las metas sugeridas parecen poco realistas y fuera de alcance. Afortunadamente, sabemos que con una educación apropiada, estas metas son necesarias, alcanzables, y atienden las habilidades que son la base para la creación de experiencias de vida significativas. Participar en la intervención que exitosamente ha permitido a estos niños alcanzar estas experiencias y comprender qué servicios son necesarios para continuar con este nivel de progreso siempre nos recuerda de mantener nuestros ojos hacia el niño, el **individuo** en el PEI.

Referencias bibliográficas

Abelson, A. G., & Weiss, R., (1984). *Mainstreaming the handicapped. The views of parents of nonhandicapped pupils.* - Spectrum, 2, 27-29.

Autism Society America, (1991). *Educational rights: An intro to IDEA, FERPA & section 504 of the rehabilitation act.* - UCLA Evaluation Clinic, 1-26.

B. Ammons Protection and Advocacy, I., (1999). *Parents rights. B. Ammons Protection and Advocacy, INC.,* 1-63.

Barry, A. L.(1994). *Easing into inclusion classrooms. The Inclusive School, December,* 3-6.

Blau, G. L., (1985). *Autism—assessment and placement under the education for all handicapped children act: A case history.* - Journal of Clinical Psychology, 41(3), 440-447.

Block, J. S., Weinstein, J., Seitz, M., & Zager, D., Editors, (2005). *School and parent partnerships in the preschool years. In D. Zager (Ed.), Autism spectrum disorders: Identification, education, and treatment (3rd ed.).* - Mahwah, NJ: Lawrence Erlbaum Associates Publishers.

Brown, W., Horn, E., Heiser, J., & Odom, S., (1996). *Innovative practices project blend: An inclusive model of early intervention services.* - Journal of Early Intervention, 20(4), 364-375.

Etscheidt, S., (2003). *An analysis of legal hearings and cases related to individualized education programs for children with autism.* Research and Practice for Persons with severe disabilities, 28(2), 51-69.

Etscheidt, S., (2006). *Behavioral intervention plans: Pedagogical and legal analysis of issues.* - Behavioral Disorders, 31(2), 233-243.

Gersten, R., & Woodward, J., (1990). *Rethinking the regular education initiative. Focus on the classroom teacher.* - Remedial and Special Education, 11(3), 7-16.

Giangreco, M., & Broer, S., (2005). *Questionable utilization of paraprofessionals in inclusive schools: Are we addressing symptoms or causes.* -Focus on Autism and Other Developmental Disabilities, 20(1), 10-26.

Hanell, G. (2006) *Identifying children with special needs: Checklists and action plans for teachers.* - Thousand Oaks.

Kohler, F. W., Strain, P., Hoyson, M., & Jamieson, B. (1997). *Merging naturalistic teaching and peer-based strategies to address the IEP objectives of preschoolers with autism: An examination of structural and child behavior outcomes.* - Focus on Autism and Other Developmental Disorders, 12(4), 196-206.

Larsen, L., Goodman, L., & Glean, R., (1981). *Issues in the implementation of extended school year programs for handicapped students.* - Exceptional Children, 47(4), 256-263.

Mandlawitz, M. (2002). *The impact of the legal system on educational programming for young children with autism spectrum disorder.* - Journal of Autism and Developmental Disorders, 32(5), 495-508.

Sallows, G., (1999). *Educational interventions for children with autism in the U.K.: Comment on the Jordan et al. June 1998 final report to the DFEE.* - Conference Paper, 1-15.

Schreck, K. A., (1996). *It can be done: An example of a behavioral individualized education program (IEP) for a child with autism.* - Behavioral Interventions, 15(4), 279-300.

Simpson, R. L., (1995). *Individualized education programs for students with autism: Including parents in the process.* - Focus on Autistic Behavior, 10(4), 11-15.

Smith, S. W., Slattery, W. J., Knopp, T. Y., (1993). *Beyond the mandate: Developing individualized education programs that work for students with autism.* - Focus on Autistic Behavior, 8(3), 1-15.

Spann, S. J., Kohler, F. W. Soenksen, D. (2003). *Examining parents' involvement in and perceptions of special education services: An interview with families in a parent support group.* - Focus on Autism and Other Developmental Disorders, 18(4), 228-237.

Woods, M., (1995a). *Parent-professional collaboration and the efficacy of the IEP process. In R. L. Koegel, & L, K. Koegel, (Eds.), Teaching children with autism: Strategies for initiating positive interactions and improving learning opportunities.* Baltimore: Paul H Brookes Publishing.

Woods, M., (1995b). *Parent-professional collaboration and the efficacy of the IEP process. In R. L. Koegel & L.K. Koegel (Eds.), Teaching children with autism: Strategies for initiating positive interactions and improving learning opportunities.* Baltimore: Paul H Brookes Publishing Company.

Yell, M.L. & Drasgow, E., (2000). *Litigating a free appropriate public education: The Lovaas hearings and cases.* - Journal of Special Education, 33(4), 205-214.

Zucker, S. H., Perras, C., Gartin, B., & Fidler, D., (2005). *Best practices for practitioners.* Education and Training in Developmental Disabilities, 40(3), 199-201.

CAPITULO 13

Metas, Metas, Metas

En el campo del tratamiento conductual intensivo para el TEA parece existir la suposición que mientras más habilidades sean incluidas en el programa educativo del estudiante, mejor será el resultado. Parece haber una creencia de que debemos enseñar a un niño todas y cada una de las habilidades que han sido incluidas en un plan de estudio de autismo, sin importar la habilidad presente del estudiante o su necesidad. Currículos tan detallados pueden ser adquiridos, como The Me Book (Lovaas, 1981), Intervención Conductual para Niños con Autismo (Maurice, green, y Luce, 1996), o Un Trabajo en progreso (Leaf y McEachin, 1999) y cada programa de cada libro es tenido en cuenta. A menudo esto se realiza a la manera de un libro de recetas de cocina, donde uno comienza al inicio y trabaja a través de cada habilidad en el orden establecido. Puede haber poco análisis en cuanto a cuales programas son necesarios para un niño en particular en términos de habilidad y conducta. También podría no haber un entendimiento de los objetivos de un programa en particular. La meta es simplemente ser capaz de marcar la mayor cantidad de objetivos posible, como si estuviéramos construyendo una casa ladrillo por ladrillo. Una vez que contamos con todos los ladrillos en su lugar, el niño será recuperado de autismo.

Es muy fácil, y por lo tanto no significativo crear miles de metas. Por ejemplo, uno podría identificar 25 metas (y realmente cientos) en la enseñanza de imitación no-verbal:

MOVIMIENTO DE OBJETOS	MOVIMIENTOS CORPORALES GRUESOS	SIN APOYO EN ASIENTO	MOVIMIENTOS CORPORALES FINOS	ENCADENAMIENTO
Empujar auto	Saludar con la mano	Apagar la luz	Apuntar la nariz	Pararse y dar vueltas
Tirar la pelota	Aplaudir	Cerrar la puerta	Apuntar a los ojos	Tocarse la cabeza y aplaudir
Agitar una bandera	Pisar	Devolver un objeto	Tocar el codo	Devolver la pelota y el auto
Pegarle al tambor	Tocarse la barriga	Tirar la basura	Tocar el tobillo	Encender la TV y sentarse
Girar una tapa	Tocarse la cabeza	Pararse	Apuntar el dedo	Pararse y saludar con la mano

Alternativamente, uno podría identificar cinco metas (EJ., acciones con objetos, órdenes, acciones fuera de la silla, identificar partes del cuerpo, encadenamiento, etc.) o identificar solo una meta: ¡imitación no-verbal! Los programas en libros como Un Trabajo en Progreso (Leaf y McEachin, 1999), The Me Book (Lovaas, 1981), o Intervención Conductual para Niños Jovenes con Autismo (Maurice, Green, &Luce, 1996) han sido descompuestos en partes menores. No es necesario para cada niño seguir el mismo análisis de tareas. Algunos niños pueden necesitar de un análisis de tareas más detallado que el provisto por el libro para aprender efectivamente. Otros pueden beneficiarse de un abordaje más amplio que no busca enseñar todo en pasos tan pequeños y que parece enseñar los conceptos generales. La enseñanza debería basarse en la habilidad de aprendizaje de cada estudiante.

Al tener muchas metas, a menudo es imposible llevar a cabo cada programa. Los maestros simplemente no pueden llevar a cabo cientos de programas. Por lo tanto, ¡Se induce el incumplimiento de programas! Si verdaderamente todos los programas son llevados a cabo, entonces es más probable que no haya concentración en cualquier programa particular para asegurar la práctica suficiente de la habilidad como para aprenderla. Entonces, aunque el niño puede trabajar en cientos de programas diferentes, el niño puede dominar muy pocas.

REDUCIENDO EL ALCANCE

Obviamente, no todas las habilidades que un niño necesita aprender pueden ser incluidas en un libro. ¡Un niño necesitaría absorber una biblioteca entera de libros! Además, no es necesario enseñar a un niño cada objetivo concebible de la curricula. Desafortunadamente, en muchas ocasiones la gente actúa como si se tratara de un concurso en el cual ¡el niño que aprende la mayor cantidad de programas gana! A menudo, alcanzar muchas metas es un falso indicador de éxito. Sabemos que muchos adultos que han dominado todos los programas incluidos en un plan de estudios, que aun se encuentran seriamente afectados por el TEA, tienen vidas restrictivas porque no han aprendido el control conductual o no pueden reconocer el impacto de su conducta en otra gente.

Como resultado, son socialmente aislados y alienan a las personas en sus vidas. Debido a la creencia que mientras más metas mejor, existe una tendencia a llenar los PEI con la mayor cantidad de metas posible. Ser capaz de demostrar el domino de resultados, incluso cientos, de objetivos hace que todos sientan que el programa es un gran éxito. Las metas no deberían ser impuestas simplemente debido a que aparecen en alguna lista del desarrollo. Ud debería elegir metas que logren el mejor impacto en la habilidad del estudiante para adquirir conocimiento y en última instancia mejorar su calidad de vida. Como un ejemplo, un niño puede no conocer la denominación de uña y ceja, y podría ciertamente aprenderlo pero quizás hay otras habilidades que podrían probar ser más funcionales y útiles, tal como incremental la tolerancia a demandas denegadas o mejorar la habilidad para expresar deseos. Para la edad de cuatro la mayoría de los estudiantes pueden identificar formas y colores. Si un estudiante con TEA no conoce estos conceptos sería tentador incluirlos como metas en un PEI, pero también se debería considerar seriamente si este déficit de habilidad esta impidiendo su desarrollo comparado con otras áreas de retraso que podrían afectar más seriamente su vida, tal como el juego y la interacción social. Hay cientos de habilidades preacadémicas que deberían ser tenidas en cuenta, pero pocas de ellas darán paso al tipo de golpe que ud recibe al enseñar aprendizaje observacional y atención conjunta.

Usando objetivos para enseñar multiples habilidades

Cuando se utilice una guía de plan de estudios, debe haber un acuerdo general sobre varios de los programas, los objetivos que han de cumplir, y como los programas se interrelacionan. Cada programa puede contar con múltiples objetivos y beneficios más allá de las habilidades específicas que son adquiridas. La actividad en sí misma a menudo no es la razón principal y ciertamente no es la única razón para que un programa sea implementado. Por ejemplo, la Imitación No-Verbal (INV) puede parecer ser simplemente enseñar a un niño como copiar acciones, tales como aplaudir y saludar, pero hay metas más amplias que también pueden ser alcanzadas con esta actividad de enseñanza que puede servir como base para aprendizaje futuro:

• La INV es una habilidad simple que puede guiar a un éxito veloz y facilitar el compromiso con el proceso de aprendizaje.

• INV es el fundamento en el cual otras habilidades importantes se basan (EJ., verbalización, juego, socialización, auto-ayuda, etc.)

• INV establece una herramienta efectiva para la enseñanza de muchas habilidades importantes

• INV facilita el aprendizaje mediante instigaciones.

• INV facilita prestar atención la acción del maestro y guía a la conciencia de las acciones de los pares.

• La imitación construye conciencia del ambiente

• Imitación ayuda a desarrollar atención sostenida

• La imitación es una tarea que puede ser utilizada para establecer o re-establecer obediencia y atención.

Para algunos niños la habilidad de INV puede ser principalmente seleccionada como un medio para establecer el patrón de esperar a descifrar que es lo que la maestra quiere que haga. Para otros niños, el objetivo principal puede ser aprender a copiar acciones de otros. Para todos los niños trabajar en INV es un medio de desarrollar buenas habilidades de aprendizaje (EJ., atender y obedecer). Los programas necesitan ser cuidadosamente seleccionados y reflejar las habilidades y necesidades del niño. Los objetivos críticos necesitan ser identificados, y luego los programas deberían ser seleccionados para lograr aquellas metas. Debe haber un entendimiento de que hay múltiples programas que pueden ser empleados para alcanzar la mayoría de los objetivos. Por ejemplo, un niño que posee problemas de atención podría desarrollas mejores habilidades de atención por medio de INV, emparejamiento o Tentaciones de Comunicación. Los programas seleccionados, por lo tanto, jugaran a favor de las fortalezas del niño como medios para mejorar déficits en habilidades o conducta.

El impacto de las conductas en la selección del plan de estudios

Para muchos niños con TEA, conductas tales como distractibilidad, auto-estimulación, rabietas, desobediencia y aislamiento, son comunes al inicio del tratamiento. Estos comportamientos deben tratarse en primer lugar para aumentar la atención de los niños y el control de la conducta de manera que puedan aprender de las sesiones de enseñanza. Es crítico que la elección del plan de estudio facilite cambios en estos tipos de comportamiento a corto y largo plazo. A menudo el plan de estudios es elegido, sin embargo, porque los pares del niño dominan ciertas habilidades o porque es la próxima cosa en la lista o libro. Esto no logrará la mejora más rápida en la habilidad de un niño para aprender. Los programas deberían ser seleccionados de acuerdo a las metas conductuales y educativas que tengan el impacto más vital. Tenga en mente que la meta última es que el niño sea capaz de aprender de una manera normal y no requerir de una multiplicidad habilidades que sean enseñadas mediante EED.

Las conductas problemáticas necesitan de una evaluación funcional global y un plan diseñado para enseñar nuevas habilidades de reemplazo si van a cambiar a largo plazo. Por ejemplo, si un niño ejecuta en conductas de auto estimulación a una tasa elevada durante el «tiempo libre», entonces las habilidades de juego serán un área crítica para el plan. Los niños que llevan a cabo rabietas y se tornen disruptivos con el objetivo de evitar demandas, pueden necesitar de un programa de obediencia global al igual que analizar porqué un niño evita demandas.

Secuencia

La intervención típicamente comienza con habilidades de enseñanza, luego procede a habilidades intermedias y, si el niño progresa lo suficientemente rápido, pasa al plan de estudios avanzado. Las habilidades deberían ser dirigidas en un orden sistemático, guiadas por lo que conocemos sobre secuencia del desarrollo. Sin embargo, también necesitamos estar alertas a las señales inesperadas de dominio. Es necesario un sondeo de habilidades avanzadas y periféricas para hallar núcleos de dominio. Debemos tener en cuenta el estilo de aprendizaje único de cada estudiante, y recordar que algunas veces lo niños caminan antes de gatear, leen antes de hablar, o hablan antes de comprender.

Habilidades fundamentales

El Dr. Lovaas a menudo expreso que una de sus esperanzas más importantes era que una vez que los niños aprendan algunas palabras, entiendan el «significado» del lenguaje. A su vez, al entender que las palabras tienen significado, esto desencadenaría su comprensión del mundo en general. En otras palabras, si el niño aprendía algunas habilidades fundamentales, tales como el significado de las palabras, entonces despegarían por su cuenta. Los conductistas conceptualizan esto como una «generalización de respuesta» masiva. Eso es, al aprendizaje de una conducta/habilidad generalizaría a otras habilidades. El siguió la analogía de la descripción de Helen Keller en El Trabajador Milagroso. Cuando Helen aprendió que la sustancia de agua era llamada «agua», se percató que los objetos, personas u acciones tenían nombres. Esto se convirtió en la habilidad fundamental que facilito su comprensión del mundo en general.

El Dr. Lovaas había esperado originalmente que la enseñanza de lenguaje llevara a mayores logros en todas las otras áreas y que el lenguaje fuera una habilidad fundamental. Desafortunadamente, ese no era el caso. Nadie ha descubierto una habilidad o grupo de habilidades que desencadenen tal epifanía. Sin embargo, creemos que hay muchos conceptos que una vez aprendidos aceleraran rápidamente el proceso de aprendizaje. Por lo tanto, el énfasis de la intervención debería ser en el aprendizaje de estos conceptos. Programas específicos, por lo tanto deberían ser seleccionados como el medio para aprender estos conceptos. Aquí hay algunos ejemplos de programas que hemos encontrado pueden servir como trampolines para acelerar el progreso en áreas que son fundamentales para el desarrollo general:

1 • Comprender contingencias
2 • Atención conjunta
3 • Aprendizaje observacional
4 • El poder de la comunicación
5 • Iniciación
6 • Interés social
7 • La alegría de jugar

Si nos enfocamos en las metas correctas no será necesario enseñar toda la curricula. Un niño eventualmente será capaz de extrapolar y recoger información incidentalmente si elegimos estrategias de enseñanza que maximicen el aprendizaje de cómo aprender. El proceso es paralelo a desarrollar habilidades de un chef. Sería ineficiente entrenarlo para preparar cada receta que ha sido inventada. Lo que deberíamos enseñar son ejemplos seleccionados que nos permiten destacar el proceso de la cocina.

SIN SENTIDO
1. Contar con demasiadas metas. 2. Seguir ciegamente un plan de estudios.
SENTIDO
1. Establecer una cantidad modesta de metas que puedan ser trabajadas de manera realista. 2. Enfocar habilidades que generen los mayores beneficios en la mayor cantidad de dominios de aprendizaje.

Con optimismo, esto se torna más evidente cuando uno considera el momento en que tratábamos niños en UCLA, no contábamos con programas de un vasto libro de cocina. Afortunadamente resulta que la modesta cantidad de programas desarrollados fueron más que suficiente. Al seleccionar los objetivos correctos no necesitamos enseñar cientos de conceptos. Los niños que obtuvieron los mejores resultados no necesitaron que se les enseñe todo. Fueron capaces de adquirir habilidades de aprendizaje observacional y fueron por lo tanto capaces de aprender más y más de las habilidades necesarias de lenguaje y conceptos cognitivos por su cuenta.

Uno no puede ser un maestro efectivo sin establecer metas claras. Pero no sólo cualquier meta nos llevara a nuestro destino. Necesitamos mantenernos con metas que sean significativas y funcionales, y producirán el impacto más grande en la mayoría de los dominios de aprendizaje. Y recuerde que no se trata de un concurso de quien dominó más metas. Sea ambicioso pero realista.

Referencias bibliográficas

Maurice, C., Green, G. & Luce, S., Editors (1996). *Behavioral intervention for young children with autism: A manual for parents and professionals.* - Austin, TX: PROED.

Koegel, R.L., Koegel, L.K., McNerney, E.K. (2001). *Pivotal areas in intervention for autism.* Journal of Clinical Child Psychology, 30(1), 19-32.

Lovaas, O. I., Ackerman, A. B., Alexander, D., Firestone, P., Perkins, J., & Young, D. (1981). *Teaching Developmentally Disabled Children: The Me Book.* - Austin, TX: Pro-Ed.

Leaf, R, & McEachin, J., Editors (1999). *A Work in Progress: Behavior Management Strategies & A Curriculum for Intensive Behavioral Treatment of Autism.* - NY: DRL Books.

CAPITULO 14
¿PROGRESO SIGNIFICATIVO?

Expectativas de progreso

Probablemente todos acordaran que los estudiantes deberían lograr un progreso significativo. Maestros, padres o educadores no estarían satisfechos si no se logra al menos un progreso adecuado. Y por supuesto, mientras más significativo el progreso, mejor se sentirán todos. Pero nuestro grado de satisfacción con cualquier nivel de progreso es dependiente de nuestras expectativas. Incluso antes de que comience la enseñanza, generalmente contamos con alguna idea sobre cuan lejos pensamos que el estudiante podría progresar.

Las observaciones de padres y personal de la escuela en cuanto al potencial de un niño para el progreso son bastante diferentes. Los padres pueden creer que su niño es capaz de lograr un progreso inmenso, y quizás incluso alcanzar un funcionamiento normal. Por lo tanto, si su niño alcanza logros modestos –pero no sustanciales-, un padre puede concluir que el progreso no fue «significativo».

A la inversa, la escuela puede creer que la mayoría de los estudiantes con autismo alcanzaran logros modestos, en el mejor de los casos. Esto lleva a la conclusión general de que **CUALQUIER** cambio es significativo. Desde que generalmente se cree que un estudiante con TEA siempre estará afectado severamente, y por lo tanto requerirá de un apoyo intenso, entonces mientras que un estudiante no empeore, se considerará que él o ella está recibiendo un beneficio educacional. Y si sucede que el estudiante aprende algunas habilidades, entonces los maestros son considerados como bastante exitosos.

Lo que la ley provee

La ley federal garantiza que todos los niños, incluyendo aquellos con necesidades de educación especial tienen el derecho de recibir una «Educación pública libre y apropiada» (EPLA[1]). La definición de EPLA se encuentra en las regulaciones federales 34 C. F. R. Part 300.313: Como fue utilizado en esta parte de las regulaciones, el término educación publica, libre y apropiada de EPLA implica educación especial y servicios relacionados que:
(a) Son brindadas a expensas del estado, bajo supervisión y dirección publica, y sin cargo;
(b) Cumple con las normas de la Agencia de Educación del Estado, incluyendo los requerimientos de esta parte;
(c) Incluye educación preescolar, escuela primaria, o escuela secundaria en el estado; y
(d) Son suministradas en conformidad con un Programa de Educación Individualizado (PEI).
(Autoridad: 20 U.S.C. 1401(8))

Esta definición es repetida literalmente en cada regulación del estado y el Plan del Estado presentado con el Departamento de Educación de EE.UU requerido por cada estado como condición para la recepción de ayuda fiscal. Como tal, es el punto de partida para cualquier análisis de progreso o beneficio en educación especial. La Corte Suprema de Estados Unidos estableció la norma para EPLA en el <u>Consejo de Educación de la Escuela Central Hendrick Hudson vs.</u>

Rowley, Rowley, 458 U.S. 176 (1982):

Nosotros por lo tanto concluimos que el «piso básico de oportunidad» brindado por el Acto de (IDEA[2]) consiste en instrucción especializada y servicios relacionados que son individualmente designados para proveer beneficio educativo.

Aunque hay muchos criterios empleados para evaluar EPLA, a menudo surge la pregunta, ¿El estudiante logró un «progreso significativo»? Sin embargo, no hay realmente ninguna definición de lo que constituye un progreso significativo. ¿Cuantas palabras, metas o conceptos debe un niño alcanzar de manera de haber logrado un progreso significativo? ¿Qué nuevas habilidades debe un niño aprender? ¿Como podemos determinar si un niño ha recibido beneficio educativo?

Desafortunadamente, estas preguntas no son respondidas fácilmente. En muchas instancias, pueden existir desacuerdos considerables entre profesionales, entre el personal escolar y familias en cuanto a si un niño ha logrado un progreso, al igual que el monto de tal progreso. Incluso cuando se cuenta con evidencia objetiva y clara sobre el nivel absoluto de progreso (EJ., el estudiante aprendió cuatro colores y seis partes del cuerpo) el juicio en cuanto al significado es un proceso subjetivo que puede ser influenciado por creencias y valores preexistentes.

Nuestra posición es que sólo porque un niño aprenda, no necesariamente significa que el aprendizaje fue «significativo». Lo que necesita ser revisado es la tasa de adquisición en comparación con la capacidad del niño. Algunos niños con TEA pueden aprender a la misma tasa que niños desarrollado típicamente. Es un asunto de adaptar la enseñanza para ajustar un estilo de aprendizaje individual, e intensificar la metodología de enseñanza. Aprender 10 palabras por año, por mes. O incluso por semana, podría ser realmente un progreso
lento, y para algunos estudiantes podría incluso ser considerado regresión.

> Un progreso mínimo o trivial simplemente no es aceptable. Un estudiante manteniendo el paso con su discapacidad simplemente no es aceptable. Para ser apropiado, las intervenciónes educativas deben resultar en una aceleración identificable y mensurable en el aprendizaje.
>
> ### ESTO ES EPLA Y BUEN SENTIDO

Bajo EPLA los estudiantes tienen derecho de lograr un progreso «significativo». Aunque «significativo» es difícil de definir, para la vasta mayoría de los estudiantes, el status quo o progreso limitado es en nuestra opinión inaceptable. Para que los estudiantes satisfagan los requerimientos legales, las necesidades de aprendizaje de un estudiante deben darse a una tasa acelerada. Muchos estudiantes son capaces de aprender y por lo tanto eventualmente reducirán o eliminaran los servicios. Pero significara no aceptar el status quo.
Un maestro que admiramos enormemente, John Wooden (1973), el actual entrenador de basket

de UCLA, lo dijo mejor:

> *"Recuerda que esta es tu vida a través*
> *Mañana habrá más para hacer*
> *Y el fracaso espera para todos lo que se quedan*
> *Con algún éxito hecho ayer*
> *Mañana debes intentar una vez más*
> *E incluso más fuerte que antes"*
>
> John R. Wooden

TRAYECTORIAS DE PROGRESO

Aunque el número preciso de diferentes trayectorias es difícil de determinar, hemos encontrado de la investigación y la experiencia clínica que hay cuatro grandes grupos que parecen seguir diferentes caminos identificables de mejora. Las diferencias entre los grupos se tornan más grandes con el tiempo como es ilustrado en la tabla hipotética abajo. Describiremos de un modo general como estos grupos pueden ser diferenciados.

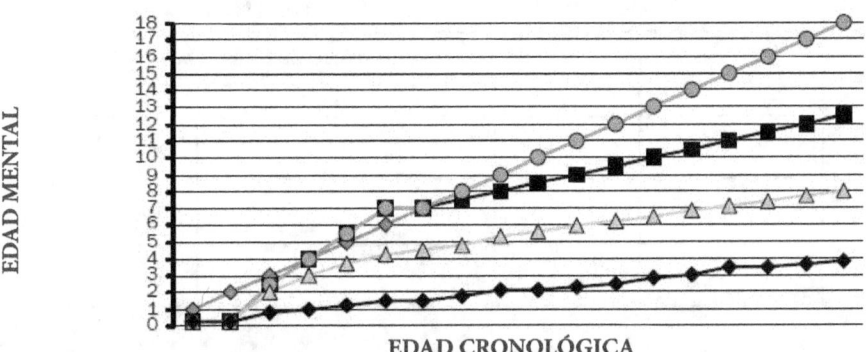

Grupo 1 (Rombos): Estos niños logran un progreso mínimo incluso con intervención intensiva. Su habilidad de aprendizaje se encuentra profundamente deteriorada, e incluso las habilidades no verbales que se encuentran en el área de fortalezas de la mayoría de los niños se desarrollan muy lentamente, si no en todas. Afortunadamente esta es una proporción pequeña de esos diagnósticos con TEA. Estimamos que solo alrededor del 2% de esta población autista cae en este grupo, (Eikeseth, Klevstrand, & Lovaas, 1997; Lockeyer & Rutter, 1970).

Grupo 2 (Triángulos): Los niños en este perfil logran un progreso modesto. Aunque son capaces de adquirir habilidades básicas, la brecha entre el desarrollo típico y el de estos niños continúa incrementando. En los estudios de Lovaas (1987 y 1993), 2 de 19 niños que han recibido intervención intensiva siguieron este perfil. Estos niños tendrán una dificultad significativa en la comunicación, pero son capaces de progresar en áreas no verbales del desarrollo.

Grupo 3 (Cuadrados): Estos niños logran progresos significativos y son capaces de evitar que la brecha del desarrollo sea amplia. Los niños que siguen este perfil cuentan con la capacidade de aprender bastante rápidamente. Aunque pueden no aprender al mismo paso que los estudiantes de desarrollo típico, son capaces de aprender montos significativos de información académica. Por lo tanto, el progreso significativo está típicamente mucho más por encima de lo que la mayoría de los educadores creen que es posible. En el estudio de Lovaas, 8 de 19 niños siguieron el camino 3.

Grupo 4 (Círculos): Estos niños no sólo reducen las brechas del desarrollo con intervención temprana, sino que eliminaran esas brechas. Estos estudiantes son capaces de aprender por lo menos al mismo paso que estudiantes «típicamente» desarrollados, y durante el periodo de tratamiento intensivo están en realidad aprendiendo a una tasa mucho más rápida que niños típicamente desarrollados. En los estudios de Lovaas et al. (Lovaas, 1987; McEachin, Smith and Lovaas, 1993), estos son los niños que entraron al grupo de major resultado (EJ., 9 de 19).

Las diferencias proyectadas entre estos grupos en cuanto al resultado es resumido en la siguiente tabla (Tabla 2).

	TABLA 2: ESTADO POS-TRATAMIENTO			
	Ilustración Hipotética de Resultado			
	Grupo 1	Grupo 2	Grupo 3	Grupo 4
Palabras Emitidas	0	3	500	5000
Programas	0	7	25	40
CI	no medible	30	80	110

¿Recuperación?

El concepto de «recuperación» es bastante controversial, como mínimo. A muchos padres, profesionales, médicos, psicólogos, educadores, terapeutas del lenguaje y terapistas ocupacionales les han dicho, que el Trastorno Autista no es solamente un trastorno extremadamente serio, sino que es un trastorno severo de por vida con muy poca esperanza de mejora. «No espere el progreso, ud solamente se decepcionara». A menudo, primero oyen sobre la posibilidad de recuperación cuando leen el libro de Catherine Maurice, ***Déjame Escuchar Tu Voz, El triunfo de Una Familia*** (1993), un libro que les puede haber sido recomendado por otro padre. Cuando leen que ambos niños de Catherine se «recuperaron» del autismo, no sólo se llenan de esperanza sino también de energía.

Ambos niños se recuperaron, entonces los padres cuentan con una razón para creer que puede ser una posibilidad que su niño tenga una chance de recuperación.

El personal de las escuelas públicas puede estar mucho más hastiado de acuerdo a sus observaciones. Diferencias en las expectativas están basadas a menudo en diferentes puntos de vista sobre la naturaleza del trastorno. Frecuentemente surge en la ocasión del primer PEI del un niño. Este es el momento donde los padres comienzan a expresar la esperanza de que su niño pueda superar esta discapacidad. Estas altas esperanzas colocan el escenario del conflicto con el personal de la escuela, si no creen que sea una posibilidad. De hecho, cuando escuchan a un padre incluso sugerir que este es su deseo a largo plazo, la interpretación más probable es que el padre es un «negador».El escepticismo de parte de la escuela puede incluso convertirse en cinismo. Padres han escuchado de las escuelas que ABA es promocionado por conductistas avaros y «codiciosos» que están engañando a los padres. Aunque el personal que asiste usualmente no confronta la «negación» del padre, es fácilmente aparente que hay fuerte desacuerdo. Las líneas son trazadas en la arena, las grabadoras son prendidas innecesariamente, el muy estresante camino a la litigación comienza.

Mucho personal del distrito, al igual que otros profesionales creen que la «recuperación» es tan que incluso no debería ser considerada como un resultado plausible. Después de todo, típicamente han escuchado, tal como los padres, que el autismo es un trastorno de por vida con muy pocas perspectivas para la mejora. Y sus experiencias han a menudo confirmado esta creencia, aunque eso puede deberse parcialmente a un profecía auto-cumplidora.

¿QUE ES «RECUPERACIÓN»?

Cuando formamos a personal de las escuelas, a menudo mencionamos que los niños de Catherine Maurice se «recuperaron». Inmediatamente, unas cuantas manos se alzan. «¿A qué se refiere cuando dice recuperación?» antes de contestar la pregunta, preguntamos ¿cuantos creen que la recuperación es incluso una posibilidad remota? Típicamente unos pocos creen que es una posibilidad. Es dolorosamente claro que el distrito escolar y los padres tienen perspectivas extremadamente diferentes. Y cuando se pregunta qué es lo que piensan cuando un padre menciona «recuperación», ellos expresan un rango de emociones desde al enojo hasta la lástima. Pero casi universalmente su conclusión es que el padre es inocente, desinformado, engañado, o «negador». Ellos admiten que cuando un padre menciona «recuperación» es duro no esconder su creencia e incluso enojo y por lo tanto responder a ello de una manera paternalista.

Seguimos explicando que el concepto de recuperación fue primeramente utilizado en el estudio de resultado del Dr. Lovaas. La definición operacional de recuperación fue que a la conclusión del tratamiento:

1• Los puntajes CI de los niños se encontraban en los rangos normales en un test estandarizado y evaluado por psicólogos independientes.

2• Los niños eran exitosos en clases para niños típicamente desarrollados, *SIN APOYOS Y NO*

ERAN DISTINGUIBLES DE SUS PARES por observadores independientes que no contaron con conocimiento previo del diagnostico del niño.

Un seguimiento a largo plazo mostró que los niños eran indistinguibles en entrevistas clínicas ciegas, y muchas medidas clínicas incluyendo tests de inteligencia, escalas de conducta adaptativa, y test de personalidad. Explicamos que bajo condiciones de tratamiento optimas (EJ., tratamiento, temprano, intensivo e integral) nueve de los 19 niños lograron el «mejor resultado» (EJ., «recuperación»). Aunque la mayoría de los niños bajo estas mejores condiciones no lograron este resultado, los padres esperan que su niño supere las probabilidades. Tenemos cuidado de no sobre-incentivar a los padres, al igual que Lovaas no sugirió que los niños estaban «curados». Simplemente no sabemos que es lo que pasa en el cerebro del niño y no queremos dar a entender que el cerebro del niño ha sido reparado. Simplemente reconocemos que con tratamiento de calidad intensivo, es posible para los niños lograr un progreso excepcional, y algunos incluso pueden volverse indistinguibles de sus pares.

El personal de la escuela a menudo continúa discrepando con el concepto de «recuperación» y ofrecerá estas réplicas:

1. «Estos niños mejoraron tanto, no deben haber sido realmente autistas»
Tener un diagnóstico de Trastorno Autista no implica que alguien no pueda mejorar. El pronóstico extremadamente pobre que ha sido asociado con TEA fue documentado en un momento en el cual un tratamiento efectivo no se encontraba disponible. Las criticas no pueden rechazar la validez de un diagnostico meramente porque había un buen resultado. Considera a una victima de un accidente vascular que luego se sometio a terapia del lenguaje, ocupacional y física retorna a un nivel de funcionamiento normal ¿Significa esto que no tuvo un accidente vascular? En otras palabras, solo porque alguien mejore e incluso mejore significativamente, no significa que fueron diagnosticados de manera incorrecta originalmente. Es necesario examinar la validez de los diagnósticos del PAJ por sus propios méritos.

Los niños en el Proyecto Autismo Joven (PAJ) de UCLA fueron diagnosticados por profesionales altamente entrenados que fueron totalmente independientes al PAJ. Además, el PAJ se desarrolló durante principio de los 70´s cuando había criterios diagnósticos más estrictos, y por lo tanto los niños fueron más «clásicamente» autistas. En otras palabras, no había tantos niños de «alto funcionamiento» que fueron diagnosticados como autistas. En ese momento si un niño exhibía alguna habilidad social o interés social o si contaban con habilidades de lenguaje avanzadas, era menos probable que sean diagnosticados con autismo. Entonces los niños tratados en el estudio han cumplido criterios exigentes para el diagnostico, y era muy probable que se manifieste un resultado pobre, de no haber recibido tratamiento intensivo.

2. «Quizás ellos no se presentan más como autistas, pero sus síntomas están escondidos»
¿A quien le importa? Incluso si esto fuera cierto, ¿Acaso realmente importa? Si con capaces de alcanzar tal calidad de vida no estamos realmente preocupados por la etiqueta. Ciertamente no refuta la efectividad o necesidad de tratamiento.

Catherine Maurice (1999) brindó su percepción como madre de dos niños «recuperados»: *Mi hijo, ahora de casi doce años de edad,, se encuentra en sexto grado. Similarmente a su hermana, sus últimos reportes escolares muestran fortalezas académicas significativas y buena interacción social. ¿Qué tan normales son?* La pregunta, luego de un momento, se torna absurda. ¿Qué tan normal es cualquiera de nosotros? El hecho es que no exhiben ninguna conducta asociada con autismo, ellos están al tanto de su historia, son niños empáticos y participativos. La pregunta también frustra porque, en los últimos años, se vuelve aparente que ningún cúmulo de datos, reportes escolares, o evaluaciones de seguimiento convencerá a aquellos determinados a no ser convencidos.»

3. «Bueno, ustedes seleccionaron niños que obtendrían resultados favorables»

Esta es una razón muy común para rechazar los resultados de la investigación de Lovaas. Sin embargo, hay muchas razones por las cuales esto no es cierto y hubiera sido imposible. Primero, los niños fueron asignados al tratamiento intensivo o grupo control previo a que se los conociera. Segundo, como mencionado previamente, el criterio diagnóstico era bastante estricto, al momento de PAJ, y entonces la mayoría de los niños hoy serían considerados como «autistas clásicos». Tercero, los análisis han mostrado que son una muestra representativa y por lo tanto no serían considerados de «alto funcionamiento» (Lovaas, Smith & McEachin, 1989). Y finalmente, no teníamos idea en cuanto a cuales eran los indicadores favorables éxito. Esta investigación fue un hito y no teníamos idea de cuanto progreso estos niños lograrían por la intervención, por no hablar de lo que hubieran sido resultados favorables predecibles.

Mientras parece que, dado a nuestro conocimiento actual sobre como tratar el TEA, la mayoría de los niños no se recuperara completamente, también es justo decir que la mayoría lograra un progreso considerable. Nuestra meta debería ser dejar al descubierto lo que es el verdadero potencial de cada niño y plantear metas que les permitirá alcanzar su nivel de capacidad.

INDICADORES DE PRONÓSTICOS

Es difícil determinar de antemano cuales niños responderán más favorablemente al tratamiento. Esta dificultad se puede deber a varios factores. Primero, la falta de cooperación puede enmascarar sus habilidades. Adicionalmente, su pobre funcionamiento puede no necesariamente indicar deterioro cognitivo. Puede ser que un aprendizaje observacional pobre ha obstaculizado su adquisición de conocimiento y habilidades. Los déficit de aprendizaje observacional pueden ser susceptibles a tratamiento y los deterioros intelectuales que son sugeridos por los test de CI no necesariamente proveerían una predicción certera del resultado.

Aunque no hay muchos hallazgos científicos la presencia de habilidades de comunicación y un promedio general de habilidad cognitiva previo al tratamiento se encuentra relacionado con este resultado. Sin embargo, el mejor predictor parece ser la tasa de aprendizaje una vez que el niño comienza una intervención intensiva, integral y de calidad. Un estudio (Leaf, 1982) examinó las implicaciones de la tasa de respuesta con niños en el PAJ, y halló una fuerte relación entre la rapidez de la tasa de aprendizaje durante los primeros tres meses de tratamiento y el probabilidad total para un mejor resultado (Leaf, 1982). Smith, Groen, y Wynn (2000) utilizaron una medida similar y también hallaron que la adquisición de imitación verbal y etiquetamiento expresivo dentro de los tres primeros meses de intervención «parecía estar más fuertemente asociado con resultado que con cualquier test estandarizado» (página 282). Luego de 12 meses de tratamiento existe incluso un indicador más confiable sobre el camino de progreso que un niño seguirá. Nuestra experiencia sugiere que el progreso durante un año intervención de calidad es predictiva de la tasa de progreso del próximo año.

Creemos que los siguientes son indicadores de resultados más favorables. Sin embargo, queremos aclarar que esto no está basado en un análisis experimental, sino en 30 años de experiencia. Segundo, estos indicadores ciertamente no son correctos para todos los niños. Es decir, hay niños que pueden contar con indicadores positivos pero que no les va muy bien, y hay otros que poseen pocos indicadores que terminan obteniendo mejores resultados.

Factores pre-tratamiento
asociados con un mejor resultado

1• **Nivel de comunicación.** Aunque cualquier intento de comunicarse es un signo positivo, la presencia de lenguaje es bastante favorable. Por ejemplo, en la investigación llevada a cabo por Ivar Lovaas (1987), la mayoría de los niños que alcanzaron el «mejor resultado» poseían habilidades de comunicación de algún tipo (verbal o no-verbal) previo al tratamiento.

2• **Interés social.** Niños que demuestran una conciencia por los demás, responden a interacciones sociales o incluso intentan interactuar, cuentan con una ventaja clara.

3• **Falta de pasividad.** Quizás sorpresivamente, niños que exhiben conductas disruptivas (EJ., llorar, rabietas, desobediencia, agresión, etc.) a menudo alcanzan resultados más favorables. Niños con conductas disruptivas claramente están intentando alterar el ambiente, y están respondiendo a factores ambientales. A ellos les importa qué les sucede y están por lo tanto motivados. Así, es un asunto de enseñarles conductas apropiadas y habilidades para atender sus necesidades.

4• **Ejecución de conductas auto-estimulatorias.** Los niños que más fácilmente se distraen debido a conductas repetitivas y ritualísticas progresaran mejor con el tratamiento. Aunque pueden estar altamente interesados con la actividad auto-estimulatoria, y pueden tornarse muy complicados cuando otros interfieren, mientras puedan ser moldeados a partir de esa actividad aprenderán con el tiempo a ser reforzados por tipos de estimulación más convencionales como la que controla la conducta social y de juego de niños típicamente desarrollados.

Factores positivos luego del inicio del tratamiento

1• **Adquisición de habilidades.** La tasa de aprendizaje de habilidades de los niños al comienzo del tratamiento es un indicador firme de qué también responderá a la intervención y por lo tanto su eventual resultado. Contrariamente, los niños cuyo aprendizaje es bastante lento a menudo no alcanzan el mismo grado de éxito.

2• **Aprendizaje global.** Los niños que alcanzan un resultado favorable demuestran una buena respuesta global al tratamiento en una cantidad de áreas incluyendo habilidades de comunicación, sociales, de juego y auto-ayuda, una vez que comienza el tratamiento.
Es importante enfatizar una vez más que los factores pre-tratamiento y los factores positivos durante las etapas tempranas del tratamiento no han sido aún bien investigadas. Pero hallazgos preliminares y evidencia anecdótica sugieren que estos factores son probablemente indicadores de la tasa de progreso de un niño.

¿Qué es realista?

No hay consenso en qué tipo de resultado es realista esperar. Cuando los niños primero son diagnosticados, es claro que la mayoría se encuentra muy por debajo de niños con desarrollo típico en términos de varias áreas incluyendo intelectuales, cognitivas, de comunicación, juego, sociales y auto-ayuda (Volkmar, Sparrow, Goudreau, & Cicchetti, 1987; Carpentieri & Morgan, 1996; Van Meter, Fein, Morris, Waterhouse, & Allen, 1997). No es sorprendente que exista una gran brecha. Típicamente, estos niños han sido retraídos y desinteresados del mundo que los rodea con excepciones limitadas.

Pero sabemos por la literatura que los niños con Trastorno Autista son capaces de realizar progresos considerables si reciben suficiente intervención intensiva (e.g., Fenske, Zalenski Krantz & McClannahan, 1985; Handleman, Harris, Celiberti, Lilleht & Tomcheck 1991; Harris, Handleman, Kristoff, Bass & Gordon, R., 1990; Hoyson, Jamieson & Strain, 1984; Koegel, Koegel, Shoshan & McNerney, 1999; Lovaas, 1987; McEachin, Smith & Lovaas,1993). Naturalmente habría una variación inmensa entre los niños (Lovaas, Koegel, Simmons & Long, 1973; Lovaas, 1987; Harris & Handleman, 2000). Sabemos, sin embargo, que los niños con Trastorno Autista son generalmente mucho más capaces de lo que la mayoría de los educadores y otros profesionales creen. Por lo tanto la educación debería ser designada para enseñar a los niños tantas habilidades como sea posible de manera de minimizar las brechas de desarrollo.

Construcción de progreso significativo

Mientras uno observa la representación de posibles caminos de progreso, existen posibles resultados ampliamente variables. Seria muy útil identificar en que camino se encuentra el niño para que sepamos lo que aspirar. Quizás podamos formular una definición individual de progreso significativo basto en los indicadores de pronostico, y más importante cómo un estudiante responde a una educación de calidad. Obviamente, necesitaremos evaluar periódicamente la predicción basada en los rendimientos más recientes y ajustar nuestras expectativas acorde con ello. Creemos que el progreso solo puede ser considerado significativo si concuerda o excede con lo que hemos juzgado como el potencial del estudiante. Aquí hay algunos criterios propuestos que pueden ser útiles para la definición de un progreso significativo.

Grupo 1: El criterio para un progreso significativo para un niño del grupo 1 sería sería bastante limitado. Pueden no ser capaces de adquirir vocabulario funcional, incluso luego de varios años. Logros en otras areas ocurrirán de manera extremadamente lenta. La conducta auto-estimulatoria interfiere sustancialmente con el desarrollo de habilidades adaptativas. El progreso significativo necesitará ser medido con pasos extremadamente pequeños sobre un periodo extenso de tiempo. Estos estudiantes permanecerán más y más por debajo de aquellos de los grupos 2, 3 y 4.

Grupo 2: Progreso significativo para un niño del grupo 2 sería logros moderados en habilidades no-verbales tales como emparejamiento e imitación. Aunque las habilidades de comunicación emergerán lentamente, son capaces de aprender conceptos básicos, especialmente si son presentados bajo una modalidad visual. Estos estudiantes progresaran más rápido que aquellos del grupo 2, pero continuaran permaneciendo por debajo de la curva de desarrollo. Los distritos escolares concluyen, muy a menudo, que la tasa de progreso de estos estudiantes demuestra las expectativas que se deberían aplicar para la mayoría de los estudiantes con TEA. Sin embargo, estudios de resultado de tratamiento conductual intensivo indica que solo representa a el 10% de los estudiantes con TEA aproximadamente (Lovaas, 1987; Sallows and Graupner, 2005).

Grupo 3: Progreso significativo debería consistir en una tarsa de aprendizaje mucho más rápida para un niño en esta trayectoria. Deberían estar aprendiendo más de 100 palabras por año con una tasa de adquisición de conceptos y conocimiento general correspondiente. La brecha de desarrollo continúa siendo amplia, pero no es tan grande comparada con estudiantes de los grupos 1 y 2. Los estudiantes del grupo3 deberían aprender exitosamente habilidades académicas.

Grupo 4: Un niño de este grupo debería acortar significativamente la brecha de desarrollo (ej., en un año de tratamiento ganan 1,5 o 2 años de progreso en medidas psicométricas) y la tasa de aprendizaje precisa continuar a un ritmo similar para ser considerado como un progreso «significativo». Por ejemplo, un estudiante necesitaría estar aprendiendo más de 1000 palabras por año para alcanzar un progreso significativo. Esto aparecería como una curva escalonada ascendente en un gráfico de progreso del desarrollo.

AÑO ESCOLAR EXTENDIDO (AEE)

El grado de brecha del desarrollo que existe para niños con TEA es afectado por la tasa de progreso. Progresos más rápidos significan menos brecha. Nuestro emprendimiento educacional es en realidad una carrera contra el tiempo. De manera de alcanzar nuestra definición de «progreso significativo» es usualmente necesario que un estudiante reciba servicios a lo largo del año.

Pausas extensas son como quitar el pie del acelerador. Si deseamos ser exitosos en esta carrera, necesitamos mantener nuestro pie pisando firmemente hacia piso. El National Research Council (2001) recomendó que los niños reciban servicios por 53 semanas por año. Reconocieron que el autismo ¡*No se toma vacaciones*! Tomarse un recreo de seis semanas, o incluso más, resulta en la perdida de oportunidades que nunca podrán ser recuperadas. Incluso si no ocurrió una regresión en mediciones de escalas absolutas, pausas extensas significan quedase en el camino para lo que el estudiante podría estar alcanzando con servicios continuos.

Muchos distritos escolares organizaron el año escolar extendido solamente para prevenir regresiones, y no tienen el propósito de avanzar en las habilidades del estudiante durante las largas interrupciones de verano. Un cierto monto de regresión es común incluso para niños de desarrollo típico, se espera que la mayoría de los niños puedan recuperar estas pérdidas en un corto periodo de tiempo. Si los estudiantes simplemente mantienen su nivel de habilidades de Junio a Septiembre, entonces el requerimiento legal para EPLA será considerado como cumplido. Sin embargo, como hemos discutido previamente, permanecer quieto para un niño con TEA es equivalente a la regresión, debido a que durante ese tiempo sus pares típicos continúan progresando a un paso acelerado. Esa es la naturaleza del TEA y por ello la intervención intensiva es necesaria. Sin servicios continuos durante el año la brecha de desarrollo se ampliara y el estudiante quedará en el camino. Esta no es nuestra definición de progreso significativo.

Puntos de referencia arbitrarios

Una medida de progreso que es comúnmente utilizada consiste en calcular el porcentaje de metas que han sido logradas en el PEI anual. Aunque esto puede parecer lo suficientemente claro si uno considera el proceso de proponer una meta, se hace evidente que tal medida es totalmente arbitraria. Simplemente lo es tanto en relación con la ambición de las metas, ya que es una función de cuanto un estudiante aprendió. Todos en el PEI efectúan una estimación de cuanto aprenderá el niño en el siguiente año. ¿Aprenderá 5 palabras, 10 palabras o 100 en el próximo año? A algunos participantes les puede parecer que 5 es razonable, mientras otros discuten por 100. ¿Qué porcentaje de reducción en la agresión se puede esperar? ¿10%? ¿25%? ¿50%? Si Ud. tiene bajas expectativas (ej., 5 palabras y 10% de reducción de agresión) y el niño las logra, ¿Acaso ello significa que ha logrado un progreso significativo? Si sin embargo, Ud. tuviera altas expectativas y el/ella no alcanza las metas ¿Acaso ello implica que ha fallado en el logro de un progreso significativo? Si aceptamos el porcentaje de metas logradas como medida de resultado, entonces nos encontramos con la tentación inherente de proponer metas bajas. Sería tonto proponer altas y correr el riesgo de no alcanzar las metas. Nadie puede realmente quejarse debido a que se trata solamente de una conjetura, después de todo.

Sin embargo, las metas necesitan ser mucho más que una conjetura. Deberían estar basadas en observación objetiva y evaluación de datos de la tasa de progreso del niño durante un periodo de intervención de calidad. Por calidad nos referimos a instrucción sistemática e intensiva llevada a cabo con la presunción de que el estudiante es capaz y de que cada minuto en el colegio debería ser una oportunidad para aprender. Típicamente, las metas iniciales del PEI están determinadas en un periodo de evaluación de 30 días. Esto puede no ser tiempo suficiente. Para realizar proyecciones para 12 meses en el futuro, a menudo requiero de tres a seis meses para evaluar adecuadamente el nivel de habilidad de un niño y la probable tasa de progreso. Esto permitirá a educadores, profesionales y padres a realizar metas más ambiciosas y realistas. Y una vez que hayan metas acertadas, la definición de progreso significativo se torna más fácil de indagar.

El proceso individualizado de toma de decisiones

Para muchos estudiantes con discapacidades, el proceso PEI se ha tornado una rutina, y muy inefectiva. Su intento de individualizar y resultar en una «instrucción especializada para atender las necesidades únicas de cada niño», es rara vez logrado. El proceso es muy a menudo realizado como una formalidad y es demasiado informal como para parecerse a una declaración reflexiva sobre la educación de un estudiante. Mientras que esto es un problema para el 85% de la población de educación especial de la nación que se encuentra «moderadamente discapacitada» o principalmente precisan ayuda con problemas de articulación o lectura, estudiantes que luchan con discapacidades más severas y generales son profundamente afectados cuando el proceso de PEI no se hace funcionar idealmente. Los estudiantes con TEA necesitan desesperadamente una programación individualizada con el propósito de producir progreso significativo con un criterio claro para evaluar los resultados de manera que las intervenciones sean modificadas si es necesario.

Para estos estudiantes, las palabras de la Corte Suprema realmente suenan verdaderas «… acceder a una instrucción especializada y servicios relacionados que son diseñados individualmente para proveer beneficio educacional.»

La obligación para garantizar que el criterio de la corte sea atendido recae directamente en los distritos escolares. El fracaso principal de los distritos escolares y las agencias de educación estatal ha sido rehusarse a lidiar la definición de beneficio antes que la demanda legal. Aparentemente, mientras que el Distrito no se encuentre en un peligro inminente de acción legal, es preferible evitar el problema. Aquellos de nosotros que han observado el resultado de este fracaso se encuentran absolutamente comprometidos en ayudar a evitarlo. Los costos monetarios, recursos y buena voluntad son enormes. Un caso de esos puede costarle al Distrito cientos de miles de dólares, frecuentemente excediendo el medio millón de dólares, solamente en honorarios legales y profesionales.

Aquí se presentan algunas cosas que las familias y los distritos escolares pueden realizar para mejorar el proceso y resultado para los estudiantes:

• Informarse sobre las posibilidades reales del estudiante. Leer la literatura y apoyarse en la pericia externa que cuenta con un registro de rendimiento

• Evitar cualquier programa o profesionales que afirmen que existe un solo abordaje global que funciona a la perfección.

• Evitar la «emoción por la gran ganancia» cuando el estudiante es introducido por primera vez en una intervención sistemática y muestra crecimiento destacable.

• Celebrar el éxito.

• Utilizar el proceso PEI para realmente establecer niveles presentes de rendimiento respecto a todas las aéreas necesarias y realmente reflejar el rendimiento actual del estudiante.

• Discutir las expectativas y trabajar duro en determinar cuales son los resultados razonables de la instrucción.

• Jamás destruir los sueños de una familia, pero siempre ayudar a alcanzar los programas que dirijan al estudiante en esa dirección.

• Permitir a los maestros la discreción de enseñar e intervenir de una amplia variedad de maneras.

• Tomar datos constantemente como parte de la instrucción y utilizarla para informar decisiones respecto a la intervención.

• Evaluar y reportar el progreso de manera regular y consistente.

• Definir y escribir qué constituye un progreso significativo para un estudiante y explicarlo acabadamente a todas las partes involucradas.

BUEN SENTIDO
Utilizar el proceso PEI para comunicar y planificar como lo explicó la Corte Suprema

Las explicaciones de beneficios y progresos en este capítulo con suerte permitirán a los distritos escolares y familias a llegar a comprender el beneficio y progreso significativo en un ambiente de confianza y real entendimiento. Esto es totalmente posible, y es del interés absolutamente todos, particularmente el niño. Una vez que la gente tiene la voluntad de reconocer que el autismo es una condición mucho mas abordable de lo que previamente se pensaba, mayores oportunidades serán creadas y los niños alcanzaran muchos más resultados positivos. Muchos, muchos niños pueden superar la lenta tasa de progreso que la gente ha dispuesto para ellos. Necesitamos pretender mucho más.

Referencias bibliográficas

Board of Education of the Hendrick Hudson Central School District vs. Rowley, Rowley, 458 U.S. 176 (1982).

Carpentieri, S. & Morgan, S. B., (1996). *Adaptive and intellectual functioning in autistic and nonautistic retarded children.* - Journal of Autism and Developmental Disorders, 26(6), 611-620. Federal regulations at 34 C. F. R. Part 300.313: (Authority: 20 U.S.C. 1401(8)).

Fenske, E.C., Zalenski, S., Krantz, P.J., & McClannahan, L.E. (1985). *Age at intervention and treatment outcome for autistic children in a comprehensive intervention program.* Analysis and Intervention in Developmental Disabilities, 5, 49-58.

Handleman, J.S., Harris, S.L., Celiberti, D., Lilleht, E., & Tomcheck, L. (1991). *Developmental changes of preschool children with autism and normally developing peers.* Infant-Toddler Intervention, 1, 137-143.

Harris, S., Handleman, J.S., Kristoff, B., Bass, L., & Gordon, R. (1990). *Changes in language development among autistic and peer children in segregated and integrated preschool settings.* - Journal of Autism and Developmental Disabilities, 20, 23-31.

Harris, S. L. & Handleman, J. S., (2000). *Age and IQ at intake as predictors of placement for young children with autism: A four- to six-year follow-up.* - Journal of Autism and Developmental Disorders, 30(2), 137-142.

Hoyson, M., Jamieson, B., & Strain, P.S. (1984). *Individualized group instruction of normally developing and autistic-like children: The LEAP curriculum model.* Journal of the Division of Early Childhood, 8, 157-172.

Koegel, L. K., Koegel, R. L., Shoshan, Y., & McNerney, E., (1999). *Pivotal response intervention II: Preliminary long-term outcomes data.* - Journal of the Association for Persons with Severe Handicaps, 24(3), 186-198.

Leaf, R. B., (1982). *Outcome and predictive measures. Paper presented at the annual meeting of the American Psychological Association.* - Washington, DC.

Lockyer, L. & Rutter, M., (1970). *A five- to fifteen-year follow-up study of infantile psychosis: IV. Patterns of cognitive ability.* - British Journal of Social & Clinical Psychology, 9(2), 152-163.

Lovaas, O.I., (1987) *Behavioral Treatment and normal educational and intellectual functioning in young autistic children.* - Journal of Clinical and Consulting Psychology, 55(1), 3-9.

Lovaas, O. I., Freitag, G., Gold, V. J., & Kassorla, I. C. (1965). *Experimental studies in childhood schizophrenia: Analysis of self-destructive behavior.* - Journal of Experimental Child Psychology, 2(1), 67-84

Lovaas, O. I., Smith, T., & McEachin, J. J., (1989). *Clarifying comments on the young autism study: Reply to Schopler, Short, and Mesibov.* - Journal of Consulting and Clinical Psychology, 57(1), 165-167.

Maurice, Catherine. (1993). *Let me hear your voice. A family's triumph over autism.* NY: Fawcett Columbine.Austin

Maurice, Catherine, (1999). «*ABA and us: One parent's reflections on partnership and persuasion.*» - Address to Cambridge Center for Behavioral Studies Annual Board Meeting, Palm Beach, Florida, November, 1999.

McEachin, J.J., Smith, T., & Lovaas, O.I., (1993). *Long-Term outcome for children with autism who received early intensive behavioral treatment.* - American Journal on Mental Retardation, 97(4), 359-372.

National Research Council (2001). *Educating Children with Autism.* - Washington, D.C., National Academy Press

Sallows, G. O. & Graupner, T. D., (2005). *Intensive behavioral treatment for children with autism: Four-year outcome and predictors.* - American Journal on Mental Retardation, 110(6), 417-438.

Smith, T., Eikeseth, S., Klevstrand, M., & Lovaas, O. I., (1993). *Intensive behavioral treatment for preschoolers with severe mental retardations and pervasive developmental disorder.* - American Journal on Mental Retardation, 102(3), 238-249.

Smith, T., Groen., A., & Wynn, J.W. (2000). *Randomized Trial of Intensive Early Intervention for Children with Pervasive Developmental Disorder.* American Journal on Mental Retardation, 105, 269-285.

VanMeter, L., Fein, D., Morris, R., Waterhouse, L., & Allen, D., (1997). *Delay versus deviance in autistic social behavior.* - Journal of Autism and Developmental Disorders, Vol 27(5), 557-569.

Volkmar, F. R., Sparrow, S. S., Goudreau, D., Cicchetti, D. V., et al., (1987). *Social deficits in autism: An operational approach using the Vineland Adaptive Behavior Scales.* Journal of the American Academy of Child & Adolescent Psychiatry. 1987 Mar Vol 26(2) 156-161.

Wooden, J. R., (1937). *The Wooden Style. Time, February 12.*

CAPITULO 15
INCLUSIÓN
MITOS Y VERDADES

Introduction

A lo largo de los años se ha empleado una cantidad diferente e términos y definiciones para describir movimientos, conceptos, abordajes, y hasta el proceso de incluir niños con discapacidades dentro de la población general de estudiantes de educación regular (Fuchs & Fuchs,1994). A la fecha, no existe una definición universalmente aceptada de «integración» (Harrower, 1999; Fuchs & Fuchs, 1994; Havey, 1998). Adicionalmente, la franja de aplicaciones de integración va desde estudiantes con discapacidades de aprendizaje moderadas aquellos solamente con desafíos conductuales, a TODOS los estudiantes con discapacidades. El alcance ha incluido como mínimo la eliminación de escuelas especiales, pero a menudo se ha extendido a la eliminación de TODAS las clases especiales. Existe una amplia variedad en cuanto al tipo de estrategias o modelos que son propuestos para promover una integración exitosa. Comúnmente estos abordajes o modelos parecen basados en una afiliación personal con un movimiento en particular, cultura o subcultura. Similarmente a la definición, no hay una práctica o referencia establecida en cuanto a cómo este modelo es implementado o su efectividad evaluada. (Harrower, 1999; Fuchs & Fuchs, 1994).

Por propósitos de claridad, dentro de este capítulo serán utilizados los siguientes términos y definiciones:

Inclusión o Inclusión Total: Refiere a la práctica, filosofía y abordaje de la integración de TODOS los estudiantes (incluyendo aquellos con TEA) dentro del ámbito escolar donde comparten los mismos recursos y oportunidades con estudiantes regulares, con una frecuencia CONSTANTE.

Integración: Refiere a la práctica, filosofía y abordaje de educar a los estudiantes medio tiempo, incluidos en un ámbito menos especializado pero no limitados a la clase general. Esta práctica también ha sido nombrada como «de incorporación». Los estudiantes pueden ser integrados variando el grado de habilidades y necesidades del estudiante. El grado de inclusión es caracterizado no solamente por la cantidad de tiempo dedicado fuera de la clase de educación especial, pero también por la naturaleza y locación de las prestaciones brindadas. Además de la clase de educación regular, esto puede incluir recursos o clases de educación especial que pueden variar en intensidad y estructura, «retirada» (brindar servicios especiales fuera de la clase), «colarse» (brindar servicios dentro del contexto de la clase regular), incorporación reversa (invitar a estudiantes con más capaces dentro del ámbito de educación especial), pares, tutores o ayudas.

Inclusión como reacción ante la segregación

Históricamente, niños con retrasos del desarrollo fueron a menudo removidos de la comunidad a una edad muy temprana y ubicados en instituciones residenciales. En la primera mitad del siglo 20, niños a los que ahora reconocemos como diagnosticados con TEA hubieran sido considerados como esquizofrénicos o retrasados mentales e incapaces de aprender. Podrían haber sido hallados dentro de la multitud de los intelectualmente deteriorados y conductualmente «ingobernables» quienes, a pesar de que estuvieran viviendo en el hogar o en hospitales estatales, contaban con pocas chances de recibir una educación porque se creía que no se podrían beneficiar de la enseñanza. En la segunda mitad del siglo 20, los estudiantes con TEA comenzaron a ser reconocidos como un grupo diagnostico distinto. Gradualmente la gente comenzó a percatarse que la institucionalización no era una buena opción. Sin embargo, la segregación aun existía dentro del sistema escolar. Muy a menudo, por el mero hecho de su diagnostico, los estudiantes con TEA (incluso los más leves) fueron colocados en ámbitos altamente limitantes. Fallaban en la adquisición de nuevas habilidades y sus conductas disruptivas a menudo se incrementaban en frecuencia e intensidad dentro de las clases especiales. De hecho, no avanzaban, realmente estaban retrocediendo.

La inclusión comenzó como una reacción a que los niños reciban una educación pobre en clases de educación especial por demasiado tiempo. Primero fue descripto, y aplicado a estudiantes con discapacidades físicas contando con una inteligencia normal. Debido a que sus desventajas hacían difícil imaginar a estos estudiantes arreglándoselas en ámbitos de clases típicas, fueron apartados de la corriente y colocados con otros estudiantes que también fueron hechos a un lado por distintas razones. Esto resulto en que estudiantes que eran académicamente capaces fueran colocados en ámbitos especializados con estudiantes con dificultades significativas de aprendizaje y/o desafíos conductuales. Eventualmente surgió un levantamiento contra la injusticia. No sorpresivamente, cuando se realizaron acomodaciones para sus discapacidades físicas, los estudiantes fueron educados más efectivamente en locaciones típicas. Además había un impacto social positivo y los estudiantes no-discapacitados aceptaron mas a los individuos que eran diferentes.

Inspirados por el éxito con niños con discapacidades físicas, los educadores subsecuentemente aplicaron este abordaje a los estudiantes con otros tipos de discapacidades, incluyendo a aquellos con dificultades de aprendizaje (Simmons, Kameenui & Chard, 1998; Waldron & McLeskey, 1998), discapacidades del desarrollo (Hurley-Geffner, 1995), y problemas/trastornos de conducta (Falk, Dunlap & Kern,1996; Locke & Fuchs, 1995). Impulsado por factores que incluían la des-institucionalización y normalización (Bachrach, 1986; Wolfensberger, 1972;) e insatisfacción con la educación especial, el «modelo de inclusión» ganó su momento en su aplicación a estudiantes con retos cada vez más difíciles, incluyendo muchos con discapacidades severas (Downing, Eichinger & Williams, 1997; Giangreco, 1993; Hilton & Liberty, 1992; Hunt & Goetz, 1997; Janney & Snell, 1997; Kennedy, Cushing, Itkonen, 1997); y eventualmente aquellos identificados con el espectro del TEA (Harrower & Dunlap, 2001; Gaylord-Ross & Pitts-Conway, 1984; Kamps, Barbetta, Leonard, Delquadri, 1994; Kamps, et al., 1995; Kohler, Strain & Shearer, 1996; Pierce & Schreibman, 1997; Russo & Koegel, 1977; Strain, 1983).

Los ámbitos especializados no necesariamente ofrecen la enseñanza de habilidades significativas. Los estudiantes pueden dedicar una gran cantidad de tiempo a actividades que no les son funcionales y por lo tanto no les ayudaran a lograr niveles grandes de independencia, y más importante a obtener una elevada calidad de vida. Gran parte del día se dedica a realizar «trabajo repetitivo». Aunque la mayoría son bien intencionados y crean ambientes placenteros, dedicar la mayor parte del tiempo a realizar arte y oficios, escuchar canciones, completar tareas repetitivas o «jugar independientemente» no ayudara al estudiante a adquirir habilidades básicas. A medida que los estudiantes crecen, se hace evidente que su futuro es poco prometedor. Los sueños de un padre son destrozados a medida que se percata que su niño está realizando un progreso limitado y que siempre deberá permanecer en un ámbito controlado.

¡La inclusión parecería ser una solución maravillosa! Primero, su niño no estaría expuesto a otros niños que exhiban conductas disruptivas, por lo tanto reduciendo la probabilidad de que imiten y aprendan tales conductas. Además, en la inclusión los niños parece que brindan un buen modelado para habilidades apropiadas de lenguaje, juego y socialización. Adicionalmente, una clase de educación típica puede permitir a los estudiantes con discapacidades, incluyendo TEA, la oportunidad de participar de experiencias más convencionales y socialmente variadas que pueden no encontrarse disponibles en ámbitos especializados (Harrower, 1999). Y, contar con un niño en inclusión, donde son expuestos a una curricula académica ¡es un alivio naturalmente bienvenido!

Diferencias en cuanto a expectativas también puede tener un impacto dramático. Si uno cree que un estudiante tendrá éxito, hay una mayor probabilidad de que ese sea el resultado, no solo debido a la actitud, sino debido al esfuerzo creciente que naturalmente viene acompañado con expectativas positivas. Cuando los programas de inclusión son implementados hay generalmente una asignación de trabajo y recursos que también ayuda a garantizar que los estudiantes sean exitosos, avanzar al próximo grado y eventualmente graduarse.

Contrariamente, bajas expectativas, comúnmente vistas en clases especializadas, se convierten en profecías auto-cumplidoras. La perspectiva tradicional es que los estudiantes aprenderán un poco, pero siempre serán limitados por su discapacidad. Algún día serán considerados «buenos» o «grandiosos» principalmente basado en la ausencia o bajas tasas de conductas disruptivas, y no tanto en el nivel de nuevas habilidades adquiridas. Naturalmente la mejor manera de prevenir conductas disruptivas es brindar mucho «apoyo» y realizar muy pocas demandas.

Como discutimos previamente, la creencia histórica de que los estudiantes con TEA lograran progresos mínimos como máximo, se volvió una profecía auto-cumplidora. De hecho, la mayoría de los niños que se encontraban en educación especial NO fueron muy exitosos, en consecuencia había poco incentivo para poner en condiciones un programa de educación óptimo. Sin embargo, sin un buen diseño de programas, el fracaso a largo plazo es garantizado. Muy a menudo la educación especial se ¡infiltra con pesimismo!

El péndulo se va demasiado lejos: insistiendo en la inclusión total para todos

Desafortunadamente, muchos profesionales han extendido indiscriminadamente el concepto de inclusión a TODOS los estudiantes con discapacidades, incluyendo a aquellos con TEA (Stainback & Stainback, 1996; Fuchs & Fuchs, 1994). Muy a menudo, lo estudiantes son derivados equivocadamente hacia ámbitos «no-especializados» por tiempo completo, sin tener en consideración sus necesidades educativas y a pesar del hecho de que algunos estudiantes demuestran conductas disruptivas severas, y déficit de habilidades que podrían ser mejor atendidas en un ámbito educacional más intensivo.

Jerry Newport, un adulto con TEA, ha contado su experiencia de ser integrado en una educación regular. Esto es lo que comento en un discurso titulado «EL MITO DE LA INCLUSIÓN» (Newport, 2002)

La inclusión es otro concepto sobrevalorado. Escribo tanto como beneficiario como víctima. El mito de la inclusión es que si su niño se encuentra en una clase convencional, esa normalidad mágicamente se contagiara a su niño. La verdad es muy diferente.

Luego de doce años de inclusión, me paré en el centro del escenario del gimnasio el día de graduación y brinde mi discurso de apertura a «La Relativa Poca Importancia hacia el aseo». Probablemente tenía la bragueta abierta, pero el vestido ocultó eso, y era demasiado largo para que yo intente tomar mi trasero en publico.

Mi principal beneficio de la inclusión fue que nunca sentí que la sociedad podía negarme mis derechos básicos porque sea diferente. Así, mientras estoy más feliz, hubiera deseado que sea más de una mezcla. Yo sugiero enfáticamente que para la mayoría de mis pares con autismo, con más desafíos que yo en la juventud, esa inclusión total no es el camino a seguir en un primer momento, en todo caso.

Ud. También debe recordar, de quienes son las necesidades en juego. Tire a la basura su ego. La meta no es que su niño sea integrado, a cualquier costo, así Ud. puede decir, *"El está bien ahora. Se encuentra en un clase normal tal como su niño"*. Si eso implica cuatro pastores alemanes y un equipo SWAT como equipo de asistencia, eso no es inclusión. Eso es un delirio y un gasto innecesario del dinero de los contribuyentes. (Página 2)

La inclusión fue una respuesta a serias fallas en el sistema educativo y una reacción contra prácticas discriminatorias. Desafortunadamente, algunos defensores de la inclusión han llevado un ideal muy bueno a extremos ridículos. Bernard Rimland en una editorial para la Revisión Internacional de Investigación en Autismo se ha referido a tales extremistas como *"fanáticos defensores"* (Rimland, 1993). Es importante tener en cuenta que muchos de los que apoyan la inclusión no son fanáticos. Pero los extremistas han comandado a una importante audiencia y cuando la gente sigue ciegamente la cruzada, los estudiantes pueden ser lastimados a pesar de las buenas intenciones.

La clase ideal debería estar basada en las fortalezas y debilidades del estudiante. De manera de atender la amplia variedad de necesidades de cada estudiante, debe haber un continuo de oportunidades de atención. El trabajo del equipo PEI es alcanzar el mejor balance entre atender las necesidades del estudiante y mantenerlo lo más cerca posible de la corriente principal. Los estudiantes no deberían comenzar su educación en un ambiente especializado y hacer su camino hacia el ámbito menos especializado. Si un estudiante puede estar en un ámbito menos especializado, incluso si requiere de apoyo especial para ser exitoso, entonces tiene derecho a ese apoyo. Si se está considerando un ámbito especializado, recae en el distrito escolar la carga de la prueba de mostrar que la disposición actual NO es la apropiada, en lugar de que los padres deban justificar la búsqueda del ámbito actual. Debemos guiarnos por los datos y cuál es el mejor interés para el niño, no basado en ideología, dogma o economía.

El resultado deseado es que un estudiante pueda desarrollar un alto nivel de competencia e independencia, y acceder a la gama de oportunidades que existen en la comunidad. Esta meta es similar a la meta para un paciente con una condición médica seria. Para un paciente gravemente enfermo, ir a Terapia Intensiva (TI) es equivalente a ser apartado a una clase de educación especial. Es el ámbito que más efectivamente le permite al paciente retomar su salud y ser libre de las restricciones causadas por su condición. Ud podría decir que pasar tiempo en un ámbito especializado es la mejor manera de un éxito a largo plazo, e irónicamente denegarle al paciente acceso a ese ámbito especializado podría resultar en una menor independencia a largo plazo.

Naturalmente, si un estudiante es capaz de alcanzar el éxito en un ámbito de educación general, desde afuera, allí es donde debe estar. Sin embargo, muchos estudiantes necesitan adquirir habilidades fundamentales en un ámbito cuyo nivel de demandas y competencia puedan manejar. Tal como pasar tiempo en las ligas menores donde los lanzadores son un poco más lentos, lo que le permite al bateador afinar su ojo. La inclusión total puede no ofrecer el tipo de enseñanza necesaria para permitir a tales estudiantes realmente aprender nuevas habilidades. Muchos estudiantes con TEA no comienzan con control conductual, las habilidades necesarias o estilo de aprendizaje como para ser capaces de beneficiarse de la inclusión total. Algunos argumentan que todo lo que se necesitaría es proveer apoyos y adaptaciones. Sin embargo, si el ámbito no es el apropiado, las adaptaciones solo servirán para enmascarar la falta de progreso.

Hallando el punto medio

Quizás en un esfuerzo de incitar una acción fuerte contra los males de la segregación, la gente en la «inclusión TOTAL» ha adoptado una ética extrema que ha implicado un punto de vista muy exclusivo de inclusión «todos o ninguno». Dentro de los espacios de investigación y educación, la gente es a menudo encasillada como pro- o anti-inclusión. Sin embargo, el ámbito educativo no debería ser una decisión de blanco o negro.

Cuando se considera la gama de opciones de atención, lo que realmente constituye «especializado» debe estar determinado de acuerdo a las necesidades del niño particular. NO debería ser un tema de si la inclusión es buena o mala. Debería estar basado en qué sitios o combinación de ellos brindarían al estudiante las mejores oportunidades de aprendizaje para maximizar su potencial.

MITO
Extremistas que, a pesar del derecho a luchar contra la segregación, celosamente promueven una única solución para las diversas necesidades de los estudiantes.
VERDAD
Todos deberíamos luchar fuerte para prevenir la segregación, pero no debemos eliminar las opciones para estudiantes que precisan de ámbitos especializados.

En efecto hay estudiantes que se encuentran ubicados en ámbitos especializados, que se desarrollarían mejor en ámbitos más integrados. En lo que insisten los fanáticos de la inclusión puede ser correcto para muchos estudiantes, pero no se encuentran justificados a pasar por alto el proceso de toma de decisiones y a quitar opciones a estudiantes que las necesitan. La inclusión total debería ser el resultado de un proceso cauto de decisión, no el punto de partida. El sitio solo debería estar determinado luego del desarrollo de objetivos educacionales significativos y la consideración del abordaje más efectivo para la enseñanza de las habilidades acordadas. Muy a menudo esta no es la base o metodología para la decisión del foco de locación o programas.

Ambiente menos especializado

A menudo padres, educadores y abogados utilizan el Ambiente Menos Especializado (AME) como justificación de que los estudiantes deberían ser ubicados en inclusión. Interpretan que es realmente obligatorio que todos los niños sean inicialmente ubicados en inclusión. Si demuestran problemas significativos, entonces pueden ser ubicados en ambientes más especializados.

Sin embargo, esto es una mala interpretación de la ley. Lo que la ley realmente dice es que los niños con discapacidades deberán ser educados con niños no-discapacitados en la mayor medida posible, EXCEPTO cuando la educación en el ámbito regular con prestaciones y ayudas suplementarias NO PUEDE SER ALCANZADO SATISFACTORIAMENTE.

No dice que un niño, sin importar las conductas y habilidades, deba primero ¡ser ubicado en inclusión! Si, la inclusión necesita ser seriamente considerada. Sin embargo, de haber evidencia de que la inclusión resultara en que un estudiante no alcance resultados satisfactorios, entonces no hay prohibición de espacio educativo especializado.

Mas importante, haciendo los asuntos legales a un lado, este abordaje obligaría a un vasto número de estudiantes a fallar previo a que la configuración de servicios apropiados, individuales y las locaciones sean diseñadas. Cuando este «fundamento jurídico» se utiliza para forzar el mantenimiento de un ámbito inapropiado y perjudicial, el estudiante puede, y a menudo sucede, padecer un periodo extenso de fracaso previo a que se le brinde una intervención efectiva. A largo plazo, estudiantes que podrían haber sido integrados en grados variables mucho antes, son a menudo restringidos de esas opciones por periodos de tiempo más largos debido a la problemática historia que ha sido establecida. Esta historia es a menudo tanto conductual (conductas que han sido moldeadas en estos ámbitos) al igual que social (la reputación negativa que ha sido creada con sus pares).

Mitos sobre la inclusión

Decir que ha habido un interés enorme en cuanto a la inclusión sería ¡una subestimación! Sorpresivamente, hay muy poca investigación que demuestre que la inclusión es claramente más ventajosa que ámbitos alternativos que han sido considerados especializados. Los promotores de la inclusión raramente discuten las desventajas. Además, existen algunas falacias tremendas. Las siguientes son algunos de los delirios más críticos y problemáticos sobre la inclusión.

Mito 1: la exposición es suficiente

Frecuentemente circula el mito de que si un niño es ubicado en un ámbito de inclusión, ocurrirán cambios deseados significativos. Eso es, no solamente sus conductas se adecuaran a las normas sociales, sino que fácilmente adquirirán habilidades comunicativas y sociales. Además, obtendrán habilidades valiosas de preparación para la escuela, al igual que desarrollo en aéreas de cognición y habilidades académicas. La verdad, sin embargo, es que para la mayoría de los niños con TEA, solamente la exposición no es suficiente para que ocurra el aprendizaje. La investigación ha mostrado que la exposición e inclusión SOLAMENTE son insuficientes para el logro de una educación apropiada para niños con Trastorno Autista (Hunt & Goetz, 1997; Kohler, Strain, & Shearer, 1996). Si la exposición fuera suficiente, entonces la mayoría de los niños probablemente no estarían mostrando los déficits asociados con TEA. Realmente, si la exposición fuera suficiente, entonces cualquiera que quiera ser un atleta profesional solamente necesitaría pasar mucho tiempo en los vestuarios. O todos deberíamos pasar el rato en el campus de Harvard, y ser brillantes, solo por medio de la asociación.

Muy a menudo niños con TEA no han adquirido o generalizado las habilidades requeridas para permitirles aprender de la exposición social incidental y métodos tradicionales de instrucción solamente. A menudo los niños no han establecido habilidades fundacionales tales como aprendizaje observacional, habilidades de concentración y atención necesarias para el aprendizaje en ámbitos educacionales grupales típicos. La investigación ha mostrado que la instrucción directa es a menudo necesaria para que un aprendizaje efectivo y significativo tome lugar (Callahan & Rademacher, 1999; Davis, Brady, Hamilton, McEvoy & Williams, 1994; Dunlap, Dunlap, Koegel & Koegel, 1991; Goldstein & Cisar, 1992; Hunt, Farron-Davis, Wrenn, Hirose-Hatae & Goetz, 1997; McGee, Morrier & Daly, 1999; Pierce & Schreibman, 1997; Smith & Camarata, 1999).

Consecuentemente, es poco probable que el niño recoja información de una manera casual, y menos directa. Es irónico que muchos de los promotores que creen que los niños con TEA son incapaces de aprender observacionalmente, e insistan con la instrucción exclusiva uno a uno en ambientes libres de distractores, sean a menudo los mismos individuos que empujan por la inclusión TOTAL.

> **SIN SENTIDO**
>
> La creencia de que la exposición a niños de desarrollo típico es todo lo que se necesita para remediar deficits de habilidades sociales
>
> Si un niño puede asimilar facilmente las habilidades de otros, entonces aquellos deficits nunca hubieran acontecido, y el niño no hubiera terminado con tea.

Mito 2: la inclusión facilita el control conductual

Uno de los beneficios de la inclusión que los maestros y padres frecuentemente describen es la reducción significativa de conductas disruptivas. La agresión de los niños, llantos y desobediencias aparentemente se desvanecerán cuando entren en el ámbito de educación regular. Hay una cantidad de factores que pueden contribuir a ese cambio:

1• Puede ser que el estudiante haya estado previamente aburrido en un ámbito mas especializado y por lo tanto el ámbito de inclusión sea suficientemente desafiante para el niño.

2• Otra explicación puede ser que los pares sirven como buenos modelos de conductas apropiadas.

3• Una tercera posibilidad es que el estudiante sea influenciado por sus pares. Eso es, ellos pueden temer la vergüenza y repercusiones si ejecutan conductas disruptivas.

4• Puede ser que el personal de la escuela mantiene altas expectativas e intolerancia hacia las conductas disruptivas.

Aunque las explicaciones de más arriba pueden todas ser razones de la reducción de conductas disruptivas, pueden haber también explicaciones alternativas. Si cualquiera de los siguientes factores están operando, entonces la aparente mejora conductual como resultado de la inclusión es realmente solo una fachada.

5• El niño se encuentra recibiendo mucha atención por parte del personal de instrucción.

6• El niño se encuentra recibiendo ayuda de manera continua y por lo tanto está garantizando el éxito.

7• Se realizan adaptaciones tremendas en el plan de estudios, reglas y expectativas.

8• Al niño se le permite realizar lo que quiera, EJ., evitas tareas o ejecutar auto-estimulación.

Incluso más prejudicial que una fachada, es que el niño puede estar aprendiendo exactamente lo opuesto de lo que quieren que aprenda, EJ., otros harán cosas por ti, está bien NO seguir las reglas, no tienes que hacer tu trabajo, y ese comportamiento extraño o inadecuado es socialmente aceptable en ámbitos naturales y socialmente integrados.

MITO 3: LA INCLUSIÓN GARANTIZA LA AMISTAD

La inclusión a menudo ha sido vista como una ventaja enorme debido al beneficio social que puede proveer. Se sostiene, que por encontrarse alrededor de niños típicamente desarrollados, los estudiantes con autismo serán capaces de adquirir las habilidades sociales necesarias para desarrollar la amistad. Como fue discutido previamente, una de las fallas con este pensamiento es la creencia de que los niños adquirirán estas habilidades meramente mediante la exposición. Desafortunadamente, la mayoría de los niños con TEA requieren intervención sistemática y global para aprender estas habilidades.

Quienes proponen la inclusión, tanto padres como profesionales, la justifican debido a la «aparición» de amistad. Durante los primeros años escolares, se realizan a menudo comentarios sobre qué solidarios e interesados son los otros niños. Los pares frecuentemente se harán cargo de incluir a los estudiantes con TEA en sus juegos, mientras proveen el apoyo necesario y solidaridad para facilitar el éxito. Sin embargo, uno debe preguntarse si ¿Están desarrollando una verdadera amistad?¿o son los otros niños simplemente siendo amistosos debido a la discapacidad del otro estudiante?

¿Se invita a los niños a las fiestas de cumpleaños o juego porque sus pares realmente los quieren como sus «compañeros» o debido a que están intentando realizar algo amable? «Amistad», por definición, involucra reciprocidad. Es mutuamente beneficioso y hay equidad en el dar y recibir con el otro. Una verdadera amistad no está basada solamente en la sensación de responsabilidad y amabilidad, al menos en el caso de relaciones sanas. Cuando falta este balance, a menudo nos referimos a la relación como «co-dependiente».

Adicionalmente, debería ser resaltado que las amistades son desarrolladas típicamente basadas en intereses mutuos y similaridades. En teoría, puede ser idílico si todos tuvieran amigos sin importar las habilidades cognitivas, intereses u tras diversidades. Sin embargo, simplemente no es la realidad de nuestra cultura. Es imperativo que enseñemos a los niños con TEA las habilidades necesarias de manera que puedan desarrollar amistades verdaderas de toda la vida basadas en intereses mutuos, necesidades, deseos, y las habilidades para sostener tales relaciones.

Afortunadamente, cuando los niños se encuentran en la edad de pre-escolar, jardín de infantes o principios de la escuela primaria, son típicamente muy considerados. Sin embargo, para primer grado es muy frecuente que las niñas se encuentren interesadas en jugar con nuestros niños. Quizás es debido a que las niñas son más maternales, pacientes, y típicamente permanecerán más tiempo con las actividades. En pocos años, mas adelante, las niñas habrán generalmente formado sus propias camarillas. Debido a las habilidades sociales de muchos de nuestros niños, predominantemente varones, se han vuelto cada vez más dispares de sus pares, y son cada vez menos incluidos. En general, a medida que los niños típicos crecen, a menudo se tornan menos pacientes, más intolerantes y algunas veces incluso crueles. Los estudiantes con TEA son frecuentemente enfrentados con la dura realidad de que estos pares no fueron realmente sus amigos. Y esto puede ser absolutamente devastador. No es poco común que estos resultados resulten en una tremenda confusión, tristeza e incluso depresión. Esta confusión y frustración es alimentada por el hecho que por tanto tiempo, ellos fueron «aceptados» por comportarse de la misma manera por la que ahora están siendo objeto de ostracismo. Y estas conductas desadaptativas están más arraigadas y generalizadas, debido a la larga historia de «aceptación».

Desde un punto de vista de aprendizaje social, considere esto: En sus esfuerzos por ser amables y agradar a sus padres y maestros, los pares frecuentemente sucumben, aceptan y refuerzan las conductas inapropiadas, las cuales nunca habrían tolerado de un par o amigo típico. Con el tiempo, el estudiante con TEA «aprende» que estas son maneras aceptables y adaptativas de interactuar con sus «amigos». Más adelante, cuando estos estudiantes nos sean derivados para terapia, desaprender estas «lecciones sociales/conductuales» requerirán tiempo extenso e intervención.

Mito 4: LAS CONDUCTAS DISRUPTIVAS SERAN APRENDIDAS SI UN ESTUDIANTE SE ENCUENTRA EN EDUCACIÓN ESPECIAL

Aunque ciertamente es posible para un niño en una clase de educación especial aprehender conductas indeseadas de sus compañeros, no tiene porqué ocurrir. Un programa de educación especial de calidad empleara programas efectivos para enseñar la discriminación de cuáles son las conductas que está bien imitar y enseñarle a NO imitar conductas inaceptables, sin importar si son modelados por pares típicos o «no típicos». Es esencial que aprendan cuales conductas modelar y cuales ignorar. A lo largo de su vida estarán expuestos a situaciones y conductas que no deberían ser emuladas.

Los maestros necesitaran sistemáticamente exponer a los estudiantes a situaciones en las que la conducta apropiada este siendo modelada y provean reforzamiento por imitación de aquellas conductas. También debe haber una exposición deliberada, pero controlada a conductas inapropiadas, y entonces ocurre el reforzamiento por evitar la imitación. Si un niño imita una conducta inapropiada debe haber un feedback correctivo y oportunidades adicionales para practicar la toma de decisión correcta. Tales «lecciones» requerirán la aplicación sistemática a ámbitos más naturales y variados de manera de establecer estas habilidades como funcionales y generalizadas.

Mito 5: EL MODELADO DEBE OCURRIR CON NIÑOS TIPICAMENTE DESARROLLADOS

Parece ser aceptado que el mejor par es un par «típicamente desarrollado». ¿Por qué? Si los pares están operando a un nivel superior, puede no ser realmente óptimo. Tal vasta disparidad en cuanto a habilidades puede requerir la enseñanza de habilidades más allá del nivel que uno debería razonablemente esperar. ¿Es un novato aprendiendo golf con Tiger Woods la mejor oportunidad de aprendizaje? Tiger es tan superior que emularlo parecería imposible y desalentador. De hecho, si un par posee habilidades superiores, es probable que la referencia sea tan alta que el aprendizaje se torne excesivamente difícil y de hecho, bastante frustrante. Y, no solo para el niño objetivo, para el par típico también. Ciertamente contar con un modelo que posea habilidades de las que podamos aprender es crucial, pero quizás no habilidades tan avanzadas que se convierta en intimidante y desalentador el esfuerzo.

Una creencia desafortunada es que los niños típicamente desarrollados son los mejores modelos para niños con autismo y que, al contrario, los niños con discapacidades son modelos pobres. Realmente existe poca evidencia científica que muestre que los niños con TEA realmente se beneficien significativamente de estar meramente expuestos a niños típicamente desarrollados o a la inclusión.

¿Por qué no puede un niño con una discapacidad ser un compañero ideal? Existe ciertamente un consenso de que los modelos óptimos son niños que poseen niveles más altos de habilidad en aéreas tales como comunicativas, juego y socialización, al igual que exhiben control conductual. Esto no significa que debería o debe ser un niño sin déficits. ¿No es mejor que el modelo sea alguien que rinde a un nivel moderado, particularmente uno cuyas fortalezas en aéreas que el niño en cuestión no posee, Y debilidades en habilidades que las que el niño puede rendir bien? Esta reciprocidad y beneficio mutuo podría realmente crear las bases para una amistad. En nuestra experiencia clínica de muchos años, ciertamente hemos hallado que este es el caso.

Otra consideración es el impacto emocional en los niños que cuentan con cierta consciencia de que son diferentes. El mensaje para ellos puede ser: «los únicos pares y amigos aceptables son aquellos que son típicos». Esto puede implicar para nuestros niños que, «hay algo malo o inadecuado con niños que poseen discapacidades». El mensaje subyacente es, «esto te incluye a ti». ¿Cómo impacta este mensaje en el desarrollo de la auto-estima y confianza en uno mismo a largo plazo? «Sin importar lo que tu logres, los niños como tú nunca son lo suficientemente buenos.» Ciertamente algo para considerar.

Mito 6: DADO A QUE EL ESTUDIANTE ESTA PROGRESANDO O AL MENOS MANTENIENDOSE, ES UN ÁMBITO APROPIADO.

Primero, aunque un niño puede estar progresando, es bastante probable que el estudiante pueda ser capaz de aprender incluso a una tasa más rápida y de manera más independiente, en un ámbito más «especializado». Con una mayor estructura, atención individualizada y personal más especializado, al estudiante puede incluso irle mejor, en el corto y largo plazo.

Segundo, puede parecer que a un niño le va bien en los primeros años en la escuela debido a que ya conocen muchos de los conceptos que están siendo enseñados. También, la naturaleza de la curricula es relativamente concreta, y aquí es donde niños con TEA a menudo sobresalen. Sin embargo, con el aumento de edad y grado, los conceptos y habilidades necesarios para el aprendizaje se tornan más abstractos. Puede ser apropiado mantener a un niño en la corriente principal para el primer par de años, pero el equipo debería estar preparado para realizar cambios a medida que la naturaleza del aprendizaje se torna más y más verbal, y depende menos del aprendizaje práctico. El rendimiento y el progreso durante los primeros años, puede brindar una falsa sensación de seguridad.

Tercero, como fue discutido previamente, ha sido nuestra experiencia abrumadora que con el crecimiento, la aceptación y «amistades» de sus pares, disminuye. Aunque puede pensarse que el ambiente de un niño es ideal debido al desarrollo de amistades, uno debe evaluar si la amistad es genuina o si los pares solo están siendo amables, mandones, amistosos o co-dependientes.

Cuarto, cuando hay grandes adaptaciones puede parecer que el estudiante está aprendiendo y progresando. Sin embargo, el apoyo continuo que el niño recibe puede ocultar déficits significativos de aprendizaje que solamente se tornaran más pronunciados sin una instrucción intensiva. Bastante a menudo, maestros proveen apoyos sin que ellos se percaten de ello. Aunque el estudiante puede pasar de grado, los requisitos pueden ser mucho menores de lo que el estándar «demanda». Muchos maestros ven que sus responsabilidades son asegurar que el trabajo del estudiante sea completado (sin importar quien está realmente pensando en la tarea) y garantizar que el estudiante no perturbe en clase, no ser una carga para el maestro, permanecer donde se supone que deben estar y otras tareas domesticas. Esto es logrado comúnmente mediante la asistencia continua y recordatorios al punto que el estudiante raramente logra algún nivel real de éxito independiente. Adicionalmente, a menudo a tales estudiantes no se les brindan oportunidades que impliquen «arriesgarse» o superar fracasos menores o desafíos. Y mientras que el trabajo de clase y las tareas requeridas puedan realizarse, las habilidades más esenciales para el éxito a largo plazo e INDEPENDENCIA, tanto en ámbitos escolares como de «la vida real» pueden ser realmente dejadas de lado, EJ., prestar atención independientemente, permanecer y volver a la tareas; resolución de problemas; identificación de la necesidad de asistencia y requerirla; auto-monitoreo y evaluación; auto-regulación y otras habilidades de afrontamiento.

Finalmente, no es poco común que lo que principalmente se logra sea el control conductual. Si de hecho el estudiante a alcanzado independencia conductual, esto es un logro significativo, ¿pero a qué precio? Los estudiantes que cuentan con la capacidad para progresos académicos significativos, pero que solo han logrado permanecer dentro del radar conductual no están realmente atendiendo a sus necesidades. Y para la gran cantidad de estudiantes cuyo aparente «control conductual» es solo una fachada, se está llevando a cabo una injusticia incluso más grave. De hecho, las adaptaciones y bajas expectativas podrían ser un paso inicial aceptable y efectivo, si la meta fuera el éxito independiente y gradualmente se incrementen las demandas. Pero desafortunadamente, este es un caso poco común. Deberíamos estar proponiéndonos no solamente estar presentes, sino una participación efectiva, de desarrollo social, aprendizaje real de nuevas habilidades y la capacidad de que funcionen adaptativa, exitosa e independientemente, a través de la variedad de ámbitos naturales.

Mito 7: solo porque un estudiante se encuentre en en un ámbito inclusivo, ¿podemos asumir que realmente se trata de una inclusiòn?

Aunque un estudiante puede encontrarse en un ámbito inclusivo, la inclusión puede meramente ser una ilusión. Solo porque un estudiante se encuentre en una clase típica por el día entero, ¿constituye esto realmente inclusión? Cuando uno puede identificar al estudiante «incluido» inmediatamente, entonces la fachada de la inclusión es de alguna manera destrozada. A menudo las conductas disruptivas son un claro indicador del trastorno del niño. Muy comúnmente, sin embargo, la ayuda siempre presente es la que seguro delata. Si, el apoyo es una estrategia apropiada, pero solo si es acompañada de esfuerzos sistemáticos e intensivos de favorecer respuestas independientes y desvanecer las instigaciones. De lo contrario la presencia de ayuda se convierte en un obstáculo para la inclusión en vez de un catalizador.

Cuando es la ayuda la cual principalmente brinda direcciones al estudiante, socava el rol del maestro y perpetua la dependencia de la instrucción 1:1. Es incluso peor cuando la ayuda se convierte en «repetición» del maestro, eso es luego de cada vez que el maestro provee información a la clase, la ayuda consiste en la repetición de la información al estudiante tan a menudo como sea necesario hasta que el estudiante responda. Esto solo enseña al estudiante que el maestro no es una persona importante, y en efecto, el es su propio maestro. Esto no es lo que integración debería ser.

Otro problema común que viola el espíritu de la inclusión es el compromiso del estudiante en actividades que solo él esta realizando, y que no están conectadas de ninguna manera con la instrucción brindada al resto de los estudiantes. Esto se torna incluso en una mayor farsa cuando el estudiante se encuentra geográficamente aislado del resto de los alumnos en la clase.

Ser incluido significa tener el mismo rol y responsabilidad como cualquier miembro de la clase, y ser participativo. Significa tener su banco junto con todos los demás y realizar el trabajo que se encuentra íntimamente relacionado con lo que el resto está aprendiendo. Significa que no tienen mayor participación en la guía de las ayudas que con cualquier otro estudiante. Significa mucho más que simplemente residir en el mismo espacio físico que otros estudiantes.

Mito 8: la adaptación significativa y constante es una estreategia apropiada y efectiva a largo plazo para la inclusión.

Uno debe preguntarse si realmente es significativa la participación cuando son necesarias enormes modificaciones. Estas modificaciones o adaptaciones a menudo incluyen: reglas de la clase, expectativas conductuales, expectativas y demandas, organización del trabajo y tereas, cantidad y calidad del trabajo, etc. Mientras tales modificaciones son apropiadas a corto plazo, son contraproducentes a largo plazo. Si los déficits de habilidad que requieren estas adaptaciones no son atendidas y enseñadas proactivamente, particularmente aquellas relacionadas con el proceso de aprendizaje y funcionamiento independiente, el estudiante se tornara progresivamente menos capaz de alcanzar el éxito y ser funcional en el mundo real. Así, mientras todos, incluyendo al estudiante, están operando bajo la ilusión de que el estudiante está progresando, él/ella está realmente retrocediendo.

Como un ejemplo de modificación de la curricula, en una clase hubo una discusión en cuanto a

Napoleón. La modificación fue para que el estudiante con TEA empareje con la letra «N». Si la tarea o habilidad en la que el estudiante está trabajando es tan poco relacionada y disociada del resto de la clase, el estudiante no presta atención, interactúa o participa dentro del mismo grupo de actividad, ¿Cuál es el punto? En realidad, el niño está aprendiendo a ignorar a los otros estudiantes, al maestro y los eventos ambientales pertenecientes al grupo de actividad. Y así, disminuyendo y desalentando la consciencia social en general.

Otro problema común y relacionado es la prioridad a menudo colocada en la terminación de la tarea o trabajo, en lugar de centrarse en la adquisición de procesos necesarios para el aprendizaje independiente. En lugar de oportunidades para adquirir habilidades de aprendizaje independiente, son frecuentemente excesivas las adaptaciones y apoyos, el foco y la meta es garantizar que haya un producto de trabajo completo. Y mientras esencialmente no hay trabajo INDEPENDIENTE en el cual el estudiante realmente se destaca por sí mismo, la gente se felicita a sí misma de que se están realizando páginas enteras de trabajo, y traducen eso como una inclusión exitosa.

«Mejor» (Peor) escenario de un caso: un estudiante atraviesa el sistema escolar desde primaria a secundaria con todos los apoyos necesarios y adaptaciones para ser exitosa y totalmente incluido. Se gradúa de la secundaria con «buenas» notas y ahora se está embarcando a la siguiente etapa del viaje a la adultez. El estudiante ha adquirido habilidades limitadas de afrontamiento, socialización, comunicación e independencia. ¿Por qué? Lo hemos aislado de las realidades del funcionamiento en sociedad. Hemos adaptado sus deficiencias y desafíos conductuales, «protegido» de sus fracasos, y por lo tanto le hemos negado la oportunidad de aprender de sus errores. Le hemos dado la falsa impresión de cómo el «mundo real» opera. Lo peor de todo, le hemos robado con los años la oportunidad de adquirir estas habilidades de vida críticas que podrían haber surgido mediante prácticas educativas sensibles. Pero todos podemos celebrar y darnos una palmada a nosotros mismos en la espalda porque él se ha «graduado» exitosamente. ¿Esto significa que hasta que los estudiantes hayan adquirido estas habilidades requeridas o de «preparación», no deberían ser integrados? Absolutamente no. Significa que tenemos un «mapa

MITO
Las prácticas mas frecuentemente adoptadas en ámbitos educativos para estudiantes integrados son diametralmente opuestas a los procedimientos que más efectivamente podrían enseñar y desarrollar las habilidades necesarias una inclusión realmente exitosa.

de ruta» a utilizar para medir como un estudiante está progresando en las aéreas de habilidad que son esenciales para un éxito verdadero. Resalta las aéreas de necesidad que debemos atender para promover los logros de independencia a largo plazo. Y guía nuestro viaje, el cual puede incluir adaptaciones a corto plazo, pero también nos indica garantizar que estos déficits de habilidad sean atendidos, adquiridos y las adaptaciones sean eliminadas previas a avanzar al siguiente nivel o fase de integración.

El "mapa de ruta" para una integración éxitosa

A continuación se encuentran las aéreas que hemos encontrado ser importantes para concentrarse al momento de preparar a los estudiantes para una inclusión exitosa:

1• Control conductual

¿Se encuentran las conductas disruptivas a una frecuencia e intensidad lo suficientemente bajas como para ser atendidas efectiva y fácilmente en un ámbito natural? Obviamente, esto es importante para que el estudiante no se encuentre en riesgo o peligro para sí mismo y otros. Adicionalmente, es crítico que posean el suficiente control conductual de manera que no interfiera con la educación de otros estudiantes.

Además, un factor pasado por alto es la potencial estigmatización que puede ocurrir si un estudiante exhibe conductas significativas de alboroto, por lo tanto reduciendo la probabilidad de interacción social y el desarrollo de amistades reales en el futuro.

Y finalmente, las conductas disruptivas pueden interferir directamente con la habilidad de aprender. Conductas disruptivas de niveles leves a moderados pueden ser toleradas mientras que las estrategias conductuales de tratamiento necesarias y apropiadas sean implementadas efectivamente y discretamente.
Sí las conductas son muy severas esto será un serio impedimento para aprender dentro de un ámbito grupal.

2• Aptitud para aprender en grupo

Los estudiantes necesitan ser capaces de aprender en formatos grupales. Gran parte de la instrucción brindada en clase es presentada mediante la instrucción grupal. Si un estudiante no es capaz de prestar atención o proceder en un grupo, entonces se perderá gran parte de las oportunidades de enseñanza. Si un estudiante solo ha sido expuesto y se le ha enseñado principalmente en un formato 1:1, generalmente no ha adquirido esta habilidad. Y si consecuentemente son colocados únicamente en una clase típica, probablemente no contaran con la oportunidad de «aprender a aprender» en un ámbito grupal.

3• Habilidades atencionales

De manera que un niño sea capaz de procesar información y por lo tanto aprender, es esencial que el estudiante posea buenas habilidades de atención al menos en un formato de grupos pequeños. Si son necesarias instigaciones frecuentes, instrucción directa y consecuencias para facilitar que el niño preste atención, un ámbito más especializado puede ser apropiado por al menos una parte del día escolar de manera que se enseñen estas habilidades. Como fue discutido previamente, un ambiente más estructurado puede resultar en una adquisición más rápida de habilidades atencionales, por lo tanto permitiéndole al niño recibir beneficios significativos más rápidos de un ámbito de inclusión. Adicionalmente, una clase estructurada podría brindar oportunidades de enseñar sistemáticamente habilidades atencionales independientes con un tamaño de grupo incrementándose gradualmente (EJ: 1:2, 1:4, etc.), lo cual puede no ser factible en un formato inclusivo.

Otra consideración es que la mayoría de las habilidades atencionales de los estudiantes son variables. Esto es, un estudiante puede ser capaz de prestar atención en algunas situaciones pero no otras, basado en intereses, tamaño de grupo, duración de la presentación, estilo de enseñanza, formato, etc. Así, puede haber muchos sujetos particulares, actividades, o formatos en los cuales un estudiante puede ser exitosamente integrado. Sin embargo, durante actividades menos adecuadas, el tiempo podría ser mejor utilizado alejado del grupo grande para atender estas necesidades en un ámbito más intensivo y estructurado, con la meta de enseñar y generalizar las habilidades necesarias para un ámbito de educación regular en el futuro.

4• HABILIDAD DE APRENDER OBSERVACIONALMENTE

La capacidad de un estudiante de aprender mediante la observación es también esencial en la clase típica. Las habilidades de «Aprendizaje Observacional» están compuestas por una variedad de sub-habilidades las cuales, para un estudiante con TEA, generalmente necesitan ser sistemáticamente definidas y reforzadas. Algunas de estas incluyen: habilidad de filtrar información irrelevante; habilidad de procesar y recordar información suministrada por multiples fuentes incluyendo par y maestra; habilidad de discriminar respuestas correctas vs. Incorrectas basado en información brindada.

Mientras esta área de habilidad se encuentra relacionada con las habilidades atencionales discutidas más arriba, también existen algunas diferencias importantes. Por ejemplo, un estudiante puede ser relativamente habilidoso en atender al maestro en un formato grupal, pero puede no estar procesando realmente la información que se le brinda. Adicionalmente, no es suficiente solo prestar atención al maestro. Una gran parte del aprendizaje de los estudiantes se basa en su habilidad de obtener información mediante la observación de pares. Por lo tanto, es necesario que un estudiante pueda aprender independientemente de esta manera. Si un estudiante requiere una instrucción uno-a-uno de parte de un adulto para adquirir toda o la mayoría de la información, lo beneficios de la inclusión se verán enormemente desfavorecidos.

5• HABILIDADES ACORDES CON LOS COMPAÑEROS

Si un estudiante requiere una modificación excesiva del plan de estudios, entonces una inclusión total no tiene realmente mucho sentido. En esencia, si son requeridas adaptaciones y ajustes globales, si el niño no está participando de la mayoría de las actividades de la clase, y el estudiante se encuentra principalmente recibiendo instrucción a través de su asistente de instrucción, ¿es realmente inclusión? No solamente el niño no está accediendo o se está beneficiando de la curricula de la clase; realmente no son parte de la misma.

Contar con un estudiante integrado durante actividades en las cuales es más competente parecería tener mucho sentido. Esto no requiere necesariamente que el estudiante sea capaz de rendir al mismo nivel que sus pares. Lo que si requiere es que el estudiante posea habilidades adecuadas para beneficiarse y adquirir habilidades que son acordes con la oportunidad educativa brindada. Por ejemplo: el estudiante puede no comprender totalmente el contenido específico de la lección, pero cuenta con las habilidades atencionales suficientes para orientar y modelar a sus pares. Si la meta es incrementar sus habilidades de aprendizaje observacional, esta podría ser un ámbito de inclusión efectivo para la adquisición o generalización de estas habilidades. Una exposición previa al contenido principal de la lección le permitiría al estudiante ganar confianza en su habilidad de escuchar y recoger la información que es presentada en un formato de discusión. Sin embargo, es importante garantizar que el personal escolar esté al tanto en esta etapa que la meta no es el logro académico o la finalización de la tarea, sino la mejora del rendimiento en aéreas de habilidad particulares de aprendizaje observacional (EJ., modelado de pares). También debe haber una porción sustancial del día donde otras metas de aprendizaje importantes sean atendidas en un formato más directo y efectivo.

6• Intereses en pares

Más que promocionar un beneficio académico, a menudo se propone la inclusión para proveer grandes oportunidades sociales. Para que un niño se beneficie de estas oportunidades sociales, sin embargo, es importante que el niño posea algún grado de interés social. Naturalmente, este interés puede necesitar ser facilitado y nutrido. Sin embargo, si existe un interés mínimo en los pares, desarrollar esto en un ámbito inclusivo puede no ser la situación optima. La indiferencia de un niño, intolerancia o evitación de otros niños creara un ambiente difícil para enseñar y establecer exitosamente interés en los pares. Incluso peor, sin embargo, el estudiante puede desarrollar una reputación que será difícil de superar en el futuro.

Finalmente, si el estudiante cuenta con un interés muy limitado hacia los pares, el estudiante probablemente dirigirá la mayoría, sino todas, las interacciones y atención hacia el asistente de instrucción. En este caso, el estudiante está aprendiendo en realidad a ignorar a los pares, siendo estos incluso menos interesantes e importantes para el estudiante.

7• Habilidades sociales básicas

Mientras que no es necesario para un niño poseer habilidades sociales altamente desarrolladas o sofisticadas para beneficiarse y encajar dentro de un ámbito inclusivo, algunas habilidades rudimentarias son esenciales. Si un estudiante carece de consciencia y cuidado de que hurgar su nariz, flatular, o tener comida en su cara, no son socialmente aceptables, el puede sin darse cuenta repeler a los compañeros. Adicionalmente, si no puede esperar su turno, respetar una fila, o abstenerse de comentarios verbales no relacionados durante la clase, sus pares pueden verlo como extraño y molesto, incluso si estos déficits de habilidades sociales no son significativamente disruptivas para la clase.

Como con otras habilidades fundamentales mencionadas, estas pueden y necesitan ser enseñadas. Sin embargo, en clases de educación regular la oportunidad para enseñar estas habilidades sociales incidentales ocurren principalmente «en el momento», las cuales a menudo no provee suficiente repetición para remediar tales déficits, y pronto será muy tarde para salvar el daño a la reputación del estudiante.

8. Inpacto en el aula

Por mucho que nos encontremos preocupados e interesados en la educación de nuestros niños, es imperativo considerar las necesidades de todos los estudiantes de la clase. ¡Nuestros niños pueden tener un impacto maravilloso en sus pares! Aprender sobre las diferencias y pasar a ser cada vez más sensible puede ser una experiencia que cambia la vida. Sin embargo, tambien debemos considerar el impacto potencialmetne negativo.

Claramente, si la conducta de un niño es una amenaza para otros estudiantes, entonces la inclusión no es la mejor alternativa hasta que esas conductas estén lo suficientemente reducidas. Adicionalmente, si las conductas de un niño o las estrategias de intervención perturban severamente o interfieren con la educación de otros estudiantes, entonces un ámbito más especializado puede ser necesario por lo menos para parte del día escolar. Y por supuesto si el estudiante tiene un impacto negativo en la clase, es poco probable que se desarrollen amistades.

9. Priorizando el proceso y el contenido: un acto de balance

Uno de los grandes desafíos que hemos hallado es un equipo consciente en priorizar y equilibrar el foco para el logro del contenido y la enseñanza de los procesos complejos requeridos para aprender, adaptar y funcionar en un ambiente natural. Eso es, a menudo el personal escolar y los padres tienden a enfocarse en logros académicos en ámbitos inclusivos. Por supuesto, esto es comprensible; dado a que la «escuela» es el principal contexto en el cual se enseña lo académico. Además, en edictos educativos recientes tales como NINGUN NIÑO QUEDE EN EL CAMINO (Public Law 107-110) han colocado una fuerte presión a los distritos escolares para prestar éxito académico de alta prioridad.

Desafortunadamente, a menudo esto ha resultado en un menor énfasis en la importancia de la enseñanza de habilidades de «proceso». A menudo las estrategias implementadas para asegurar la compleción del contenido, sirven para socavar la adquisición de habilidades primarias necesarias para la enseñanza y el aprendizaje del proceso. Dado que los estudiantes de la educación regular están en la clase para aprender la materia en cuestión, los maestros no están preparados para detener la lección académica para atender las necesidades de un estudiante en particular que no es capaz de utilizar efectivamente el proceso de aprendizaje.

Adicionalmente, como el aula es un lugar socializado, las habilidades necesarias para ser incluido exitosamente y socialmente aceptado están basadas en competencias sociales. Una vez más, esta no es la necesidad principal para la población estudiantil general. Y a cambio, los maestros no tienen el lujo de poder colocar al resto de la clase «en espera» solo para lidiar con estos déficits de socialización y ciertamente no podrían realizarlo a la tasa necesaria para obtener mejoras.

Este desafío no impediría en sí mismo una integración/inclusión exitosa, dado a que el tiempo requerido para atender estas necesidades fue asignado a la lista diaria de los estudiantes TEA. Sin embargo, a menudo existe la expectativa poco realista que nuestros niños pueden ser incluidos por el día escolar entero, y aún de alguna manera adquirir estas habilidades criticas, a pesar de que no están siendo enseñadas especifica o sistemáticamente.

Otro factor que contribuye es un foco similar en lo académico de las metas y objetivos del PEI. Como esto es lo que impulsa al dispositivo, las metas son predominantemente académicas. Dado a la presión educativa y legal para alcanzar estas metas, una vez más los profesionales de la escuela a menudo se sienten obligados a tomar al «éxito» académico como su foco principal.

Sin embargo, cuando uno examina el criterio diagnostico de los Trastornos del Espectro Autista, uno debe notar que las habilidades académicas NO están incluidas. ¿POR QUÉ? Porque los deterioros cognitivos no son los desafíos más significativos que nuestros estudiantes enfrentan. De hecho, muchos sobresaldrán en el desarrollo cognitivo, comparado con sus compañeros típicos. Los déficits y necesidades que son inherentes al TEA son: comunicación, social, emocional/conductual, al igual que la consciencia, habilidad, interés y motivación de procesar la información relevante que es necesaria para aprender de los eventos ambientales.

Sin perturbar la clase y llamarle la atención al estudiante con TEA, estas habilidades no pueden ser enseñadas en un programa diario de inclusión total. Y sin embargo, esa es a menudo la poca realista expectativa.

Gilliam y McConnel (1997) publicaron Escalas para Predecir la Inclusión Exitosa (EPIE). Esta herramienta de evaluación puede ser utilizada para predecir qué estudiantes poseen las conductas y habilidades requeridas y, por lo tanto, las posibilidades de ser verdaderamente exitosos en inclusión. Esta medida también puede ser bastante útil para identificar conductas objetivo y habilidades que requieren atención e intervención para facilitar el éxito. Ejemplos de las habilidades que han encontrado ser predictivas de una inclusión exitosa incluye acatar reglas de la clase, prestar atención durante las discusiones de la clase e iniciar actividades con otros. Desde nuestra experiencia, es claro que a la mayoría de los estudiantes que están incluidos no les iría bien con esta evaluación. Afortunadamente las aéreas de habilidad que comúnmente faltan pueden ser traducidas a objetivos de enseñanza y pueden ser fácilmente logradas por muchos estudiantes, si uno toma un abordaje de mente abierta en cuanto a donde y como enseñar.

Uno de los resultados mas problemáticos de la inclusión es la enorme dependencia que el niño desarrolla. El estudiante a menudo no puede dar un paso sin que el asistente intervenga o al menos este encima del estudiante. Aunque frecuentemente está la «ilusión» de que el niño es independiente, el ayudante se encuentra cerca para proveer apoyo y asistencia. El ayudante puede brindar instigaciones obvias o incluso gestos o miradas sutiles, pero a menudo el niño en realidad es altamente dependiente. En nuestra experiencia, es extremadamente común observar ayudantes brindando instigaciones sutiles, quienes a menudo no son conscientes de ello, haciendo por lo tanto incluso más difícil de desvanecer. Aunque el ayudante no se encuentre brindando guía directa, su sola presencia puede ser un grado de apoyo e instigación.
Como una alternativa, déjenos proponer que la instrucción sea de 20 problemas de matemáticas y

que el niño complete 5 de estos de manera independiente. En lugar de brindar asistencia constante, la cantidad de trabajo requerida podría inicialmente ser reducida, estableciendo la expectativa de compleción independiente con calidad en el rendimiento. Con el tiempo, la cantidad de trabajo esperable podría incrementarse gradualmente.

Desafortunadamente, nuestra experiencia nos indica que cuando se señalan estos asuntos, los ayudantes a menudo afirman, «pero cuando me retiro o reduzco asistencia, se perturba, deja de trabajar, o no puede prestar atención». La respuesta típica a esta dificultad de desvanecer la asistencia, es para el ayudante incrementar la asistencia y atención de manera que el niño vuelva al trabajo. Esto a su vez, probablemente refuerce estas conductas dependientes, y así continuara con el ciclo vicioso de moldear niveles cada vez más altos de dependencia con el tiempo.

Movimiento filosófico & emocional

Como fue discutido previamente, cada varios años en el campo de autismo y discapacidades del desarrollo existe un nuevo movimiento filosófico, o abordaje de tratamiento, que se pone de «moda». Estos movimientos son usualmente respuestas a problemas e insatisfacciones con el abordaje actual o convencional (Hallahan, 1998). A pesar de que por momentos han dado lugar a importantes avances en el campo, desafortunadamente pueden también fomentar efectos adversos. Debido a que a menudo son reacciones exageradas, rápidamente se desarrolla un desprecio total por los abordajes que han sido valorables. En cambio de identificar y remediar problemas específicos, hay un desprecio total por TODOS los aspectos del abordaje ahora «obsoleto» (Fuchs & Fuchs, 1994).

Quizás lo más preocupante de todo es que a pesar de la escasez de investigación formal definitiva, estos movimientos de «reforma» se vuelven entonces cruzadas política y socialmente de moda que son suficientes para impulsar prioridades políticas, por lo cual el «niño dorado» de ayer, hoy es una «oveja negra».

Muchos de estos movimientos permanecen de moda bastante más allá de su «momento», aunque pueden no ser considerados como «lo último de la moda». El furor de principio de los 90´s fueron tratamientos médicos y farmacológicos infundados. La campaña de finales de los 90´s era que los programas intensivos ABA ocurrieran exclusivamente en el hogar. Una cruzada actualmente de moda es la «inclusión». Como con otros movimientos filosóficos, la inclusión es una reacción a la educación y tratamiento inefectivos históricamente brindados en clases de educación especial.

Algunas veces, parece que la motivación principal es que se ve y se siente bien tener niños con TEA en presencia de niños típicamente desarrollados. Los más firmes impulsores afirmarán que cualquier cosa por debajo de esto es «discriminación» e inherentemente «degrada el niño». No hay ninguna consideración de si este abordaje es realista, efectivo o si realmente atiende las necesidades de los estudiantes. Además, existe la hipótesis de que el abordaje de la inclusión total siempre será efectivo, y el individuo continuará aprendiendo y desarrollándose, a largo plazo. Sin embargo, no existe evidencia científica que de esta afirmación sea valida, o que este abordaje sea, en verdad, el más efectivo.

De hecho, la preponderancia de los datos sugiere que puede ser menos efectivo (Bruder & Staff, 1998; Cole, Mills, Dale & Jenkins, 1991; Harrower, J.K., 1999; Zigmond & Baker, 1995). Los fanáticos que insisten en que todos los niños deberían ser totalmente incluidos a menudo sucumben a lo que se siente correcto en lugar del análisis objetivo de estudios científicos. Algunas de las afirmaciones desafían incluso al sentido común. Considere el caso de un niño diabético. Si los extremistas tuvieran la libertad para realizar su camino, cualquiera que proponga una dieta restrictiva seria acusado de discriminación porque estarían tratando al niño diabético diferente a un niño no-diabético. ¿O sugerirían que un niño con deterioro auditivo debería tocar en la banda o un niño en una silla de ruedas debería jugar al futbol durante las clases regulares de educación física? Y el estudiante debería realizar tal cosa, sin importar que tan frustrado o inadecuada pueda esta experiencia hacer sentir al niño.

La inclusión es un movimiento reaccionario que surgió debido que se habían identificado serios problemas en educación especial. Quienes lo apoyaban señalaron correctamente que a algunos individuos se les negaba continuamente el acceso a ámbitos menos estructurados debido a que no eran considerados «preparados» y no había previsión alguna de que alguna vez estarían «preparados». Los impulsores culparon al «concepto de disponibilidad» como el culpable de que los niños permanecieran estancados en ámbitos educativos especializados indefinidamente. Ahora se han ido por la borda y rechazan cualquier noción de evaluar en qué medida un estudiante será capaz de beneficiarse de una inclusión total. «Por supuesto, cada estudiante puede beneficiarse de la inclusión ¿entonces que hay que considerar» sin importar el grado de conductas disruptivas de un estudiante o el nivel de habilidad que obtiene ubicado tiempo completo en clases para niños desarrollados típicamente.

La inclusión se encontró con una aprobación inmediata por una cantidad de razones:

1• Se refirió a algunas deficiencias de los servicios tradicionales
2• Tiene un atractivo emocional enorme.
3• Tiene un gran apoyo político y parental.
4• Tiene un nivel relativo de apoyo económico.

Existen muchas buenas razones de porque la Inclusión debería ser la primera opción considerada para un estudiante:

1• Muchos niños que deberían haber estado en ámbitos menos especializados ahora disfrutan los beneficios de la inclusión

2• Los programas que estaban estancados en las ciénagas de las prácticas educativas han sido forzados a revisar su filosofía y estrategias de intervención.

3• Los niños típicos han ganado perspicacia y sensibilidad por medio de su interacción con estudiantes con TEA y otras discapacidades.

4• Algunos maestros de educación regular han adquirido nuevas habilidades, competencia, confiancia y orgullo en su habilidad de trabajar e integrar estudiantes con TEA y otras discapacidades.

La inclusión, sin embargo, no es la panacea que sus impulsores quisieran que uno crea. Los servicios de educación especial tradicional ciertamente han estado plagados de problemas tremendos que han resultado en un tratamiento educativo inefectivo. En respuesta a ello, los promotores determinaron que todo el sistema estaba «mal» en vez de arribar a la conclusión más sensible, que habían abusos que necesitaban ser corregidos. Sería mucho más beneficioso para el campo identificar y corregir lo inadecuado en lugar de tirar todo por la ventana. Por ejemplo, incluso hoy, el modelo de «disponibilidad» continua siendo citado como justificación para mantener la locación en una clase, cuando un estudiante no se encuentra «preparado» para ser integrado. Podrían seguir declarando esta falta de preparación con el curso de los años, con poco o ningún movimiento o progreso hacia el aumento de integración. Adicionalmente, rara vez existe un plan solido o un «mapa de ruta» que sea diseñado o implementado para atender las necesidades y déficits específicos que están obstaculizando en una participación más integrada.

> **VERDADES**
>
> Cada estudiante debería ser educado en el ambiente menos estructurado que pueda atender sus necesidades. Innecesariamente los ámbitos especializados, sean educativos o residenciales, pueden promover un impacto extremadamente negativo en los estudiantes. No obstante creemos que hay estudiantes que no se benefician verdaderamente asistiendo a una educación regular. Un ámbito "especializado" tal como clases de educación especial intensivas pueden brindar beneficios tremendos para tales estudiantes, y pueden llevar a mejorar enormemente la calidad de vida.

La integración no es un proceso de «todo o nada». Mientras muchos niños pueden no encontrarse preparados para ser totalmente incluidos, pueden de hecho estar preparados para alguna integración. Frenar continuamente a un estudiante debido a que no puede beneficiarse suficientemente de la inclusión total es innecesario, y es la principal razón por la que padres e impulsores de la inclusión eventualmente se hartan y rechazan la educación especial.

La manera de evitar este resultado desafortunado es de comenzar a tiempo el proceso y diseñar un plan sensible para gradualmente aumentar la integración. No es necesario realizar grandes promesas. Muy a menudo esas promesas no se cumplen y el niño es culpado por su «incapacidad» o falta de «preparación». Si un estudiante no puede participar significativamente y beneficiarse de la inclusión, entonces el plan necesita determinar cómo incrementar habilidades requisito para el aprendizaje en grupo. Mientras tanto deberían ser identificados los periodos del día en que la inclusión podría ser beneficiosa. El 99% del tiempo en que hemos estado involucrados en este proceso, los padres no solo lo apoyan, sino que se convierten en firmes defensores de este abordaje.

Nuestra meta es ser capaces de realizarle por fuera en lugar de esperar a que ambos la educación especial e inclusión total fallen y se pierda gran cantidad de tiempo.

INVESTIGACIÓN

Uno pensaría que habría una gran cantidad de investigación demostrando que la inclusión es superior a ámbitos educativos más especializados. Simplemente nos hemos sorprendido cuando llevamos a cabo una revisión de la literatura y hallamos evidencia empírica extremadamente limitada que sugiera que la inclusión total es más efectiva que la educación especial.

Una cantidad de expertos han comentado sobre la ausencia de investigación científica. Por ejemplo, Hunt & Goetz (1997) notaron que pocos estudios han sido realizados evaluando los resultados académicos relacionados con el ámbito para estudiantes con TEA. Cole, Mills, Dale, Jenkins (1991) afirmaron:

"Aunque una creencia en los beneficios educativos de la integración puede proveer el fundamento para otras razones de integración, existe poca evidencia de que estos beneficios realmente ocurran."

Harrower (1999) remarcó:

"debido a la naturaleza principalmente filosófica del debate y la escasez de evidencia empírica que claramente apoye cualquiera de los bandos, parece que la inclusión total continuará siendo debatida en el futuro" (página 215)

Los pocos estudios que afirmaron la superioridad de la inclusión no han llevado a cabo un análisis comparativo utilizando asignación aleatoria (e.g., Hallahan, 1998, Hunt & Goetz, 1997; Stainback & Stainback, 1996). De hecho, la cantidad limitada de estudios comparativos que han sido llevados cabo muestran a la educación especial como un abordaje más efectivo (e.g., Budoff & Gottlieb, 1976; Goldstein, Moss & Jordon, 1965).

Hay estudios que indican que la inclusión puede en realidad ser inefectiva para estudiantes con discapacidades (Gerber, 1995; Zigmond & Baker, 1995). Las investigaciones han demostrado que la exposición no resulta en mejoras (e.g., Hanson, Gutierrez, Morgan, Brennan & Zercher, 1997; Hunt & Goetz, 1997; Jenkins et. al, 1985; Kellegrew, 1995; Kohler et. al, 1996). Una gran cantidad de investigación ha mostrado que hay una diferencia limitada o no la hay en el progreso del desarrollo, lenguaje o académico en la inclusión comparado con aquellos estudiantes en clases más especializadas (e.g., Bruder & Staff, 1998; Cooke, Ruskus, Apolloni & Peck, 1981; Harris et al., 1990; Ispa & Matz, 1978; Jenkins, Jewel, Leicester, Jenkins & Troutner, 1991; Jenkins, Odom & Speltz, 1989; Jenkins, Speltz & Odom, 1985; Odom & McEvoy, 1988).

Han habido estudios que han indicado que los estudiantes con TEA se encuentran en el polo receptor de las relaciones y que esto se torna más pronunciado con el devenir de los años escolares. En otras palabras, no se trata de una relación reciproca y no resulta en el desarrollo de amistades reales (Evans et. al, 1992; Hunt et. al, 1994).

Una cantidad de estudios han mostrado que el grado de discapacidad esta relacionado con la efectividad de la inclusión. A niños con TEA más leve les puede ir bien en locaciones inclusivas, mientras que niños con problemas de conductas más extremos y déficits de habilidad reciben mayor beneficio de ámbitos más especializados (Cole et al., 1991; Galloway & Chandler, 1978; Guralnick, 1980).

La vasta mayoría de investigación que existe demuestra que el éxito de un estudiante en la inclusión puede ser sustancialmente mejorada añadiendo una cantidad de procedimientos basados conductualmente y derivados de la investigación:

Procedimientos basados en antecedentes: (Hall, McClannahan & Krantz, 1995; Taylor & Levin, 1998; Zanolli, Daggett & Adams, 1996); Desvanecimiento sistemático de instigaciones; (Sainato, Strain, Lefebvre & Rapp, 1987; Taylor & Levin, 1998); Pasando el control a los maestros: (Smith & Camarata, 1999); Intervención mediada por pares: (DuPaul & Henningson, 1993; Fuchs et al., 1997; Goldstein et al., 1992; Kamps et al., 1994; Locke & Fuchs, 1995; Odom & Strain, 1986); Estrategias de autonomía: (Koegel et al., 1992; Pierce & Schreibman, 1994; Sainato, Strain, Lefebvre & Rapp, 1990; Strain, et al., 1994).

Consideramos absolutamente impactante que tantas escuelas públicas hayan adoptado la inclusión TOTAL con su «modelo» de educación estándar, e incluso que hicieran de ello su política. Primero, no hay evidencia científica de peso que demuestre que la inclusión sea un abordaje más efectivo. Es difícil de imaginar que un enfoque medico sea adoptado con evidencia empírica tan limitada en cuanto su efectividad. Segundo, adoptar una política estándar usurpa absolutamente la noción de individualización, el mismo fundamento de IDEA. El problema aquí no es la filosofía de que la inclusión total sea una meta principal. Más bien, es la manera en la cual esta ideología es a menudo implementada. Eso es, la inclusión total para TODOS, sin importar las necesidades individuales.

Un asunto altamente emocional

A pesar que, la investigación general no justifica la superioridad de inclusión vs. Opciones más restringidas, es claro que en muchas circunstancias la inclusión puede ser por lejos la mejor opción. Como fue discutido previamente, si un niño cuenta posee control conductual, atención y otras habilidades requeridas, entonces la inclusión total o «generalmente total» puede ser la opción apropiada. Adicionalmente, si un programa de educación especial no se encuentra disponible entonces la inclusión puede ser la mejor opción.

Lo que estamos promoviendo es que tal decisión critica sea tomada basada en consideraciones de evaluación objetiva, y más importante, qué configuración de programas, servicios y locaciones mejor atienden las necesidades del estudiante, tanto a corto como a largo plazo. NO debería ser políticamente determinado, dictado por una política ni basado principalmente en la emoción. Pero es un tópico que genera pasión y hay momentos en los que la pasión oscurece a la razón. La gente ha malinterpretado nuestra postura como anti-inclusión debido a que no nos ven aceptando totalmente lo que consideran ser un asunto fundamental de derechos humanos. Nadie cree más firmemente que nosotros en el derecho de los niños a ser parte de la sociedad. Hemos decidido concentrar nuestros esfuerzos en desarrollar habilidades para que nuestros niños con TEA puedan encajar en un mundo que no siempre realiza adaptaciones para personas con diferentes capacidades.

Debe ser dicho: nuestros niños merecen una educación y tratamiento que les de lugar a la mejor oportunidad de alcanzar la más alta calidad de vida, y no un «tratamiento» que simplemente se sienta bien.

Referencias bibliográficas

Bachrach, L. L., (1986). *Deinstitutionalization: What do the numbers mean?* - Hospital and Community Psychiatry, 37, 118-121.

Bruder, M. B., & Staff, I. (1998). *A comparison of the effects of the type of classroom and service characteristics on toddlers with disabilities.* - Topics in Early Childhood Special Education, 18, 26-37.

Budoff, M., & Gottlieb, J. (1976). *Special class EMR children mainstreamed: A study of an aptitude (learning potential) x treatment interaction.* - American Journal of Mental Deficiency, 81, 1-11.

Callahan, K., & Rademacher, J. A. (1999). *Using self-management strategies to increase the on-task behavior of a student with autism.* - Journal of Positive Behavior Interventions, 1, 117-122.

Cole, K. N., Mills, P. E., Dale, P. S., & Jenkins, J. R. (1991). *Effects of preschool integration for children with disabilities.* - Exceptional Children, 58, 36-45.

Cooke, T., Ruskus, J., Apolloni, T., & Peck, C. (1981). *Handicapped preschool children in the mainstream: Background, outcomes and clinical suggestions.* - Topics in Early Childhood Special Education, 1, 73-83.

Davis, C. A., Brady, M. P., Hamilton, R., McEvoy, M. A., & Williams, R. E. (1994). *Effects of high probability requests on the social interactions of young children with severe disabilities.* - Journal of Applied Behavior Analysis, 27, 619-637.

Downing, J. E., Eichinger, J., & Williams, L. J. (1997). *Inclusive education for children with severe disabilities: Comparative reviews of principals and educators at different level of implementation.* - Remedial and Special Education, 18, 133-142.

Dunlap, L. K., Dunlap, G., Koegel, L. K., & Koegel, R. L. (1991). *Using self-monitoring to increase independence.* Teaching Exceptional Children, 23, 17-22.

DuPaul, G. J., & Henningson, P. N. (1993). *Peer tutoring effects on the classroom performance of children with attention deficit hyperactivity disorder.* - School Psychology Review, 22, 134-143.

Evans, L. M., Salisbury, C. L., Palombaro, M. M., Berryman, J., & Hollywood, T. M. (1992). *Peer interactions and social acceptance of elementary-age children with severe disabilities in an inclusive school.* - Journal of the Association for Persons with Severe Handicaps, 17, 205-212.

Falk, G. D., Dunlap, G., & Kern, L. (1996). *An analysis of self-evaluation and video-tape feedback for improving the peer interactions of students with externalizing and internalizing behavioral problems.* - BehavioralDisorders, 21, 261-276.

Fuchs, D., & Fuchs, L. S. (1994). *Inclusive school movements and the radicalization of special education reform.* - Exceptional Children, 60, 294-309.

Fuchs, D., Fuchs, L. S., Mathes, P. G., & Simmons, D. C. (1997). *Peer-assisted learning strategies: Making classrooms more responsive to diversity.* - American Educational Research Journal, 34, 174-206.

Galloway, C., & Chandler, P. (1978). *The marriage of special and early education services.* In M. Guralnick (Ed.), Early intervention and the integration of handicapped and non-handicapped children (pp. 261-287). Baltimore: University Park Press.

Gaylord-Ross, R., & Pitts-Conway, V. (1984). *Social behavior development in integrated secondary autistic programs.* - In N. Certo, N. Haring, & R. York (Eds.), Public school integration of severely handicapped students: Rational issues and progressive alternatives (pp. 197-219). Baltimore: Brookes.

Gerber, M. M. (1995). *Inclusion at the high water mark? Some thoughts on Zigmond and Baker's case studies of inclusive educational programs.* - The Journal of Special Education, 29, 181-191.

Giangreco, M. F. (1993). *Using creative problem-solving methods to include students with severe disabilities in general education classroom activities.* - Journal of Educational and Psychological Consultation, 4, 113-135.

Gilliam, J. & McConnell, K. (1997). *Scales for Predicting Successful Inclusion.* - Austin, TX: Pro-Ed.

Goldstein, H., & Cisar, C. L. (1992). *Promoting interaction during sociodramatic play: Teaching scripts to typical preschoolers and classmates with disabilities.* - Journal of Applied Behavior Analysis, 25, 265-280.

Goldstein, H., Kaczmarek, L., Pennington, R., & Shafer, K. (1992). *Peer-mediated intervention: Attending to, commenting on, and acknowledging the behavior of preschoolers with autism.* - Journal of Applied BehaviorAnalysis, 25, 289-305.

Goldstein, H., Moss, J., & Jordon, L. J. (1965). *The efficacy of special class training on the development of mentally retarded children.* - Urbana: University of Illinois Press.

Guralnick, M. (1980). *Social interaction among preschool handicapped children*. Exceptional Children, 46, 248-253.

Hall, L. J., McClannahan, L. E., & Krantz, P. J. (1995). *Promoting independence in integrated classrooms by teaching aides to use activity schedules and decreased prompts*. Education and Training in Mental Retardation, 30, 208-217.

Hallahan, D. P. (1998). *Sounds bytes from special education reform rhetoric*. Remedial and Special Education, 19, 67-69.

Hanson, M. J., Gutierrez, S., Morgan, M., Brennan, E. L., & Zercher, C. (1997). *Language, culture, and disability: Interacting influences on preschool inclusion*. - Topics in Early Childhood Special Education, 17, 307-336.

Harris, S. L., Handleman, J. S., Kristoff, B., Bass, L., & Gordon, R. (1990). *Changes in language development among autistic and peer children in segregated and integrated preschool settings*. - Journal of Autism and Developmental Disorders, 20, 23-31.

Harrower, J. K. (1999). *Educational inclusion of children with severedisabilities*. Journal of Positive Behavior Interventions, 1, 215-230.

Harrower, J. K., & Dunlap, G. (2001). *Including children with autism in general education classrooms*. - Behavior Modification, 25, 762-784.

Havey, J. M. (1998). *Inclusion, the law and placement decisions: Implications for school psychologists*. - Psychology in the Schools, 35, 145-152.

Hilton, A., & Liberty, K. (1992). *The challenge of insuring educational gains for students with severe disabilities*. - Education and Training in Mental Retardation, 27, 167-175.

Hunt, P., Farron-Davis, F., Wrenn, M., Hirose-Hatae, A., & Goetz, L. (1997). *Promoting interactive partnerships in inclusive educational settings*. - Journal of the Association for Persons with Severe Handicaps, 22, 127-137.

Hunt, P., & Goetz, L. (1997). *Research on inclusive educational programs, practices and outcomes for students with severe disabilities*. - The Journal of Special Education, 31, 3-29.

Hunt, P., Staub, D., Alwell, M., & Goetz, L. (1994). *Achievement by all students within the context of cooperative learning groups*. Journal of the Association for Persons with Severe Handicaps, 19, 290-301.

Hurley-Geffner, C. M. (1995). *Friendships between children with and without developmental disabilities*. - In R. L. Koegel & L. K. Koegel (Eds.), Teaching children with autism: Strategies for initiating positive interactions and improving learning opportunities (pp. 105-125). Baltimore: Brookes.

Ispa, J., & Matz, R. (1978). *Integrating handicapped and preschool children within a cognitively oriented program.* - In M. Guralnick (Ed.), Early intervention and the integration of handicapped and non-handicapped children

Janney, R. E., & Snell, M. E. (1997). *How teachers include students with moderate and severe disabilities in elementary classes: The means and the meaning of inclusion.* Journal of the Association for Persons with Severe Handicaps, 22, 159-169.

Jenkins, J. R., Jewel, M., Leicester, N., Jenkins, L., & Troutner, N. M. (1991). *Development of school building model for educating students with handicaps and at-risk students in general education classrooms.* - Journal of Learning Disabilities, 24, 311-320.

Jenkins, J. R., Odom, S. L., & Speltz, M. L. (1989). *Effects of social integration on preschool children with handicaps.* - Exceptional Children, 55, 420-428.

Jenkins, J. R., Speltz, M. L., & Odom, S. L. (1985). *Integrating normal and handicapped preschoolers: Effects on child development and social interaction.* - Exceptional Children, 52, 7-17.

Kamps, D. M., Barbetta, P. M., Leonard, B. R., & Delquadri, J. (1994). *Classwide peer tutoring: An integration strategy to improve reading skills and promote peer interactions among students with autism and general education peers.* - Journal of Applied Behavior Analysis, 27, 49-61.

Kamps, D. M., Leonard, B., Potucek, J., & Garrison-Harrell, L. (1995). *Cooperative learning groups in reading: An integration strategy for students with autism and general classroom peers.* - Behavioral Disorders, 21, 89-109.

Kellegrew, D. H. (1995). *Integrated school placements for children with disabilities.* In R. L. Koegel & L. K. Koegel (Eds.), Teaching children with autism: Strategies for initiating positive interactions and improving learning opportunities (pp. 127-146). - Baltimore: Brookes.

Kennedy, C. H., Cushing, L. S., & Itkonen, T. (1997). *General education participation improves the social contacts and friendship networks of students with severe disabilities.* - Journal of Behavioral Education, 7, 167-189.

Koegel, L. K., Koegel, R. L., Hurley, C., & Frea, W. D. (1992). *Improving social skills and disruptive behavior in children with autism through self management.* - Journal of Applied Behavior Analysis, 25, 341-353.

Kohler, F. W., Strain, P. S., & Shearer, D. D. (1996). *Examining levels of social inclusion within an integrated preschool for children with autism.* - In L. K. Koegel, R. L. Koegel, and G. Dunlap (Eds.), Positive behavioral support: Including people with difficult behavior in the community (pp. 305-332). Baltimore: Brookes.

Locke, W. R., & Fuchs, L. S. (1995). *EFFECTS OF PEER-MEDIATED READING INSTRUCTION ON THE ON-TASK BEHAVIOR AND SOCIAL INTERACTION OF CHILDREN WITH BEHAVIOR DISORDERS.* Journal of Emotional and Behavioral Disorders, 3, 92-99.

McGee, G. G., Morrier, M. J., & Daly, T. (1999). *AN INCIDENTAL TEACHING APPROACH TO EARLY INTERVENTION FOR TODDLERS WITH AUTISM.* - Journal of the Association for Persons with Severe Handicaps, 24, 133-146.

Newport, J. (2002). *THE MYTH OF INCLUSION.* - Feat of Arizona Newsletter, Spring, 2(3).

Odom, S., & McEvoy, M. (1988). *INTEGRATION OF YOUNG HANDICAPPED CHILDREN AND NORMALLY DEVELOPING CHILDREN.* - In S. Odom & M. Karnes (Eds.), Early intervention for infants and children with handicaps: An empirical base (pp. 241-267). Baltimore: Paul H. Brookes.

Odom, S. L., & Strain, P. S. (1986). *A COMPARISON OF PEER-INITIATION AND TEACHER ANTECEDENT INTERVENTIONS FOR PROMOTING RECIPROCAL SOCIAL INTERACTIONS OF AUTISTIC PRESCHOOLERS.* - Journal of Applied Behavior Analysis, 19, 59-71.

Pierce, K., & Schreibman, L. (1994). *TEACHING DAILY LIVING SKILLS TO CHILDREN WITH AUTISM IN UNSUPERVISED SETTINGS THROUGH PICTORIAL SELF-MANAGEMENT.* - Journal of Applied Behavior Analysis, 27, 471-481.

Pierce, K., & Schreibman, L. (1997). *MULTIPLE PEER USE OF PIVOTAL RESPONSE TRAINING TO INCREASE SOCIAL BEHAVIORS OF CLASSMATES WITH AUTISM: RESULTS FROM TRAINED AND UNTRAINED PEERS.* - Journal of Applied Behavior Analysis, 30, Russo, D. C., & Koegel, R. L. (1977). A method of integrating an autistic child into a normal public-school classroom. Journal of Applied Behavior Analysis, 10, 579-590.

Sainato, D. M., Strain, P. S., Lefebvre, D., & Rapp, N. (1987). *FACILITATING TRANSITION TIMES WITH HANDICAPPED PRESCHOOL CHILDREN: A COMPARISON BETWEEN PEER-MEDIATED AND ANTECEDENT PROMPT PROCEDURES.* - Journal of Applied Behavior Analysis, 20, 285-291.

Sainato, D. M., Strain, P. S., Lefebvre, D., & Rapp, N. (1990). *EFFECTS OF SELF-EVALUATION ON THE INDEPENDENT WORK SKILLS OF PRESCHOOL CHILDREN WITH DISABILITIES.* -Exceptional Children, 56, 540-549.

Simmons, D. C., Kameenui, E. J., & Chard, D. J. (1998). *GENERAL EDUCATION TEACHERS' ASSUMPTIONS ABOUT LEARNING AND STUDENTS WITH LEARNING DISABILITIES: DESIGN OF INSTRUCTION ANALYSIS.* - Learning Disability Quarterly, 21, 6-21.

Smith, A. E., & Camarata, S. (1999). *USING TEACHER IMPLEMENTED INSTRUCTION TO INCREASE THE LANGUAGE INTELLIGIBILITY OF CHILDREN WITH AUTISM.* - Journal of Positive Behavior Interventions, 1, 141-151.

Strain, P. S. (1983). *Generalization of autistic children's social behavior change: Effects of developmentally integrated and segregated settings.* - Analysis and Interventions in Developmental Disabilities, 3, 23-34.

Strain, P. S., Kohler, F. W., Storey, K., & Danko, C. D. (1994). *Teaching preschoolers with autism to selfmonitor their social interactions: An analysis of results in home and school settings.* - Journal of Emotional and Behavioral Disorders, 2, 78-88.

Stainback, W., & Stainback, S. (1996). *Collaboration, support, networking, and community building.* - In S. Stainback & W. Stainback (Eds.), Inclusion: A guide for educators (pp. 193-199). Baltimore: Brookes.

Taylor, B. A., & Levin, L. (1998). *Teaching a student with autism to make verbal initiations: Effects of tactile prompt.* - Journal of Applied Behavior Analysis, 31, 651-654.

Waldron, N. L., & McLeskey, J. (1998). *The effects of an inclusive school program on students with mild and severe learning disabilities.* - Exceptional Children, 64, 395-405.

Wolfensberger, W. (1972). *The principle of normalization in human services.* Toronto: National Institute on Mental Retardation.

Zanolli, K., Daggett, J., & Adams, T. (1996). *Teaching preschool age autistic children to make spontaneous initiations to peers using priming.* - Journal of Autism and Developmental Disorders, 26, 407-421.

Zigmond, N., & Baker, J. M. (1995). *Concluding comments: Current and future practices in inclusive schooling.* - The Journal of Special Education, 29, 245-250.

Otras obras de nuestro fondo Editorial

Introducción al Enfoque ABA en Autismo y Retraso de Desarrollo.

Un Manual para padres y Educadores.
Autor: Claudio M. Trivisonno.

Libro de lectura inprescindible para padres y terapeutas que recien se inicien en las terapias con enfoque ABA.

Ejercicios De Comprension Lectora. Animales. Niveles I - ll - III

Autor: Florencia Gelcich.